相対化する知性

人工知能が世界の見方をどう変えるのか

西山圭太
松尾豊
小林慶一郎
著

日本評論社

はじめに

本書は、人工知能の出現と社会実装の進展が、人間の知の枠組みや社会の統合の理念にどのような影響を及ぼし得るのか（及ぼしているのか）を考察する論考である。執筆者の意図としては、人工知能論を通じて、新しい時代の教養となるべき幅広い知に読者の関心を広げたいという思いもあったので、一見、人工知能論とは遠い、認識論哲学や政治思想など、人文社会科学系の学問領域にまで議論が及ぶこととなった。
本書は、三人の執筆者によって執筆された次の三つの部から構成されている。
第1部　人工知能――ディープラーニングの新展開　（松尾　豊）
第2部　人工知能と世界の見方――強い同型論　（西山圭太）
第3部　人工知能と社会――可謬性の哲学　（小林慶一郎）
第1部は「技術」の問題、第2部は「知」の問題、第3部は「価値」の問題をそれぞれ扱っている。
第1部は、人工知能の爆発的発展の原動力となった「技術」すなわちディープラーニングがどのよう

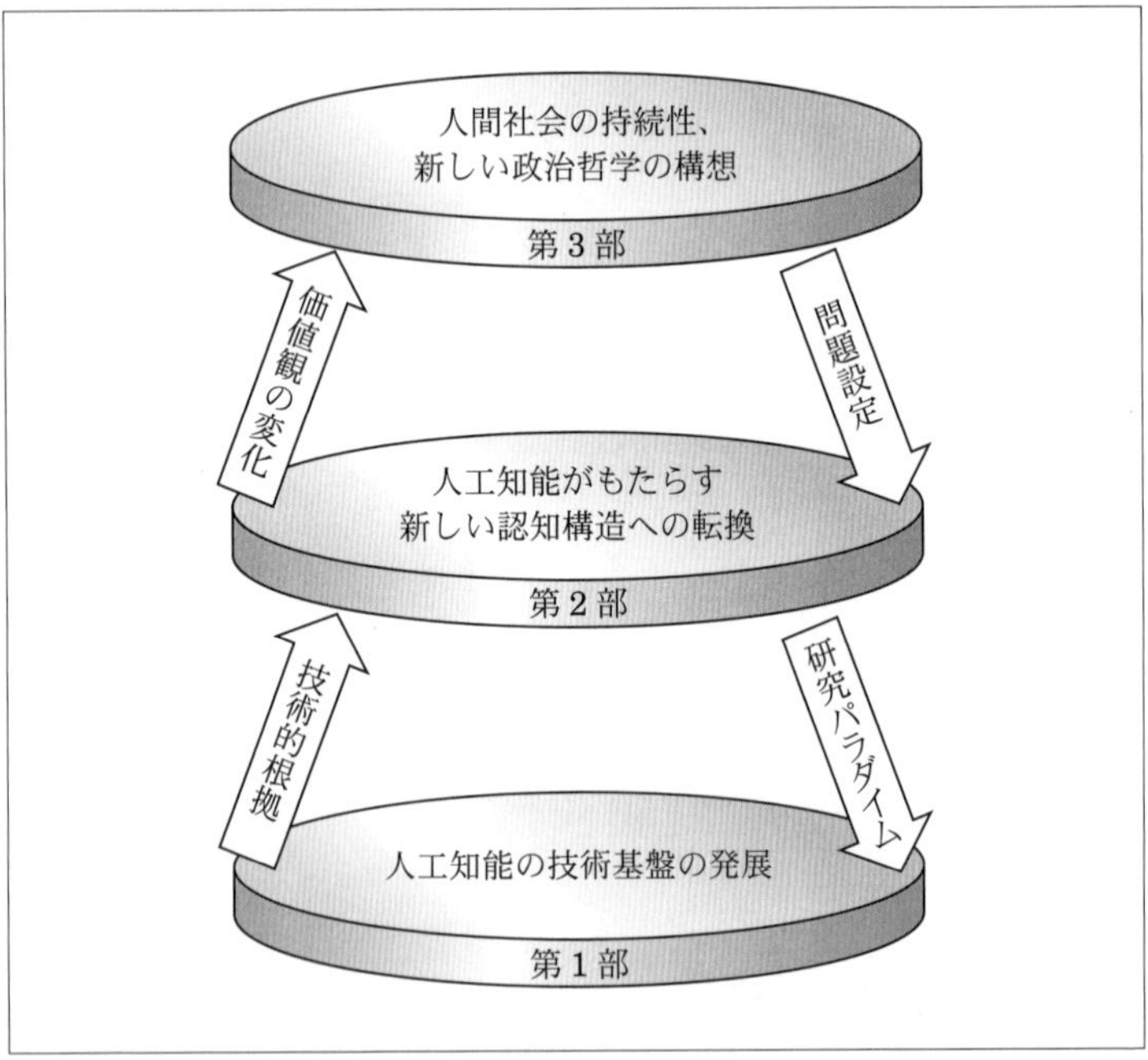

に生まれ、今後、どのように発展するかを展望する。第2部は、人工知能の出現と社会実装の進展に応じて、我々の「知」の枠組みがどのようなものになるかを考察する。ここでの知の枠組みとは、人間が世界を認識する枠組みすなわち「認知構造」のことである。第3部では、人工知能と人間が共存または競争する社会について、我々はどのような「価値」を見出すことができるのか、どのように社会の持続性を保つことができるのか、という問題を考える。
各部の相互関係は、上図のように示すことができる。
第1部は、ディープラーニングを「深い」階層を使った最小二乗法であるとし、ディープラーニングが画像や音声のパターン認識という「身体性」の領域で成果を挙げてきたことを論じる。そして、今後の人工知能開発の課題は、身体性のシステムに「記号のシステム」を取り込むことであり、その先には人間の直感的理解を超えた新しい科学の地平が広がっていることを展望する。

第2部は、人工知能すなわち人間の理性を超えた理性が実在可能となったことにより、人間の理性を相対化した枠組みへと、人間の認知構造が変化せざるを得ない、ということを論じる。近代の科学革命以降は、人間の理性を絶対視し、人間が万物を理解して制御することを目指す人間中心主義の認知構造が支配的であった。人間を相対化する新しい認知構造では、人間理性の知も、人工知能の知も、いずれも万物に共通する生成メカニズムによって形成された秩序の一形態であるとみなされる。

第3部は、人工知能の出現が、人間にとって新しい公共性を構想する端緒となりうることを論じる。現代の政治哲学（公共哲学）は、個人の価値観から撤退し、結果的に社会における公共性をきわめて空疎なものにしている。人工知能によって無際限に延伸されうる知の進歩に究極的な価値を置くことで、新しい公共性を構想する。それは人工知能によって「拡張された人間中心主義」と呼べるかもしれない。新たな公共性から、人間世界の持続性を再生する可能性を探る。


人工知能の出現と社会実装の進展は、中世から近代への転換と同じ程度のインパクトを人間の認知構造や価値観にもたらすかもしれない。中世には神が人間を統べていたが、近代になって神は死に、人間理性が神の地位にとってかわった。人工知能と人間が共存するこれからの社会では、人間理性は特権的な地位を追われ、人間理性を超えた（人工知能の）知一般がそれに代わる。人工知能の時代に、人間はどのように生きればいいのか。三人の執筆者がリレー形式でそれぞれの観点からこの問題を考察していく。

※本文中の太字で示した用語は、各部末の「キーワード」で詳しい説明を加えている。

目次

第2部 人工知能と世界の見方

強い同型論…105

第 I 部

人工知能

ディープラーニングの新展開

第1章 人工知能のこれまで

1.1 ディープラーニングの出現

人工知能（ＡＩ）の技術が進展している。第３次人工知能ブームの中心であり、技術的に大きな進展を見せているのは**ディープラーニング**（深層学習）である。アルファ碁、医療の画像診断や顔認証、自動運転、ＡＩスピーカーなど、ここ数年、耳にする大きなニュースのほとんどはこのディープラーニングの進展に由来している。

技術者には当たり前のことだが、誤解のないように丁寧に説明すると、人工知能は、プログラミング言語を使って書かれたプログラムである。プログラムを書くのはあくまでも人間である。人工知能の定義にはさまざまなものがあるが、ごく大雑把に言って、知的に見える振る舞いを実現するため、入力（たとえば人間が話しかける音声）を受け取り、出力（たとえば人間に答える音声）を出す。そして、入出力をつなぐ途中の処理をプログラムとして書くわけである。人々が知的と感じるような、賢い振る舞いを実現すると、「人工知能的である」と思われやすい。１９５６年からの第１次ブーム、また

1980年代の第2次ブームでは、賢い振る舞いを実現するため、自動推論や探索、エキスパートシステムなどのさまざまな技術が開発された。

なかでも、機械学習という技術では、入力から出力をつなぐ処理を、データから学習する。入力と出力のペア、すなわち「教師データ」がたくさん与えられれば、その入出力の関係をモデル化し（これを学習するという）、未知の入力を入れると自動的に出力を出せるようになる（これを推論するという）。こうした学習や推論を行うようなプログラムは人間が書く。ディープラーニングの出現前までは、入出力をモデル化するのにシンプルな関数（たとえば線形な関数）を用いていたため、実用上、役立つ場面は限られていた（たとえば、メールに含まれる単語からスパムかどうかを見分ける）。

ところが、ディープラーニングでは、この入出力の関係をモデル化するのに、「深い」階層を持った関数を用いる。この場合の深いというのは、一つではなく複数の関数を用い、互いの入力と出力をつなぎあわせて、直列につないだものを作り、それを一つの関数として扱うということである。深い階層を持った関数は「表現力」が高く、非線形で複雑なさまざまな入出力関係を表すことができる。人間の脳の神経回路網は深い階層構造をもっており、何十年も昔から、こうした深い階層を持った関数（通常、ニューラルネットワークと呼ばれる）を使うことは有望であると信じられてきたものの、これまでうまくいかなかった。今になってみると、それは主にデータの量と計算機のパワーが足りなかったからであった。2012年にトロント大学の**ジェフリー・ヒントン**らによって画像認識でディープラーニングの手法が非常に高い精度性能を発揮することが示されて以降、近年では、入出力をつなぐさまざまなつなぎかた（ニューラルネットワークのアーキテクチャー）や、教師データから効率的に関数を推定するための手法（最適化の方法）がたくさん発見され、急速にその技術が進んでいる。

とはいえ、現在までのディープラーニング技術は、人間のような知能の仕組みと比較すると、まだまだほんの始まりである。そもそも人間の脳は、一つひとつのニューロン（神経細胞）のレベルから見ると、巨大で複雑なシステムである。たとえば、PCやスマホなどのデバイスは、「トランジスタ」という素子が高度に集積してできている。現時点でディープラーニングと人間の知能を比較することは、トランジスタとスマホを比較するくらい、大きな差がある。しかし、基本となる素子を見つけ出したことで、さまざまな回路が生み出され、それが集積することで、今後、産業や社会のさまざまな用途に活かせる可能性が大きく広がっている。

ディープラーニングは、非常に汎用性が高い技術である。その汎用性の高さと技術の基盤性から考えて、歴史的には、トランジスタ（電子回路・半導体）、あるいは、インターネットやエンジン（内燃機関）、電気に比肩しうるくらいの発明・発見ではないだろうか。実際、有名なディープラーニングの研究者であり、教育や社会実装を主導してきた**アンドリュー・エン**は、さまざまなインタビュー記事で「人工知能は21世紀の新しい電気である」と言っている。

過去をふり返ると、いずれの技術も原理は単純である。インターネットがここまで広まったのは、ティム・バーナーズ・リーにより、World Wide Webというハイパーテキストのシステムが登場したという理由が大きい。ハイパーテキストというのは、普通のテキストに加え「リンク」を張ることができるという、それだけである。たったそれだけのことで、ウェブページがつながり、個人や企業のホームページができ、検索エンジンができ、ソーシャルメディアができた。そのイノベーションは、

「テキストをリンクで簡単につなげる」という単純なものだった。

トランジスタは、高度経済成長期にさまざまな電機メーカーを生み出し、我々の生活に大きな影響を与えたが、やはり始まりは単純だった。「信号を増幅する」というたったそれだけのことだった。このトランジスタが集積し、IC、LSI、VLSIといった半導体になった。そして、電卓が生まれ、ラジオが生まれ、テレビ、パソコン、携帯、スマホが次々と生まれた。

ディープラーニングも、できることは単純である。現実に存在するさまざまな入力から出力への写像をデータから学習することができるようになる。それによって、画像診断が生まれ、顔認証が生まれ、自動運転や片付けロボット、介護ロボットが生まれ、そしていずれ言語の意味理解を行うような人工知能が生まれるはずだ。その先の可能性は計り知れない。

おそらく、今後、10年、20年の工学の分野を考えると、機械系や電気電子系、情報系の学科と並んで、今でいうディープラーニングを専門とする学科ができているのではないかと思う。そのぐらいディープラーニングというのはシンプルでかつ汎用的な技術である。

1.2 人工知能の虚実

人工知能は、その歴史のなかで、ブームと冬の時代を重ねている。ブームになるたびに、多くの人が自分たちがやっていることは「人工知能」だと名乗るようになる。冬の時代も地道に研究を続け、今のディープラーニングの興隆に導いたのは、トロント大学のジェフリー・ヒントン、モントリオール大学の**ヨシュア・ベンジオ**、ニューヨーク大学のヤン・ルカンであり、この三氏は2019年、コンピュータ科学の分野のノーベル賞と言われるチューリング賞を受賞した。人工知能の世界の主要人物のインタビューを掲載した本『知能の立役者（Architects of Intelligence）』［Ford, 2018］のなかで、ヒントンは次のように述べている。

「現在では産業界や政府が『AI』という言葉を深層学習の意味で使っているため、非常に混乱した状況になりがちです。トロントで私たちは産業界と政府から多額の資金を拠出してもらい、ベクター人工知能研究所を設立しました。ここでは深層学習の基礎的な研究を行っていますが、産業界での深層学習の活用の促進と深層学習の教育も行っています。もちろん、この資金がほしかった人は他にもいるでしょうし、ある大学は自分たちがトロント大学よりも多数のAI研究者を擁していると主張して、その証拠として論文の引用数を出してきました。彼らが利用していたのは古典的なＡＩでした。彼らは従来型ＡＩの論文引用数を示して、深層学習のために拠出された資金の分け前がほしいと言ってきたのです。そんなわけで、このＡＩの意味の混乱はかなり深刻なものです。『ＡＩ』という言葉を使わないだけでも、状況はかなり良くなるはずです。」

（松尾豊監修・水原文訳／オライリー・ジャパンより邦訳刊行予定）


この分野を切り拓いたヒントンが憤るのも無理はない。自分が切り拓き、大きな成果が期待されているディープラーニングへの投資が横取りされる。日本でも、似たような状況である。産業界や政府はディープラーニングのイノベーションに期待しているはずなのだが、そこに投資されるはずの予算が、「昔ながらの人工知能」、あるいは「昔ながらの情報技術」に使われる。

「昔ながらの人工知能」あるいは「昔ながらの情報技術」が悪いと言っているわけではない。しかし、そこには複数の段階の「すごさ」がまざっている。いまだに日本の多くの産業でＩＴが十分に活用されていない状況から考えると、ディープラーニングという最新のイノベーションにいきつくまでに複数の段階が必要である。これを三つに分けて整理してみよう（図1・1）。

段階1は、ＩＴ（情報技術）の活用である。コンピュータを使ってプログラムを書き、動かすというそのこと自体がすごいという意味である。たとえば、複雑な数値計算をさせる、前提となる条件がはっきりしたシミュレーションをする、組み合わせ最適化問題を解く、機器を制御する、定型的な事務処理を行うといったことである。いま、人工知能と名乗るもののなかにも、人工知能の技術というよりも「プログラム自体のすごさ」に起因するものも多い。要するに、プログラムはすごい、ＩＴは

段階１　プログラムはすごい！　1950年代〜
・コンピュータの活用。たとえば、弾道の計算、暗号の解読。
・第１次 AIブーム（推論・探索、1956〜1960年代）
・第２次 AIブーム（エキスパートシステム、1980年代）
・電子機器、ワープロやパソコンの誕生。

段階２　プログラム＋データはすごい！　1990年代〜
・機械学習、統計的自然言語処理、データマイニング、検索・レコメンデーション、ウェブ、ビッグデータ関連、データベース関連。
・インターネット企業の躍進。

段階３　プログラム＋データ＋深い階層はすごい！　2010年代〜
・ディープラーニング
・第３次 AIブーム

3-a：画像認識はすごい　2012年〜
・画像認識による実用化。顔認証、医療の画像診断、自動運転等。

3-b：画像認識＋インタラクション（身体性）はすごい　2014年ごろ〜
・ロボットによる認識＋制御。アルファ碁。
・世界モデルの構築技術と組み合わさって、実用化が進む。

3-c：画像認識＋インタラクション＋記号処理（知識表現・推論）はすごい　2020年ごろ〜
・言語・意識の仕組み。
・意味理解が可能になる。

3-d：社会における概念の共有はすごい
・人間社会で行われている知識の伝達や社会システムが、機械学習の枠組みで数理的に説明できる。
・これまでの科学技術の限界や可能性がより明確になる。

図 1.1　IT からディープラーニングへの見取り図

すごいのである。しかし、日本ではいまだにそれを多くの人がきちんと理解していない。さまざまな仕事が、そもそもプログラムで簡単に実行できるのだ。そして当たり前であるが、人工知能、機械学習、ディープラーニングは、すべてプログラムで書かれている。プログラムのすごさは、本来、コンピュータが発明された当時からもっと理解されるべきことであったし、少なくとも1980年代、1990年代と、さまざまな産業、政府、特に医療や教育システムのなかでもっと積極的に使われるべきであった。国全体のITリテラシーを高め、そのための投資をもっと積極的に行うべきであった。いまになって、ようやくデジタル化とか、プログラミング教育と言っているが、そのこと自体がそもそも遅すぎる。

段階2は、データの活用である。コンピュータを使ってプログラムを書き、大量のデータを処理することがすごいという意味である。データの重要性を古くから示してきた学問分野は統計学であるが、通信技術の進展とあいまって大量のデータを即時に処理できることのメリットは巨大となった。大量のデータに簡単な処理をするだけでも、目的さえ適切に定めれば、非常に大きな価値を生む。1990年代からのインターネット企業の躍進がまさにこの恩恵を受け、検索やレコメンデーションといった技術が進展した。その背後には、さまざまな機械学習の技術、あるいは自然言語処理やデータベースの技術がある。企業内のPOSデータや移動履歴を使って、広告や推薦等のマーケティングに活かしたり、教育のデータを整備し、生徒にあわせた学習コンテンツを提示する、あるいは医療のデータを整備し医師の診断の支援をするなどのことは、本来であれば、2000年代前半から十分にできたはずである。そして、社会における意思決定にも、もっとデータを使うべきであった。経営者や政治家個人の経験談やひらめきではなく、過去のデータをきちんと蓄積し、分析し、それをベースとして組織の意思決定をすることは、もっと社会全体に広がるべきである。それがいまだにできていない。

段階3は、ディープラーニングの活用である。コンピュータを使ってプログラムを書き、大量のデータを処理し、さらに深い階層を持った関数を用いることで、結果的に**特徴量**の学習を行うことがすごいという意味である。入力から出力を、深い階層をもった関数でつなぐことで、表現力の高いモデルを使えるようになった。これまでの人手による特徴量の設計では手に負えなかった、画像や映像などの処理に顕著な効果があった。ディープラーニングこそが第3次人工知能ブームの技術的な根幹であるのだが、社会全体で段階1、段階2すらクリアしていないことが多いため、「人工知能」という名前で、段階1や段階2のことが指されることが多いという構造をしているのである。

少なくとも、産業的に、そして学術的に、イノベーションの果実を得ようというのであれば、きちんと段階3に投資すべきである。世界中で熾烈な競争が行われており、短期で急がなければならない戦いである。そして段階1や段階2の話は、今回の人工知能ブームとは関係なく、ずっと以前から重要であったわけだから、長期的にじっくりと社会全体で投資していくべき話である。この二つの話が「人工知能」という同じ顔をして語られている。

段階3にもさらに細かい段階があり、大きく、過去、現在、未来に分けて述べよう。まず段階3-a（2012年〜）では、画像認識の精度が大きく向上した。画像認識ができるようになってすごいということである。画像の分類だけでなく、物体検出やセグメンテーションというタスクも軒並み精度が向上した。応用として医療の画像診断や、顔認証などが一気に実用化した。同時に、音声認識の精度も向上した。ＡＩスピーカーなどの音声認識も実用レベルに達した。技術的には、まだ課題は多く残っているものの、かなり制覇されてきた領域である。

段階３-ｂ（２０１４年〜）は、画像認識とインタラクションを組み合わせるもので、環境の状況に応じて、うまく適応的な行動ができるようになることがすごいということである。広義には**身体性**という概念とも近い。たとえば、**深層強化学習**と呼ばれる技術がその一つであり、ディープマインド（DeepMind）が開発したアタリ（ATARI）のゲームをプレイする人工知能や、ＵＣバークレーが開発したさまざまなタスク（ブロックを組み立てる、洗濯物をたたむ）を行うロボットが該当する。技術的には、まだ課題が多く、発展途上であるが、早晩、実用レベルに達するだろうと思われる。

段階３-ｃ（２０２０年〜）は、さらにそうした技術の先にあるものとしてこれから起こるであろう技術である。言語の意味理解や知識処理などの技術が該当する。現状でも深層学習を使った自然言語処理の技術は大きな成果を収めているが、それを本質的に超えるものである。これまで自動言語処理や知識処理は、段階３-ａ、３-ｂの段階を経ることなく行われていたため、まだ「本物」ではなかった。これから技術が本物になっていくことで、言語処理の技術は一気に進み、アプリケーションがこれまでに想像できないくらい大きく広がっていくはずだ。

段階３-ｄは、そうした技術の上に、社会における概念の形成や文化の形成、教育の意義、科学技術の特性と限界などがこれまでにない視点から明らかにされる段階である。これは、従来、社会的な現象として研究されてきたが、ディープラーニングをベースとする新しい観点から説明できるようになるかもしれない。

第1部では、特に最近の動きである段階3に焦点を当てて、ディープラーニングの技術の概要や発展の可能性を述べる。また、段階3-dについて語る上で、少し横道にそれ、社会における概念がどう形成されるかという視点から、著者のこれまでの研究である「消費インテリジェンス」について述べる。最後に、人間と人工知能の関わりについて述べて第1部をまとめる。

第2章 ディープラーニングとは何か

2.1 深い関数を用いた「最小二乗法」

ディープラーニングが２０１２年に世界的な注目を集めてすでに7年以上たつが、日本ではいまだにその本質が十分に理解されていないように思う。一部の研究者や技術者を除いて、ある程度技術に詳しいはずの人（たとえば、技術系の企業の経営者や、人工知能の記事を担当する記者）でも「ディープラーニングとは何か」を答えられない場合が多い。

専門家にとっては厳密な言い方でないことを承知の上で、ディープラーニングとは何かをひとことで言うと、「深い関数を使った最小二乗法」と説明するのが良いと私は考えている[1]。最小二乗法は大学数学の初歩で学習するものであり、多変量解析あるいは重回帰分析といった手法は、経済学やマーケティング、あるいは医療や金融等における統計に触れてきた人のなかには、なじみのある方もいる。したがって、そこをベースに説明するのがやりやすい。あとは、「深い関数」、つまり深い階層を持った関数の意味を理解してもらえばよいことになる。

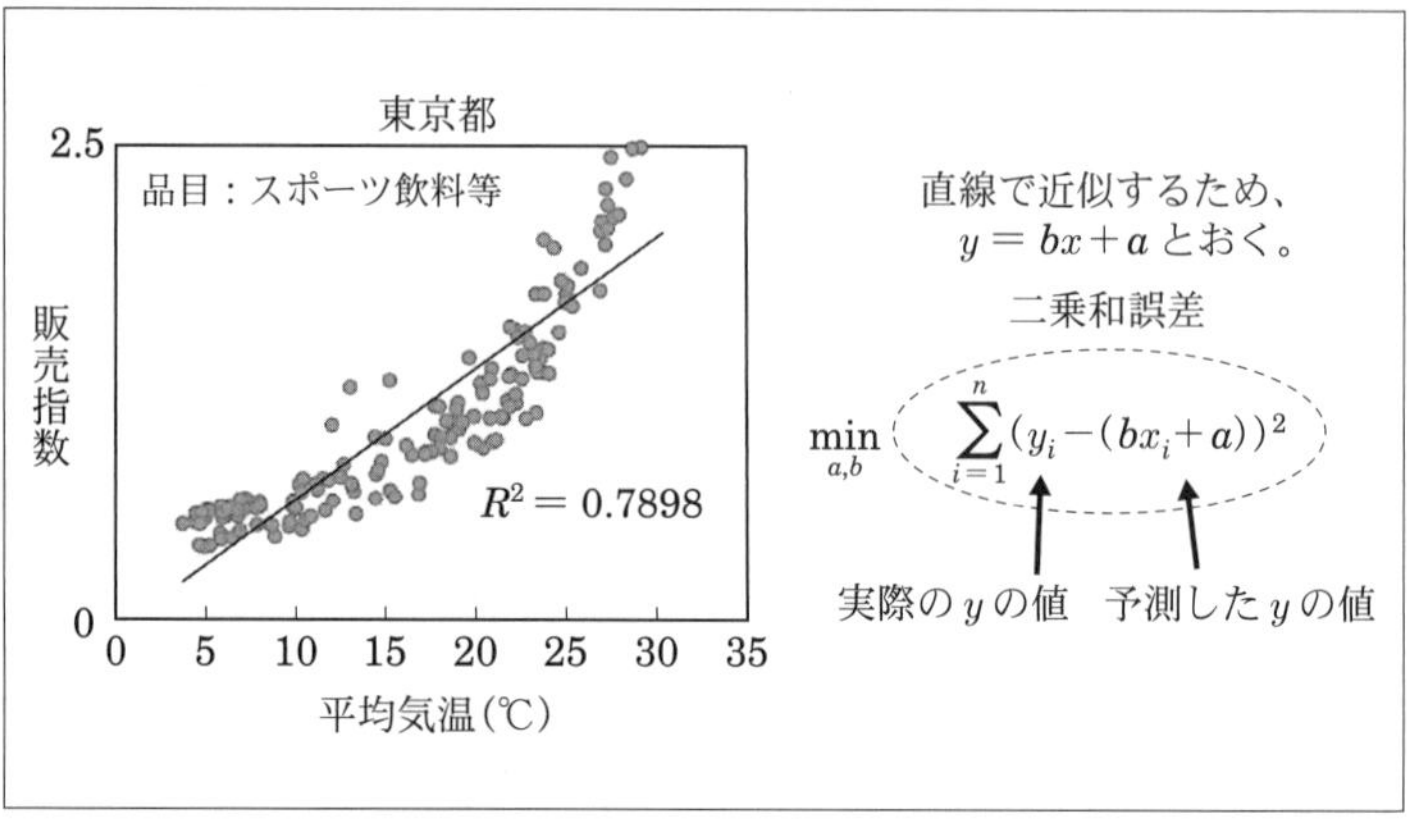

図 2.1　最小二乗法
http://j-sda.or.jp/about-jsda/weather/kekka4.php より作成

通常、ディープラーニングの説明をする際は、「4層以上のニューラルネットワークを用いた手法」という説明が使われるのが一般的である。しかし、結局、ニューラルネットワークに言葉を変えているだけで説明になっていない。ニューラルネットワークをいちから説明していくのは大変で、忙しい人には通用しない。また、「脳の神経回路を模している」という説明も、ぼんやりとすごい感じは伝わるものの、技術的な詳細は伝わらない。技術のキモをつかんでもらわない限りは、「人工知能に経営や政治もできるのではないか」「職がなくなるのではないか」という漠然とした議論を抜け出せない。

ディープラーニング（あるいは機械学習）では、ほとんどの場合データからモデルのパラメータを推定するが、この概念は一般の人には馴染みのないものである。しかし、多少なりとも「聞いたことがある」「習ったことがある」ものとして一番近い概念は最小二乗法であろう。

さて、最小二乗法とは何か。たとえば、あるコンビニの日々の売上のデータを考えよう。飲料の売上が毎日上がったり下がったりする。店長がこれを見ながら考える。なぜ上下するのだろう。気温が関係しているのではないかと思いつく。そして、エクセル等の表計算ソフトで最高気温と飲料の売上の散布図を描いてみる。どうやら相関がありそうだ。つまり暑いときほど飲料が売れるようだ。さらに、エクセルで「近似直線の追加」をすると、散布図にうまく乗るような直線が引ける（図2・1）。いったん直線が求まると、今日の気温が分かれば、今日は飲料の売上がどのくらいになりそうか「予測」することができる。

こうした直線は、人間が「えいや」と引いているわけではない。手作業でレポートを書くような場合には、そうしたこともあるだろうが、エクセル等で処理する場合には、この直線を見つけるために、コンピュータ上で一連の手続き（アルゴリズム）を実行する。まず、直線を $y=bx+a$ と置く。[2] この a や b をパラメータという。a や b の値を変えると、別の直線になる。a と b の設定によって、ありとあらゆる直線を描くことができるが、求めたいのは、「散布図にうまく乗る」直線である。言い方を変えると、「誤差」がもっとも小さい直線である。ここでいう誤差というのは、散布図の各点と直線との「距離」である。

[1] 最小二乗法という言い方は厳密には正しくない。なぜなら、最小二乗法というのは、回帰の問題を扱う場合に、損失関数として誤差の二乗和を用いるという特定の場合の名称であるからだ。回帰でなく分類の場合もあるし、誤差の二乗和ではなく他の損失関数（たとえばクロスエントロピーや対数尤度）が用いられることもある。また、問題の性質を良くするためにさまざまな「正則化」と呼ばれる項が付加されることもある。したがって、「最小二乗法」というよりは、「最小二乗法のような類のもの」である。詳しくは専門書（たとえば［グッドフェロー・ベンジオ・カービル、2018］）を参照していただきたい。
[2] ここで、$bx+a$ のような式を重み和とも言い、パラメータの b を「重み」と言う。

具体的には、各点のy座標と、それに対応する直線のy座標の「差」を取る。差は正と負の場合があるが、二乗するとすべて正になる（差がゼロのときは二乗してもゼロである）。これを、散布図上のすべての点について足し合わせたものを「二乗和誤差」という。二乗和誤差は、0のときがもっとも良い。このとき、すべての点が直線の上にぴったりと乗っていることになる。誤差が小さい直線は「良い」直線で、誤差が大きな直線は「悪い」直線である。したがって、誤差ができるだけ小さな値になるように、aとbの組み合わせを見つけたい。つまり、二乗和誤差を最小にするようなパラメータを求めるのが、「最小二乗法」である。なお、変数xは一つの値でなくとも、複数の値（ベクトル）でも良い。xが単一の値の場合を統計学では単回帰分析、xが複数の場合を重回帰分析という。

単回帰分析や重回帰分析では、通常、1次式や2次式（あるいは多項式）などの関数を用いて近似される。たとえば、yをxの2次式で近似するとすると、$y=cx^2+bx+a$とおくことができる。この場合は、a、b、cがパラメータになる。直線で近似する場合には、aとbの二つだったから、パラメータが増えたことになる。そして、直線で近似する場合より、2次式の場合のほうが「表現力が高い」。なぜなら、1次式で表される直線はすべて2次式でも表すことができ（$c=0$とすれば良い）、さらに、1次式で表せない式を2次式では表すことができるからである。

一方、ディープラーニングでは、こうした1次式や2次式のような「浅い」関数ではなく、「深い」関数を用いる。深い関数というのは、xから直接yを計算するのではなく、その中間に複数の関数を介して、xからyを計算するということである。xからyへ行くときに、直行便で行くのではなく、何度か乗り換えていくようなものである。たとえば、$z=bx+a$として、xからいったんzを計算し

1層（浅い）

$$g(x) = f(\underbrace{a_1x_1 + a_2x_2 + \cdots + a_{10000}x_{10000} + b}_{\text{重み和}}) = g_1(x)$$

（f：活性化関数）

2層

$$g(x) = g_2(g_1(x)) \longleftarrow$$ 重み和＋活性化関数を2回適用している

3層

$$g(x) = g_3(g_2(g_1(x))) \longleftarrow$$ 3回適用している

n層

$$g(x) = g_n(g_{n-1}(\cdots g_2(g_1(x))) \longleftarrow$$ n回適用している

図 2.2　深い階層をもった関数
実際には x や $g(x)$ は多次元のベクトル。また、f は活性化関数と呼ばれる非線形な関数である。

た後、$y=dz+c$として、zからyを計算するという具合である。乗り換え地点は一つでなくてもよく、何段階もの中間的な関数をはさむことによって、より深い関数になる（図2・2）。
そして、通常、用いる関数は1次式ではなく、1次式（重み和という）に非線形な要素（活性化関数と呼ばれる）を作用させたものになる。たとえば、$z=f(bx+a), y=f(dz+c)$とし、fは活性化関数を表す。活性化関数というのは、もともとニューロンの挙動を模擬するためのものであった。ニューロンは電気的な刺激がしきい値以上になると発火し、刺激がしきい値以下だと発火しない。同じように、$bx+a$の値が正の場合には発火し（fの値が1をとり）、負の場合には発火しない（fの値が0をとる）ようにfを設定するのである。
こうした性質を持った関数として、古くから、シグモイド関数$f(x)=1/(1+e^{-x})$がよく用いられてきた。xが正の値をとるときには、$f(x)$は1に近い値となる。xが負の値をとるときには、$f(x)$は0に近い値となる。したがって、ニューロンの挙動をうまく表している。最近ではもっとシンプルなReLU（ランプ関数）が用いられることが多い。$f(x)=\max(0,x)$という関数である。これも、xが負のときには0、正のときにはxに応じて正の大きな値をとる。いずれを用いるにしても、xからyは重み和＋活性化関数を何段階か経てつながり、全体として非線形性の強い、そして表現力の高い関数になる。

さて、最小二乗法でaやbなどのパラメータを具体的にどのように求めるか。$y=bx+a$という1次式の場合、解くのは簡単である。最適解を解析的に求めることができる。つまり、高校の数学の問題を解くように、式展開をして答えが導出できる。ところが、ディープラーニングで使われる深くて非線形な関数では、最適解を解析的に導くことができない。そこで、数値計算を行う。何度も計算を繰り返して、二乗和誤差（より一般的には損失関数という）を最小にするパラメータの値を見つけるのである。基本的には、aやbなどのパラメータの初期値をまずは適当に決める。そして、aやbを微小な幅だけ動かしてみて、損失関数が今よりも小さくなる方向にそれぞれの値を変更する。これを何度も繰り返して、これ以上、どのように変更しても値が大きくなってしまう（局所最適解という）ところに至れば終了である。そのときのaやbが、誤差を（局所的に）最小にするパラメータの値となる。

aやbなどのパラメータを動かし、損失関数が小さくなる方向を見つけるために、パラメータに対する損失関数の「微分」をとり、「勾配」を計算する（図2・3）。下り坂の方向を見つけるということだ。深い関数の場合には、この微分の値が出力側（y側）から入力側（x側）に通常と逆方向に伝達されるような計算方法となるため、「誤差逆伝搬」と呼ばれる。パラメータの数がa、bの2個くらいならよいが、実際のディープラーニングでは、このパラメータの数が、数万〜数億個にもなる。

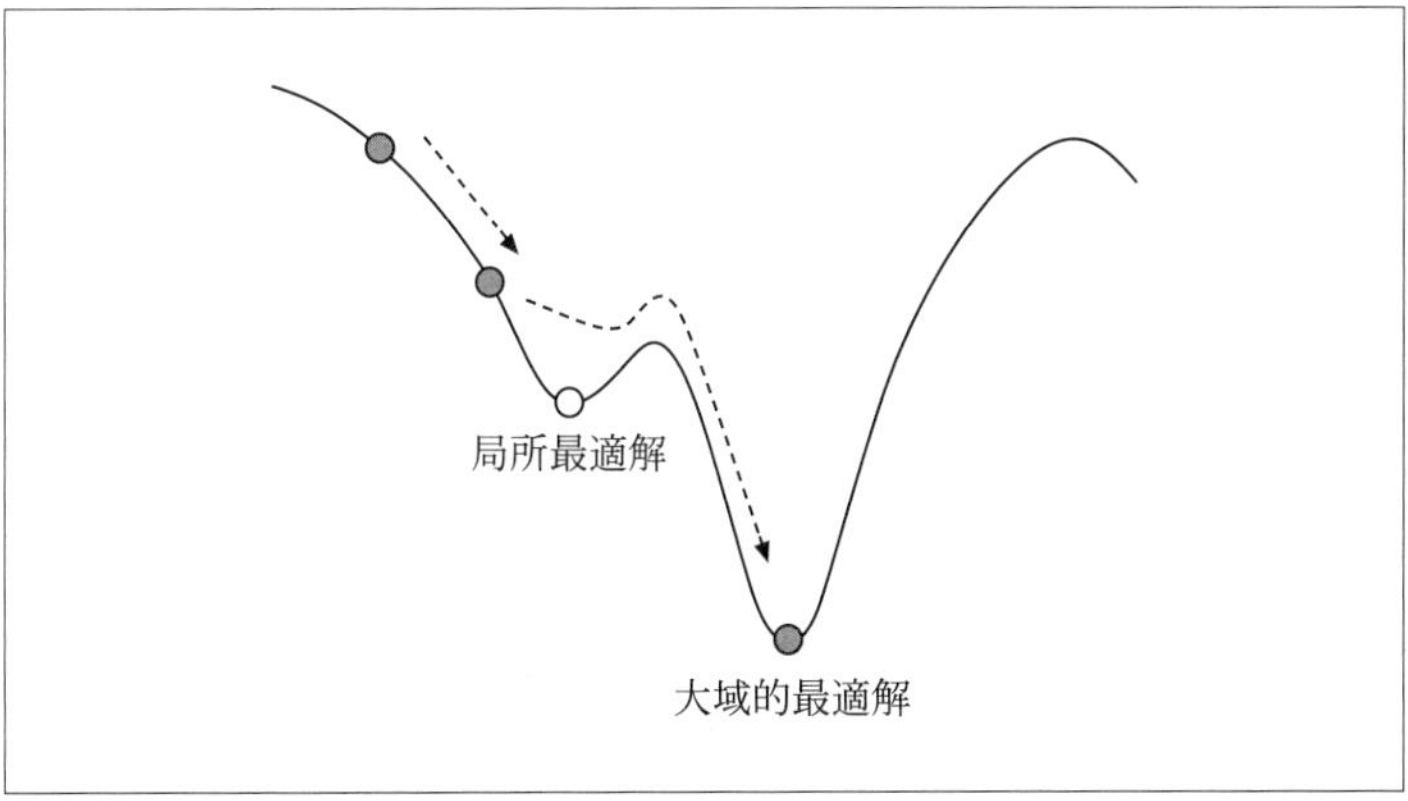

図 2.3　損失関数を最小化する

非常にたくさんのパラメータを動かしながら、損失関数を徐々に小さくしていき、これ以上小さくならないところまで繰り返すという処理を行う。したがって、この処理（学習フェーズ）には、とても時間がかかり、数時間からときには数日、数週間にわたることもある。

いったんパラメータが決まれば、あとは、新しいx（たとえば新しい画像）が入ってくれば、パラメータの値を使って、順次、途中の関数の値を計算し、最終的にyを計算すれば良い。これが推論フェーズであり、通常は一瞬（0コンマ何秒から数秒）で終わる。

2.2 なぜ深いことが重要なのか

では、なぜ深いことが重要なのだろうか。深い階層を持った関数は表現力が高いと説明したが、それをもう少し掘り下げていくつかの方法で説明しよう。

最初の説明は、**多様体**に関するものだ。たとえば、地図を考えよう。このなかで1点を指し、そこが何県かというデータが与えられたとする。（東経、北緯、何県）というように表す。（136・90、35・18、愛知県）、（139・69、35・68、東京）といった具合だ。こういうデータが数千サンプル与えられたとすると、だいたいこの経度と緯度であれば何県というのが分かるようになる。このような学習をするにはどうしたらいいだろうか。以下では、東経、北緯をそれぞれ x_1、x_2、何県かが $y_{県名}$ に相当し、これが1か0を取るとしよう。たとえば、東京都であれば、$y_{東京都}=1$ で、東京都でなければ、$y_{東京都}=0$ である。

北海道は簡単だ。津軽海峡あたりで切ればよい（図2・4）。津軽海峡がだいたい北緯41・63度であるから、$x_2>41.63$ であれば北海道と判定すればよい（北海道の南端の松前町あたりが青森に含まれてしまうが、ひとまず気にしない）。つまり、$y_{北海道}$ は、f を活性化関数として、$f(x_2-41.63)$ という式でほぼ正確に表せる。x_2 が41・63よりも大きければ（つまり津軽海峡より北であれば）、$x_2-41.63$ は正の値をとるので、これを活性化関数に入れると、1の値となる。逆に、津軽海峡より下であれば、$x_2-41.63$ は負の値となり、$f(x_2-41.63)$ は0となる。つまり、$f(x_2-41.63)$ は、北海道かどうかを自動的に判定できる式ということだ。

他の県はどうだろうか。たとえば千葉県を切り取ることを考えると、かなり複雑な式で、経度と緯度を指定し、県の形を囲まないといけない。基本的には、県の形を小さなピースに分けて、それを囲むような線を指定していけばよい。実は、すべての県の形は、3層のニューラルネットワーク（隠れ層が1層）で表すことができる。線形に切る要素を任意に細かくしていけばいいのである。任意の関数が、わずか3層のニューラルネットワークで近似できることは、「普遍性定理」として知られてい

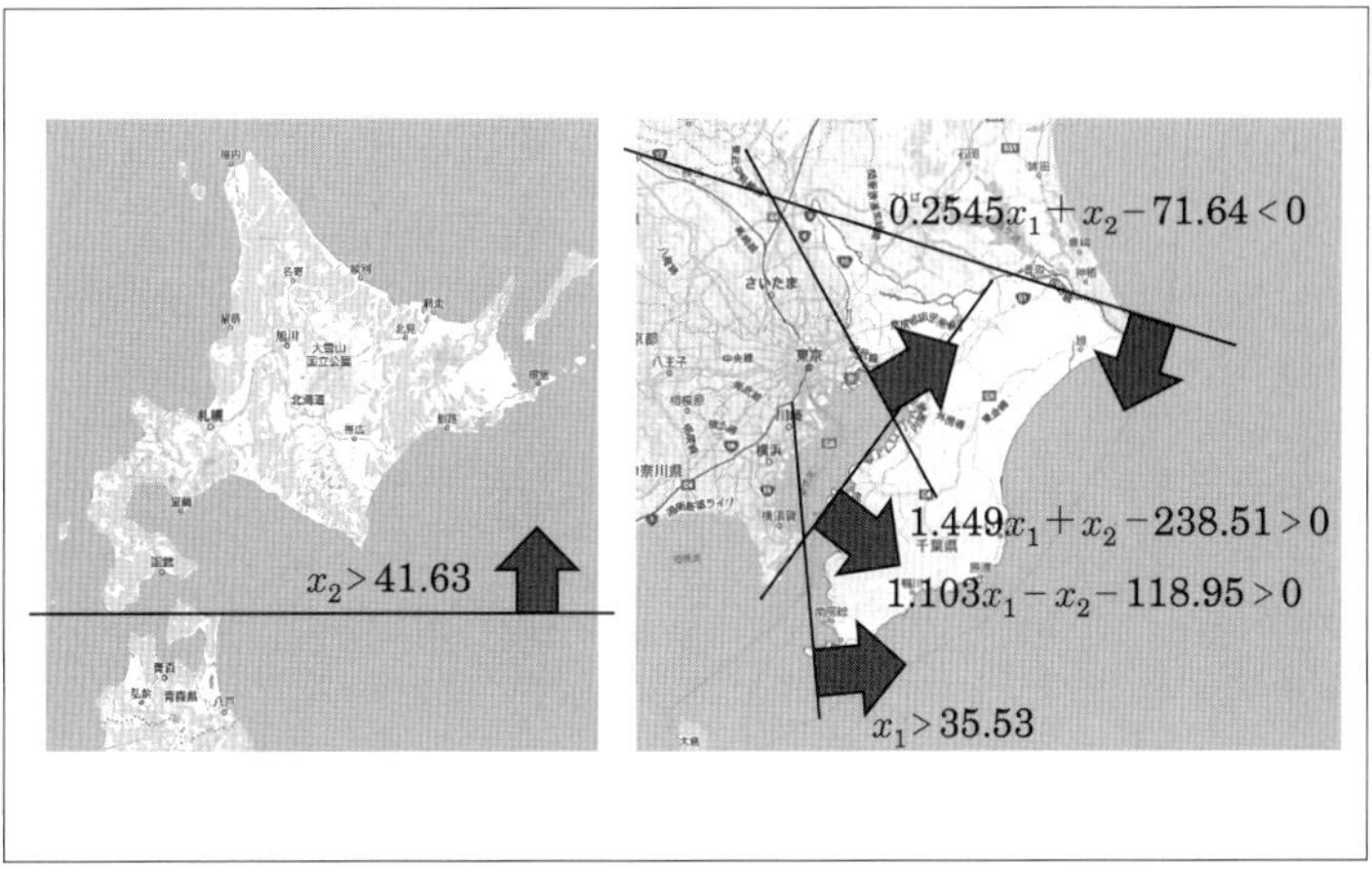

図 2.4　都道府県を切り取る

る [Hornik, Stinchcombe, and White, 1989]。ただし、これが成り立つのは、隠れ層に無限の数のニューロンがあると仮定した場合である。ところが、無限の数のニューロンというのは現実的には無理なので、有限な数にしたい。

これは、地図上のある形を切り取ろうと思うときに、無限に小さい部分の集まりとして指定するのではなく、まず大雑把な形を指定して、そこから引き算・足し算で図形を修正するように指定することに相当する。それは、ニューラルネットワークでは、3層よりも大きな階層的な表現を使うということであり、そのほうが効率的に形を表せる。

地図上から任意の都道府県の形を切り取るというのは、2次元空間の話で分かりやすいが、一般的な学習についても同じである。たとえば、100ピクセル×100ピクセルの画像があり、ネコかどうかを判定したいとしよう。各ピクセルがたとえば0から255までの値(輝度)を取るとすると、画像全体のあり得るすべての空間は1万次元の空間になる[3](2次元、3次元は容易に想像できるが、4次元や5次元は想像が難しく、1万次元ともなると、人間には想像できない)。そして、ある画像はこの空間のなかの1点を表す。100×100という画像の1万個のピクセルがそれぞれある値をとっているので、その1枚の画像そのものが1万次元の空間の1点に該当するわけである。

そして、ある画像がネコかどうかを判定するというのは、この巨大な空間のなかでネコに該当する部分的な領域を切り取るということである（まさに千葉県を地図上から切り取るのと同じである）。この空間中のある1点がネコの画像だとしたら、そのネコが少しだけ右に動いた画像も、この空間中のどこか1点になるわけだ。そのとき、ネコが少しだけ右に動いたことで、画像中のピクセルの値が全体的に少しだけ変わるだろう。つまり、各ピクセル同士は、かなり強い相関があるということになる。これは1万次元のうち多くは縮退しているということであり、結果として低次元とみなせる空間が形成されているということだ。これを「多様体」という。

ネコ認識をするということは、ネコに該当する多様体を上手に切り取るような関数を求めなければならない。これは線形の関数などでは難しい。したがって、表現力の高いモデルが必要であり、深い階層を持った関数を用いる必要があるのである。

二つめに、「深いこと」の重要性は次の例でも説明することもできる。たとえば、

$$(x_1+x_2)(y_1+y_2)(z_1+z_2)$$

という式があったとしよう。これを展開すると、

$$x_1y_1z_1+x_1y_1z_2+x_1y_2z_1+x_1y_2z_2+x_2y_1z_1+x_2y_1z_2+x_2y_2z_1+x_2y_2z_2$$

という式になる。これは、それぞれ、和と積を3回繰り返した「深い」式と、それを1回だけで表した浅い式を示している。どちらがシンプルに思えるだろうか？　多くの人は、一つめの「深い」式を

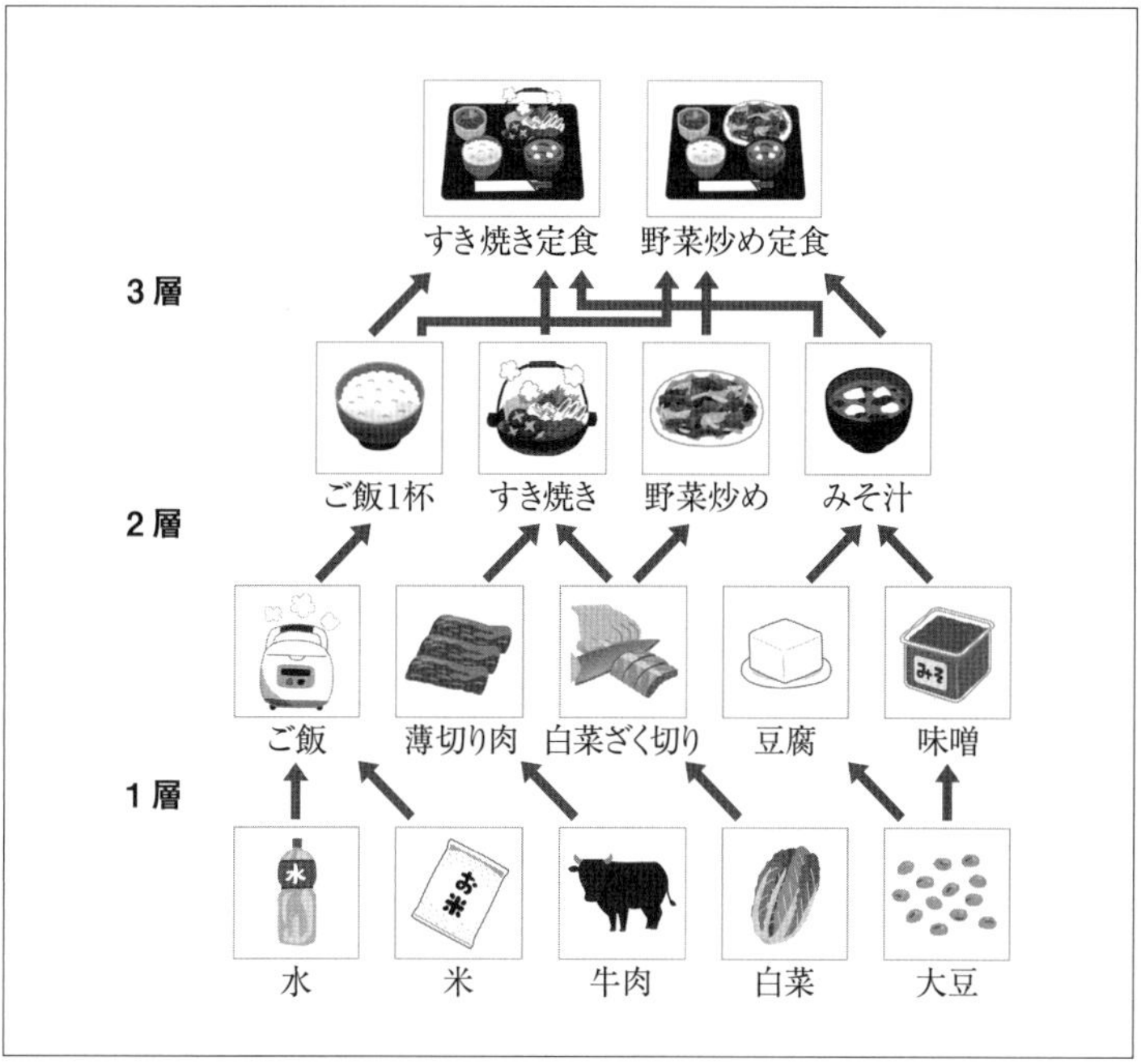

図 2.5　食材を何回加工して料理するか

シンプルと答えるだろう。必要な加減乗除の計算の数も、深い式は5回、浅い式は23回と多い。このように「深い関数」を使って表現できるものは、「浅い関数」を使うと指数的に長い表現になることがあり、深い関数は圧倒的に効率的である [Delalleau and Bengio, 2011]。

三つめの説明として、もっと直感的な例で説明をしよう。食材が与えられ、料理をすることを考える。食材を切って、茹でたり炒めたりし、味付けし、盛り付ける。こうした料理における加工の工程において、仮に「食材を1回しか加工してはいけない」としたらどうなるだろうか。サラダとか、ご飯とか、1回の加工で簡単にできる

[3] 実際はRGB（赤緑青）の各要素があるので一つの輝度の値では表せない。

ものしか作れなくなる。できる料理の数が一気に限られてしまうだろう。ところが、何回でも加工してよいとしたら、急に自由度が上がる（図2・5）。フレンチだろうが中華だろうが懐石だろうが、原理的にはどんな料理でも作れてしまう。これは、関数の場合も同じで、入力される値を加工して出力する場合に、1回だけ関数を適用してよいという限定された条件では、入力された値に対して、大した加工はできない。ところが、何回も関数を適用してよいということになると、入力された値にありとあらゆる加工を施して、任意の変換をすることができる。つまり、工程の数によってできる料理の幅が非常に増えることと、深い関数を使えば関数の表現力が上がるというのは、直感的には同じである。

2.3 階層と構成性

ディープラーニングは、「表現学習（representation learning）」とも呼ばれる。深い階層を持った関数を学習することで、途中の階層に中間的な関数として有効な表現（あるいは特徴量）が得られるからである。表現の学習において、深いことは、良い表現を学習するための有効な戦略の一つであるが、必然ではない。結局は、速く学習するための「ズルのしかた」の一つであって、世界にはこうした「ズルのしかた」がたくさんある。データや対象、我々の世界に関して何らかの仮定を事前に置くことによって学習を効率化するための知識や情報を、「プライア（prior）」という[4]。

ベンジオは、プライアとして、図2・6の10個を挙げている[Bengio, Courville, and Vincent, 2012]。深い階層は、ディープラーニングが使っているいくつかのプライアの一つである。将来にわたって深い階層が重要であるかどうかは分からないが、人間の脳も階層性を使っていることを考えると、ある程度妥当ではあるのだろう。最近では、階層という「離散的な」ものを連続化する研究も行われている[Chen *et al.*, 2018]。

学習に用いるモデルの階層が深いことと、我々の世界が階層的であることは、表裏の関係にある。たとえば、ネコの画像は、耳や目、ひげから構成され、ひげは、複数の線から構成される。ここにも階層的な構造がある。また、飲料の売上はどんな要因から決まるだろうか。「温度」だけでなくおそらく「飲料自体の魅力」「お店の便利さ」などの要因から決まる。では、飲料自体の魅力は何から決まるだろうか。おそらく「味」「イメージ」「価格」「評判」などで決まるだろう。こう考えると、飲料の売上の要因には階層構造がある。我々の世界には、なぜか階層構造が多く内在している。

さらに言えば、我々の言葉は、有限の音素から組み合わされて単語になり、単語が集まって文になり、文が集まって発話や文章になる。音楽も同じである。プログラミングでもクラスやライブラリの階層構造がよく作られる。我々の身体も、細胞が組み合わさって器官を形成し、一つの身体を構成する。

我々の社会の産業構造にも階層がある。我々が消費する製品は、すべて原材料からできている。原

[4] 正確には、prior information あるいは prior knowledge と表す。

スムーズさ (Smoothness)	学習される関数はスムーズであることが多い。スムーズとは、x が微少変化したときに $f(x)$ も微少変化する性質。多くの機械学習で使われる。
複数の説明因子 (Multiple explanatory factors)	データを生成する分布は複数の異なる因子から作られることが多い。この因子は別の因子とあわせて汎化できる。こうした因子を **disentangle**（紐解く）することで得られ分散表現につながる。
説明因子の階層的組織 (A hierarchical organization of explanatory factors)	我々の周りの世界を記述するのに有用な概念は、他の概念を使って、階層構造のような形で定義することができる。抽象的な概念はより具体的な概念から定義される。深い表現につながる。
半教師あり学習 (Semi-supervised learning)	XからYを予測するとき、Xの分布を説明する因子の一部は、Xが与えられたときのYの分布も説明する。したがって、$P(X)$を学習する際に有用な表現は、$P(Y\|X)$を学習するときにも有用であることが多い。教師なし学習と教師あり学習をつなぐ定義となる。
タスクをまたがって共有される因子 (Shared factors across tasks)	多くの学習のタスクでは、他のタスクと共有された因子を作って説明することができる。したがって、タスクをまたがる学習の意義となり、マルチタスク学習、転移学習、ドメイン適応につながる。
多様体 (Manifolds)	確率質量（離散確率変数がある値を取る確率）は、データのもともとの空間よりもずっと低次元の領域に集中している。オートエンコーダなどの方法につながる。
自然なクラスタリング (Natural clustering)	カテゴリ変数の異なる値（オブジェクトのクラスなど）は、分離された多様体にひもづけられる。より正確には、多様体の局所的な変化はカテゴリの値を維持する傾向があり、別のカテゴリの値との内挿は、低密度の領域を含む。（したがって、人間はカテゴリに名前をつける。人間の脳が発見し、文化で伝えられる。）
時間と空間の首尾一貫性 (Temporal and spatial coherence)	時系列で連続した、あるいは空間的に近接した観測は、関連するカテゴリの同じ値をとることが多い。（あるいは多様体上での微少な動きに対応することが多い。）一般的には、異なる因子は、異なる時間的、空間的なスケールで変化し、対象とするカテゴリ変数はゆっくりしか変化しない。
疎性 (Sparsity)	与えられた観測 x について、関連し得る因子のうち実際に関連するのはごく一部である。表現の観点で言えば、素性は多くの場合ゼロであり、x の小さな変化に対して反応しない。これは潜在変数の値が0になることを促進するような仕組みで達成できる。
因子の依存の単純さ (Simplicity of Factor Dependencies)	高レベルの良い表現を使うと、因子は他の因子と単純な（典型的には線形の）依存関係で関係づけられる。これは、物理学の多くの法則に見られ、また学習された表現の上に線形な予測器を当てはめるときにも仮定される。

図 2.6　ヨシュア・ベンジオによる 10 個のプライア
Yoshua Bengio, Aaron Courville, and Pascal Vincent, "Representation Learning: A Review and New Perspectives", 24 Jun 2012, https://arxiv.org/abs/1206.5538 より作成

材料から直接製品が作られるわけではなく、ほとんどの場合、さまざまな中間財を経て、何段階も加工され、最終的に製品に加工される。自動車産業は、最終の完成品メーカーを頂点に、部品や素材などの企業が系列を構成している。加工を段階的に行うために、階層的なネットワークが構成されている。

なぜ、こうした階層構造がさまざまなところにあるのだろうか。思索的な議論になるが、おそらくこれには単純な原理があるように思われる。複数の構造を用いて新たな構造が生まれる「構成性」と、ある構造が別のところでも使われる「再利用性」があれば、こうした階層が生まれるのではないか。ある構造が、再利用される状況になると、インタフェース（すなわち階層間の接続点）が自然に揃ってくる。なぜなら、インタフェースが揃っていたほうが再利用しやすいからである。逆に、インタフェースが揃ってない構造は再利用されにくく、結果的に衰退する。そして、複数の構造を組み合わせ、新しい機能を持った構造を作り出すということが繰り返し行われる。結果として、階層的な構造が現れることになる。

2.4 画像を認識する：CNN

ディープラーニングの技術的な詳細は、説明し始めるとキリがないのだが、ここでは特に主要な技術である、CNNとRNNについてだけ紹介しよう。

どういったデータの場合には、どのように「深い」階層を持つ関数を作ればよいか、すなわちニューラルネットワークのアーキテクチャをどう作ればいいのかはある種のノウハウである。代表的なものが、画像を対象にした「畳み込みニューラルネットワーク（Convolutional Neural Network, CNN）」、音声等の時系列を対象にした「リカレントニューラルネットワーク（Recurrent Neural Network, RNN）」である。

ディープラーニングは、さまざまな領域で大きな成果を収めているが、その典型例が画像認識である。画像に写っているものが何かを言い当てることは、コンピュータにとって長い間、大変苦手なタスクだった。これまでは、画像を認識する際の「特徴量」を人間が決めていたが[5]、ディープラーニングによって、特徴量自体を学習できるようになった。深い関数を使うことにより、途中の関数として、そのタスクに必要な特徴量が学習できるためである。

ディープラーニングは、２０１２年に「ＩＬＳＶＲＣ（ImageNet Large Scale Visual Recognition Challenge）」という画像認識のコンペティションで大躍進を果たした。ヒントンらのチームがディープラーニングを使って、ほかのチームがエラー率26％台の攻防を繰り広げるなか、16％というエラー率を達成してぶっちぎりの勝利を収めた。

以降、画像認識のエラー率はみるみるうちに下がった。翌２０１３年には１１・７％、14年に６・7％を記録し、15年2月にマイクロソフトが記録したエラー率は４・９％である。人間のエラー率が５・１％とされており、２０１５年にコンピュータは画像認識において（特定のデータセットとはいえ）人間の精度を超えた。その後も、着々とエラー率は下がり続け、２０１７年末の時点では２・３％に達した。すでに人間の認識精度を大幅に超えている。

古くからのニューラルネットワークの研究では、各層のニューロン（ユニットという）が、下の階層（入力に近い層）のすべてのユニットとつながっている「全結合」ネットワークが一般的であった。このつながりを「コネクション」と呼び、一つのコネクションが一つの「重み」を持つ。各ユニットでどのような計算をするかというと、下の層のユニットが出力する値を受け取ってコネクションの重みをかけあわせ、それらをすべて足し合わせる。すなわち、入力された値に対して $bx+a$ のような「重み和」を計算するわけである。この重み和の値に活性化関数 f を作用させ、$f(bx+a)$ を計算する。この値が次の層（上の層）に向けての出力となる。これを次々と繰り返す。

つまり、各層のそれぞれのユニットが、重み和＋活性化関数になっており、それが入力から出力まで多層に重ねられているわけである。前述のように、非線形な関数が、直列つなぎで表現力の高い関数を構成していることを、よりビジュアルに表したものがニューラルネットワークと理解していただいてもよい。

ＣＮＮでは、画像に特有の性質を利用して、ユニットをつなぐコネクションの数を減らし、パラメータの数を減らす。どうするかというと、「近い位置のユニット」にだけコネクションを張り、それ以外はコネクションを張らないようにするのである。ＣＮＮにおいて、各層は画像を抽象化したものに相当する。ある層のユニットは画像の特定の位置に対応するので、その下の層からのコネクション

[5] たとえば、ＳＩＦＴ特徴量やＨＯＧ特徴量。

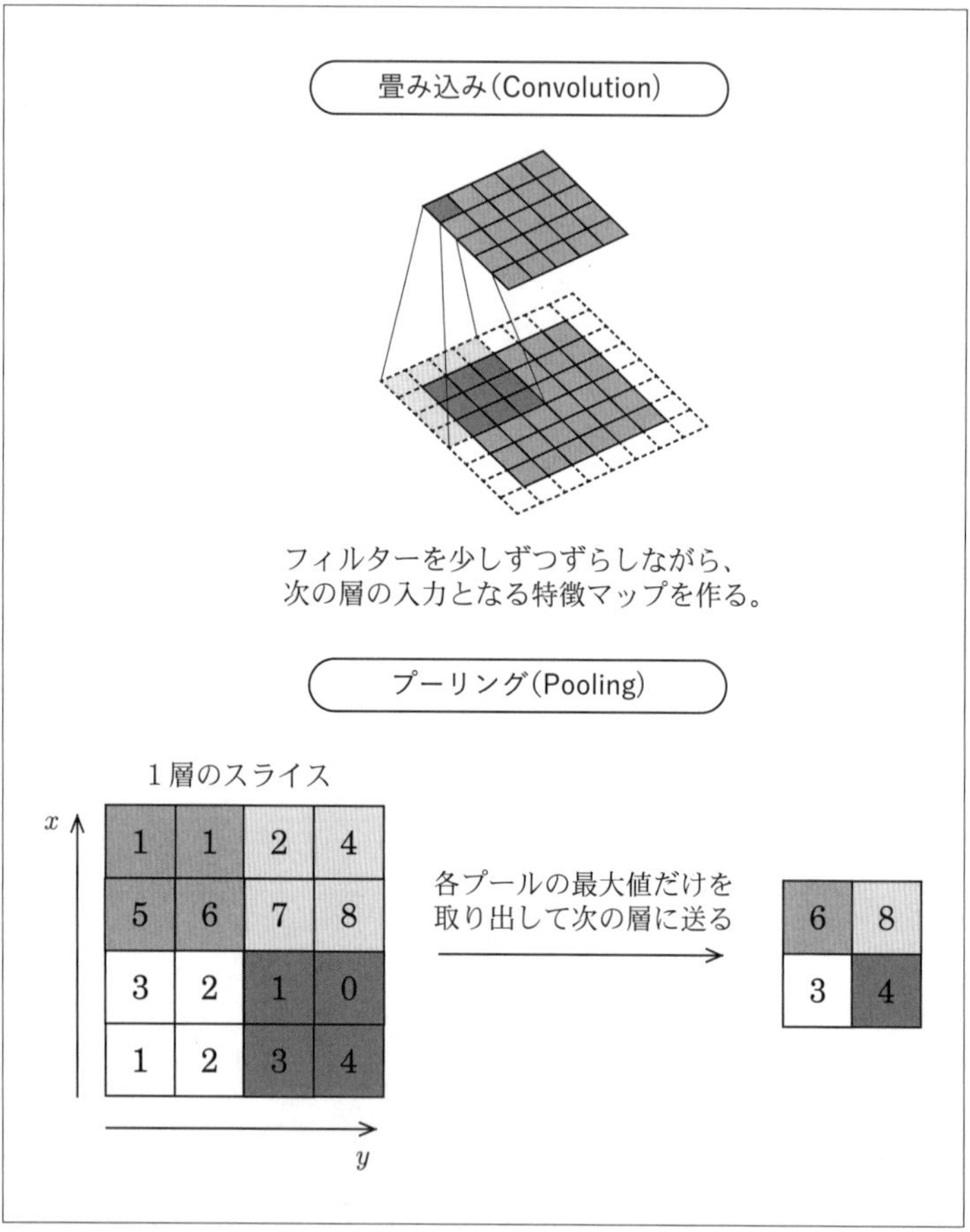

図 2.7 畳み込みとプーリング
http://deeplearning.net/software/theano/tutorial/conv_arithmetic.html より作成（上図）
Fei-FeiLi, Justin Johnson, Serena Yeung, “CS231n: Convolutional Neural Networks for Visual Recognition”, http://cs231n.stanford.edu より作成（下図）

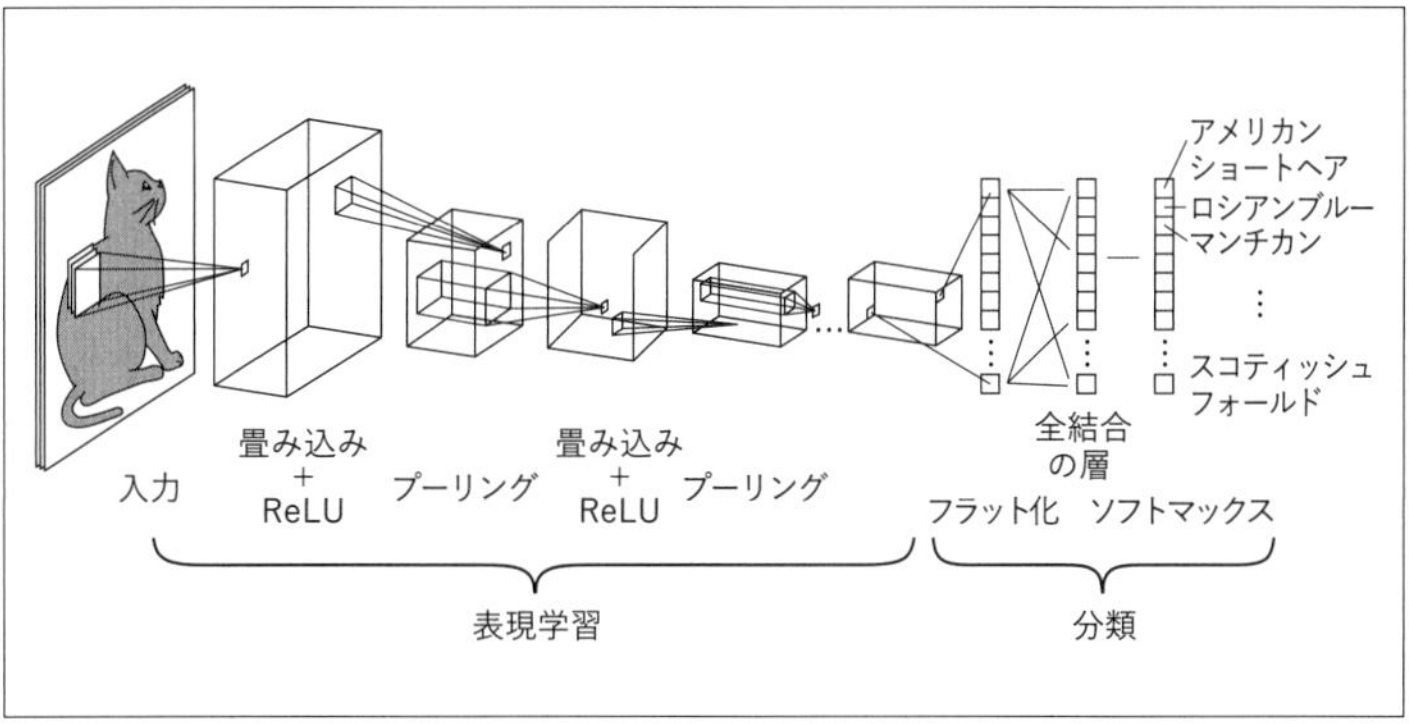

図 2.8 CNN のアーキテクチャ
https://towardsdatascience.com/a-comprehensive-guide-to-convolutional-neural-networks-the-eli5-way-3bd2b1164a53 をもとに著者作成

は、画像の位置でいうと近傍に相当するユニットだけからコネクションを張り、それ以外は張らないようにする。これによって、パラメータの数を減らせる。

さらには、画像のどこの部分に相当するユニットでも、その下の層の近傍のユニットとの関係は同じはずである。つまり、画像のどこに写っていてもネコはネコであり、処理を変える必要はないはずだから、各層のすべてのユニットに対して同じ重みを使う。これを重みの共有という。これによって、パラメータの数をさらに大幅に減らすことができる。この処理は、画像中の矩形の領域に、特定の関数を重ね合わせることに相当するため、「畳み込み(convolution)」という。

CNNの特徴は、こうして得られた「畳み込み層」と、多くの場合、「プーリング層」という別の層を交互に用いるところにある(図2・7)。最後に全結合の層を重ねることもある。このようにニューラルネットワークを構成することで、パラメータの数を減らし、学習しやすくし、結果的に画像に対して、高い性能を発揮することができる(図2・8)。

2.5 時系列の情報を扱う：RNN

ＣＮＮと並んで重要な技術の一つが「リカレントニューラルネットワーク（再帰型ニューラルネットワーク、ＲＮＮ）」である。自然言語のテキストや音声など、時系列のデータの扱いに適している。

時系列の入力xから、目的とする出力yを出すようなモデルをニューラルネットワークを使って組む。xを英語の文（たとえばHello）、yを日本語の文（こんにちは）とし、翻訳を行うことを考えてみよう。このとき、xは、$\{x_1, x_2, x_3, x_4, \ldots\}$という文字の系列である。$x_1$はH、$x_2$はe、$x_3$はlなどとなる。$y$のほうも同じであり、$y$は$\{y_1, y_2, y_3, y_4, \ldots\}$という文字の系列である。$y_1$は「こ」、$y_2$は「ん」、$y_3$は「に」となる。そして、$x$と$y$のペアとなる学習データがたくさん与えられれば、損失関数を最小化するようなパラメータを求め、未知の入力xに対して適切なyを返せるようになる。文字や単語をどのように値としてニューラルネットワークに入力するかは、いくつかのテクニックがあるのだが、ここでは割愛する。文字に相当する値が、順次、ネットワークに入ってくると考えれば良い。

系列から系列への変換はニューラルネットワークを使ってどのように実現すればいいのだろうか？系列の長さが決まっていれば、全結合ネットワーク、あるいはＣＮＮを使うことも可能である。しかし、翻訳するときの英語の文は、長さが決まっていないので工夫が必要になる。

そこで、x_1、x_2、x_3と次々と入力される値が、全部まとめて何らかの文脈を構成すると考える（文

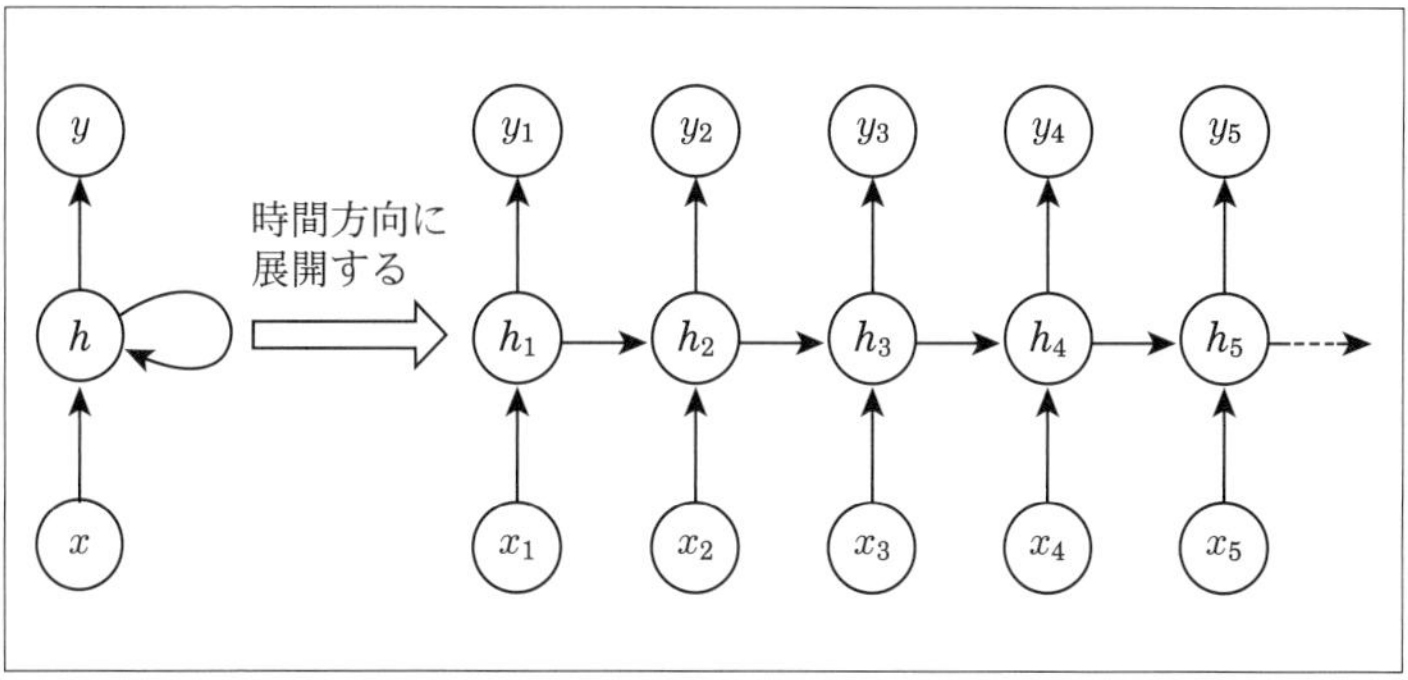

図 2.9　RNN（リカレントニューラルネットワーク）

の意味のようなものに相当する）。そして、この文脈に基づいて、何らかの出力が生成されるとしよう。これをニューラルネットワークで実現すると次のようになる。

x_1がまず入力され、その情報が隠れ層hに渡される（h_1となる）。次にx_2が入力され、その情報が再びhに渡される。このとき、hを更新するわけだが、いまの状態のh_1と、今回新たに入ってきたx_2の情報を組み合わせて、h_2に更新するようにする。また、x_3が入力されると、いまの状態h_2と、x_3の情報を組み合わせて、h_3に更新するわけである。こうすると、hが抽象化された文脈を表すようになる。そして、出力は、この隠れ層の情報から決まるようにする。

RNNの式は、図2・9のように表すことができる。xは入力を表す。自分自身へ再度、情報が流れ込んでいるように見えるため、リカレント（再帰型）ニューラルネットワークと言う。

RNNは一見すると深いネットワークではないように見えるが、深い階層を構成している。なぜなら、現在の隠れ層hの状態は、一つ前の時点の隠れ層hの状態の影響を受けて決まっており、そして一つ前の状態はそのさらに一つ前の状態の影響を受けて決まっており…というふうに、遠い過去の情報が、たくさんの階層を経て、現在の隠れ層や出力に影響を与えているからである。

RNNを使った翻訳は、「ニューラル機械翻訳（NMT）」と呼ばれ、従来の統計的機械翻訳よりも性能が高い。グーグルが2016年に発表した「グーグルニューラル機械翻訳（GNMT）」であり［Johnson *et al.*, 2017］、大幅に精度を高めることに成功した。

また、翻訳だけでなく、xとyを同じ言語での会話文のペアにすれば、対話をモデル化することもできる。グーグルの研究者らは、RNNに対話のデータを学習させることで対話を実現する「ニューラル対話モデル」を提案した［Vinyals and Le, 2015］。数千万語から数億語の規模の映画のスクリプトを学習させると、かなり本物に近い会話ができるようになる。

最近では、RNNではなくトランスフォーマーというモジュールを使う方法がさらに良いことが分かってきた。2019年現在では、自然言語処理のさまざまなタスクで大きく精度が向上し、人間の翻訳性能を上回る例も出始めている。

2.6 エンド・トゥ・エンド学習

ディープラーニングを特徴づけるのが、**エンド・トゥ・エンド**（end-to-end）**学習**である。日本語では適切な訳が定まっていないが、「端から端の学習」という意味である（「一気通貫学習」と言われることもある）。これは、途中のさまざまな処理過程を全部すっとばして、入力から出力までをニューラルネットワークでつなぎ、学習させればうまくいってしまうということを表している。ディープラーニングが「深い」階層の関数を用いていることの言い換えでもある。xからyまでの経路が長くてもよくなったために、従来の処理では複数のステップに分けて作り込んでいたものを、「端から端まで」学習できるということである。

たとえば、コンピュータビジョンの研究では、従来から、複数のステップで処理が行われてきた。さまざまな特徴量を前もって人間が定め、入力される各画像に対して、特徴量を計算する。これを、SVMなどの学習器[6]に入力し、学習を行う（図2・10［上］）。ところが、ディープラーニングでは、途中をすべてニューラルネットワークとして入力と出力をつなぐ。そして、誤差逆伝搬によりパラメータを学習する。結果として、自動的に特徴量も学習される。従来は、どのような基礎的な特徴量を使うか、それらを組み合わせた複合的な特徴量を作るか、そしてどう判別するかというノウハウがあったが、そういったノウハウは不要になり、すべて「ニューラルネットワークの技術」に変わってしまった。

これは自然言語処理でも同じであり、たとえば、翻訳は従来は複雑で多岐にわたる処理が必要であった。翻訳元のソース文から翻訳先のターゲット文に対して、単語や句の割当をし、翻訳知識やルールを用い、さらに言語モデルを仮定して仮翻訳をし、その仮翻訳を細かく調整して、出力していた。そのために多数のモジュールを組み合わせる必要があった。ところが、いまでは、ニューラル機械翻

[6] サポートベクターマシン（SVM）はディープラーニング以前によく用いられていた機械学習の手法である。

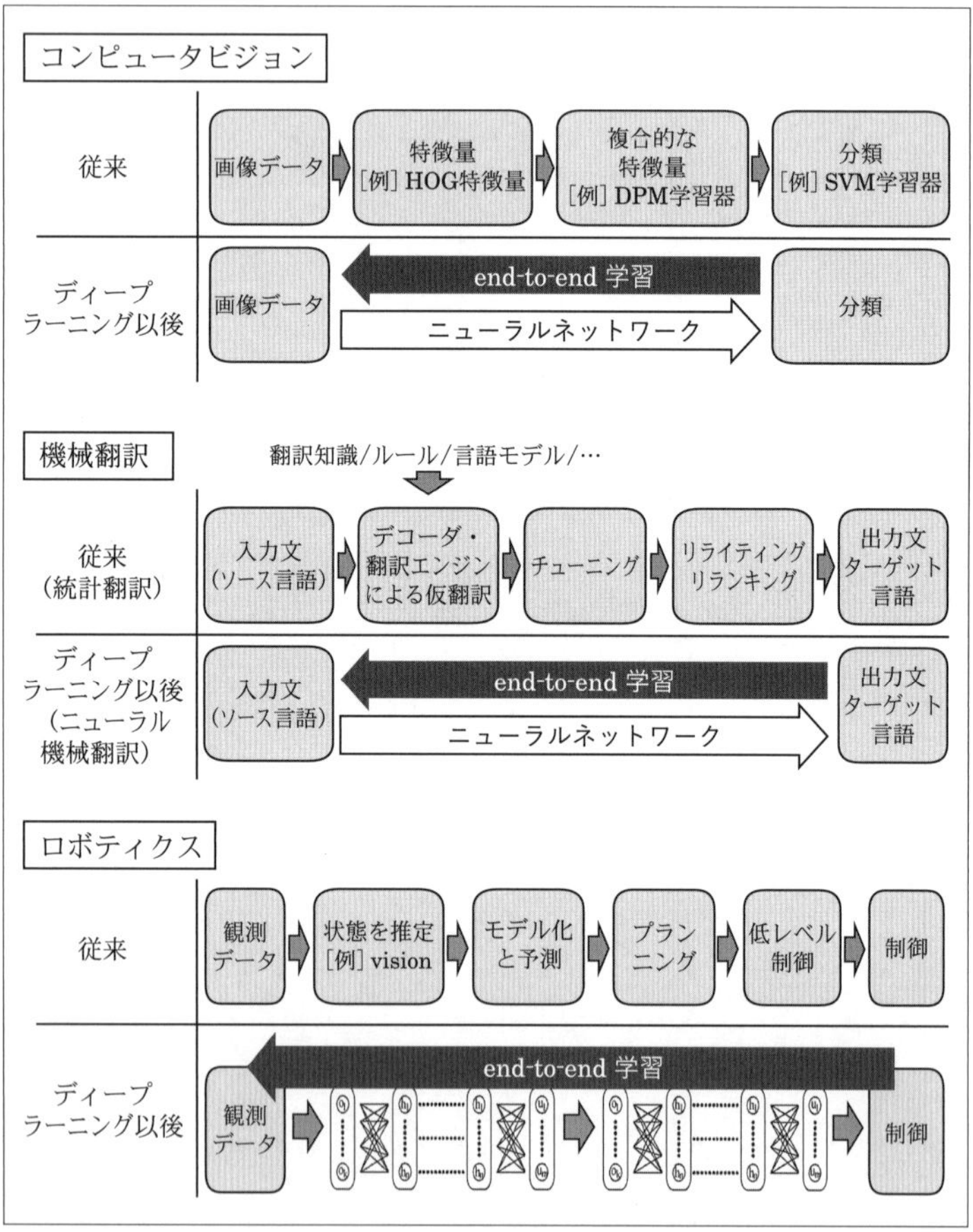

図 2.10　マシンラーニングとディープラーニングの違い
Deep Reinforcement Learning CS 294-112, http://rll.berkeley.edu/deeprlcourse/f17docs/lecture_1_introduction.pdf より作成（下図）

訳のモデルによって、入力される文（たとえば英語の文）と出力したい文（たとえば日本語の文）をつなぐようなニューラルネットワークを構成し、あとは入出力のペア（英語・日本語のペア）から学習するという技術になってしまった（図2・10［中］）。

ロボットの制御をディープラーニングで行うことは現在進行形で進んでいるが、これも状況は同じである。従来は、何らかの観測データを使って、状態を推定し、予測をし、プランニングをして、それを制御の信号に変え、ロボットを動かしていた。ディープラーニングを用いる場合には、観測データを入力として受け取り、制御信号を出力するニューラルネットワークを構築し、データから学習することで目的の動作を実現する（図2・10［下］）。

このように、ディープラーニングの進展により、ニューラルネットワークのアーキテクチャを決め、そして、大量のデータを使ってネットワークのパラメータを学習させることで、幅広いタスクに対して適用が可能になった。従来、分野ごとに整理されてきた知識体系の一部を不要にし、新たなパラダイムを構築しつつある。

ディープラーニングは、非常に多くのパラメータ（数万〜数億個）の最適化を、大量のデータ（数千〜数百万サンプル）を使って行う。そのための環境面の整備も技術の進展に重要な働きをしてきた。主に二つあるが、一つは、GPU（Graphics Processing Unit）を用いた高速な並列計算である。ディープラーニングにおける最適化の処理に必要となる大規模な計算は、グラフィック描画から派生した汎用の計算手法に非常にあうことが2008年前後に明らかになった。GPUの世界最大手のエヌヴィディア（NVIDIA）はディープラーニングに力を入れ、さまざまな製品を開発・販売している。

もう一つの重要な技術が、テンサーフロー（Tensorflow）等のフレームワークである。テンサーフローはグーグルから出されたもので、ディープラーニング（を含む機械学習）をパイソンというプログラミング言語を使って効率的にプログラミングできる。もっと低レベル（ハードウェアに近いという意味）のパイソンライブラリであるセアノ（Theano）、フェイスブックが開発するパイトーチ（PyTorch）、テンサーフローより高レベルのケラス（Keras）などのフレームワークも用いられる。そして、こういったフレームワークで重要なのが、計算グラフと自動微分である。ある変数がどのような変数と依存関係にあるのかという局所的な計算の過程を示したものが計算グラフである。そして、損失関数を最小化したいときに、計算グラフ上で出力から入力までを逆方向にたどっていき、それぞれの変数の勾配を自動的に求めるのが自動微分である。たとえば、$y=x^2$というのが損失関数であれば、yを微分すると$y'=2x$となるのだが、このy'を明示的に書かなくても、損失関数から自動的に展開し、計算してくれるのである。損失関数はしばしば非常に複雑になるし、深い階層を持った関数では、変数間の依存関係も複雑になる。これを手動の計算で行っていては、どこかで間違いが入り込んでしまう。したがって、こうしたフレームワークによって、数値計算の細かい部分をほとんど意識することなしにプログラムができるようになったことも大きな技術進化であった。

2.7 ディープラーニングの理論

ディープラーニングは、理論的な解明が十分でなく、初期には「黒魔術」と言われることもあった。それは、ニューラルネットワークの学習の際に、あるときにはなぜかうまくいき（つまり損失関数の値が小さくなり、予測精度が高くなり）、あるときにはなぜかうまくいかないということが起こるためである。たとえば、学習率（各反復でどのくらいパラメータを動かすか）という値を最初は大きな値にしておいて、それを少しずつ下げていくことが多いが、この学習率の初期値や減衰率の設定によって、うまくいったりいかなかったりする。また、何層にするか、層ごとのユニットの数やドロップアウト（学習時にニューラルネットワークのユニットを、ある割合でランダムに使用停止にする）の率など、さまざまな値をうまく設定できれば精度が良くなるし、うまく設定できないと精度が上がらない。こうした学習率や層の数などを「**ハイパーパラメータ**」と呼ぶが、ハイパーパラメータをどう設定すればうまくいくかは、「経験的にこうしたほうがいい」というのがあるだけで、その根拠は不明な場合が多い。F1の最新鋭のエンジンにたとえるとよいだろうか。チューニングしきればすごい性能が出るが、チューニングによっては全然パフォーマンスを発揮しない。チューニングの方法は技術者の勘と経験によるということである。

しかし、ときに工学的な手法が一気に進むときには、最初になぜうまくいくか分からないまま、さまざまな試行錯誤を経て良い手法が編み出され、そのあとで理論的な解明が進むこともある。ディープラーニングも同じ状況であり、新しい手法が試行錯誤により次々と見つけられ、その後に徐々に理論的な解明が進んでいる。以下では、少しずつ分かってきたことを紹介しよう。

ディープラーニングの学習時には、損失関数を最小化するパラメータを見つけることが目的となる。

そのために、損失関数が減る方向にパラメータを少しずつ動かしていくわけであるが、大量のデータ（たとえば、画像5万枚）のすべてに対して勾配を計算し、少しだけパラメータを動かそうとすると、非効率になる。そこで、通常は、5万個のサンプル全部ではなく、ランダムな順序で並び替えた上で、32個とか512個とか、少数のサンプルをひとまとまりにして、その単位で計算を行う。これをミニバッチと言い、ミニバッチに対して勾配を計算する方法を「確率的勾配降下法（SGD）」という。ミニバッチの選び方はランダムであり、勾配の計算に確率的な要素が入る。

反復ごとに計算した勾配の値は、そのまま使えば良いわけではなく、工夫をしたほうが良いことも分かっている。たとえば、図2・11のような状況においては、勾配方向が反復ごとに互い違いになってスピードが遅くなる。したがって、直近の勾配の移動平均を取ることにより、なめらかに谷底に下る。この手法は「モーメンタム」と呼ばれる。ボールを谷底に落とすときのボールの運動量と似た振る舞いをするからだ。また、少ししか進まない軸（図2・11の縦方向）に対して、それを拡大するような操作を入れることもできる。これは「RMSプロップ（RMSprop）」と呼ばれ、2012年に提案された。これと先ほどのモーメンタムを組み合わせたのが、2015年に提案された「アダム（Adam）」と呼ばれる方法［Kingma and Ba, 2015］で、現在ではよく使われる。

従来、深い階層をもつニューラルネットワークは、多数の局所最適解があり、大域的な最適解を見つけるのが難しいと思われてきた。しかし、最近ではそうでないことが分かっている。多くの場合、局所最適解は大域的最適解と同程度に良い。そして局所最適解は多く存在する。したがって、最適化は行いやすいはずだ。ところが、うまくいかない場合は何が問題かというと、ある方向で見ると極大

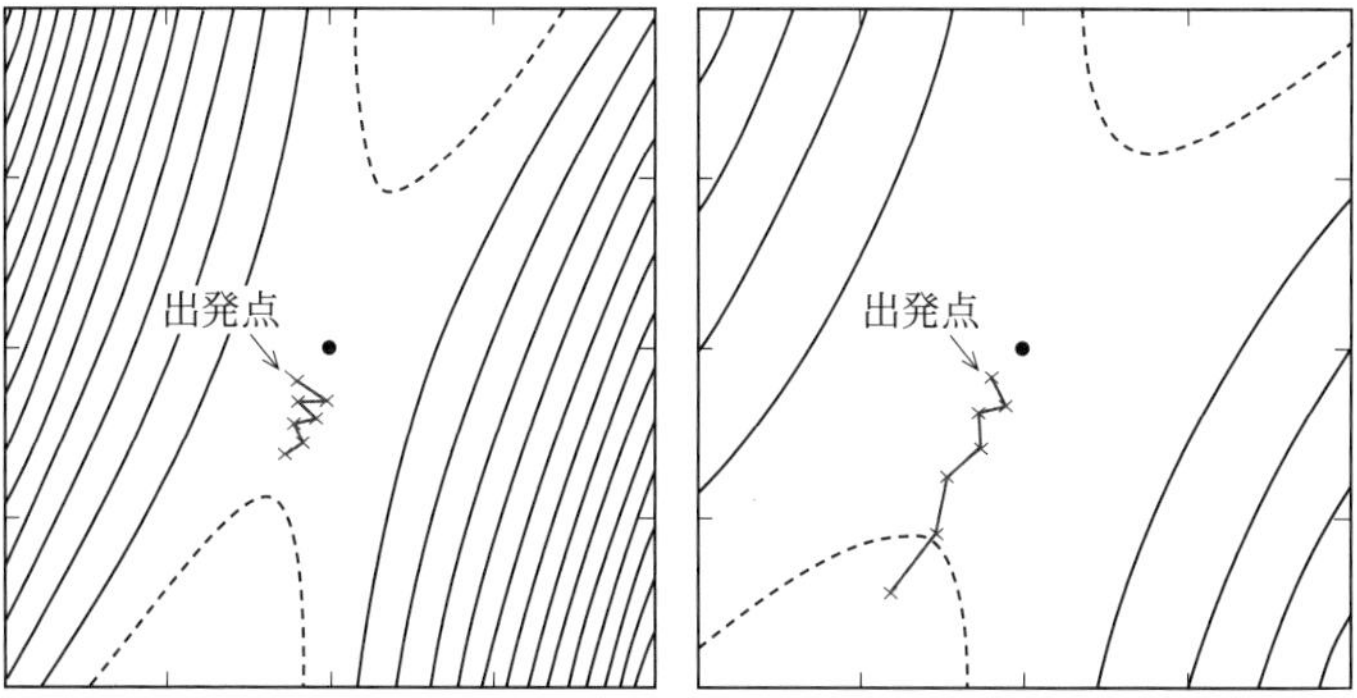

（a）元の探索点　（b）RMSプロップによる探索点

図 2.11　RMSprop
https://www.semanticscholar.org/paper/RMSProp-and-equilibrated-adaptive-learning-rates-Dauphin-Vries/22ba26e56fc3e68f2e6a96c60d27d5f721ea00e9/figure/0 より作成

となるが、別の方向で見ると極小になるような「鞍点《あんてん》」が至るところに存在することで、そこにトラップされてしまうのである。あるいは、「プラトー（高原の意）」が多いことも難しさの原因となる［Dauphin *et al.*, 2014］（図2・12）。したがって、これらをうまく避けるように勾配を取ることができれば、大規模なネットワークでもうまく学習できることになる。

ディープラーニングは非常にパラメータ数の多い、「容量」の大きなモデルを扱うため、ランダムにラベル付けされた画像ですら学習してしまう（記憶してしまう）。通常、容量が大きくなると、パラメータの数が増えるので汎化性能（未知のデータに対しても正しく予測できる能力）が落ちるはずであるが、実際には、ディープラーニングは、なぜか高い汎化性能を示す。なぜディープラーニングは汎化性能が高いのかについては、２０１９年現在も議論が続いている。なかでも、ＳＧＤがある種の正則化として機能しているのではないかという説がある［Keskar *et al.*, 2017］。局所解にも、フラットな局所解（広い範囲

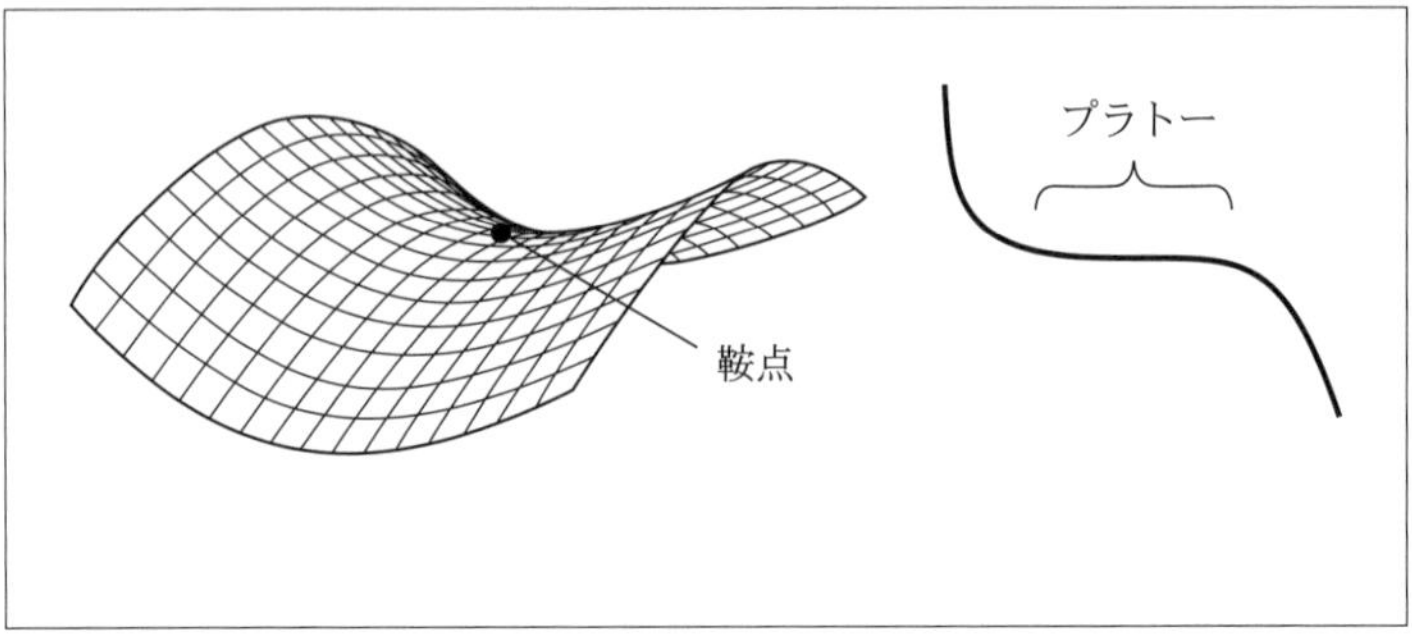

図 2.12　鞍点とプラトー
https://towardsdatascience.com/understanding-learning-rates-and-how-it-improves-performance-in-deep-learning-d0d4059c1c10 より作成

で良い解が分布している局所解）とシャープな局所解（一部の領域だけで良い局所解）があり、フラットな局所解のほうが汎化性能が高い場合が多い。SGDによって、シャープな局所解を避け、フラットな局所解を見つけることが多いという説である。また、「宝くじ仮説」と呼ばれる、ニューラルネットワークの部分的な構造と初期値の組み合わせが「当たりくじ」を引くのではないかという説も提案されている[Frankle and Carbin, 2019]。

2.8　アーキテクチャの探索

次に、ニューラルネットワークのアーキテクチャーに関する研究を紹介しよう。初期のディープラーニングの研究では、入力から出力まで単純に階層を重ねるものがほとんどであった。しかし、そのアーキテクチャはどんどん複雑化している。

画像認識の２０１５年の大きな性能向上の要因は、「**スキップコネクション**」（あるいは残差コネクションとも呼ばれる）という技術であった[He *et al.*, 2016]。これは、深い階層を持つネットワークにおいて、何層かを「飛ばす」ようなバイパスを作るものである。

その問題意識はこうである。そもそも、深いネットワークは浅いネットワークよりもモデルの容量が大きい。浅いネットワークで表現できる関数は深いネットワークでも表現できる。しかし、ある学習データに対して深いネットワークで学習した結果が、浅いネットワークで学習した結果よりも悪くなるということが現実には頻繁に起こっていた。なぜなら、深いネットワークはパラメータの数が多すぎて、与えられたデータでは安定せず、悪影響をもたらすからだ。したがって、これまでは与えられた学習データに応じて、深さをうまく調節する必要があった。

ところが、これを解決するためのしくみがスキップコネクションで、2、3層おきに、何もしないで飛ばす「バイパス」をつけたのである。こうすると、バイパスを通る情報は、何層かをスキップするので、実質的に浅いネットワークと同じになる。そして、データが少ない場合でも、容量の小さなモデルと同じ精度を出すことができる（図2・13）。バイパスを通るかどうかもパラメータになっているので、層を深くしたほうが精度があがるときには、このバイパスの力が弱くなり、多層による学習になるという仕組みである。

このスキップコネクションによって、多くの層を気軽に試せるようになった。実際、画像認識のコンペティションで2015年に優勝したモデル（マイクロソフト研究所の研究者らが提案したレズネット［ResNet］）は152層という、従来より7倍も深いものであった。2017年には、このスキップコネクションを一定間隔でつけるのではなく、このスキップコネクション自体を全結合のように密に張るデンスネット（DenseNet）という研究が発表され、良い結果であることが示された（図2・14）。

どういったネットワークのアーキテクチャが良いパフォーマンスをもたらすのか。ハイパーパラメータの設定は、これまでは人間の勘と経験に頼ってきたが、これ自体をある種の学習問題と捉えるという研究もある。学習方法の学習（learning to learn）、あるいは、ニューラル構造探索（Neural Architecture Search: NAS）と呼ばれる技術である。タスクから最適なネットワークの設定を見つける問題をRNNや強化学習（最適な行動の方策を求める学習手法）で求める。グーグルからはオートML（AutoML）、アマゾンからはセージメーカー（SageMaker）という名前で、ハイパーパラメータの自動チューニングを行う機能が提供されている。生物では、こうした「ハイパーパラメータの探索」は進化的

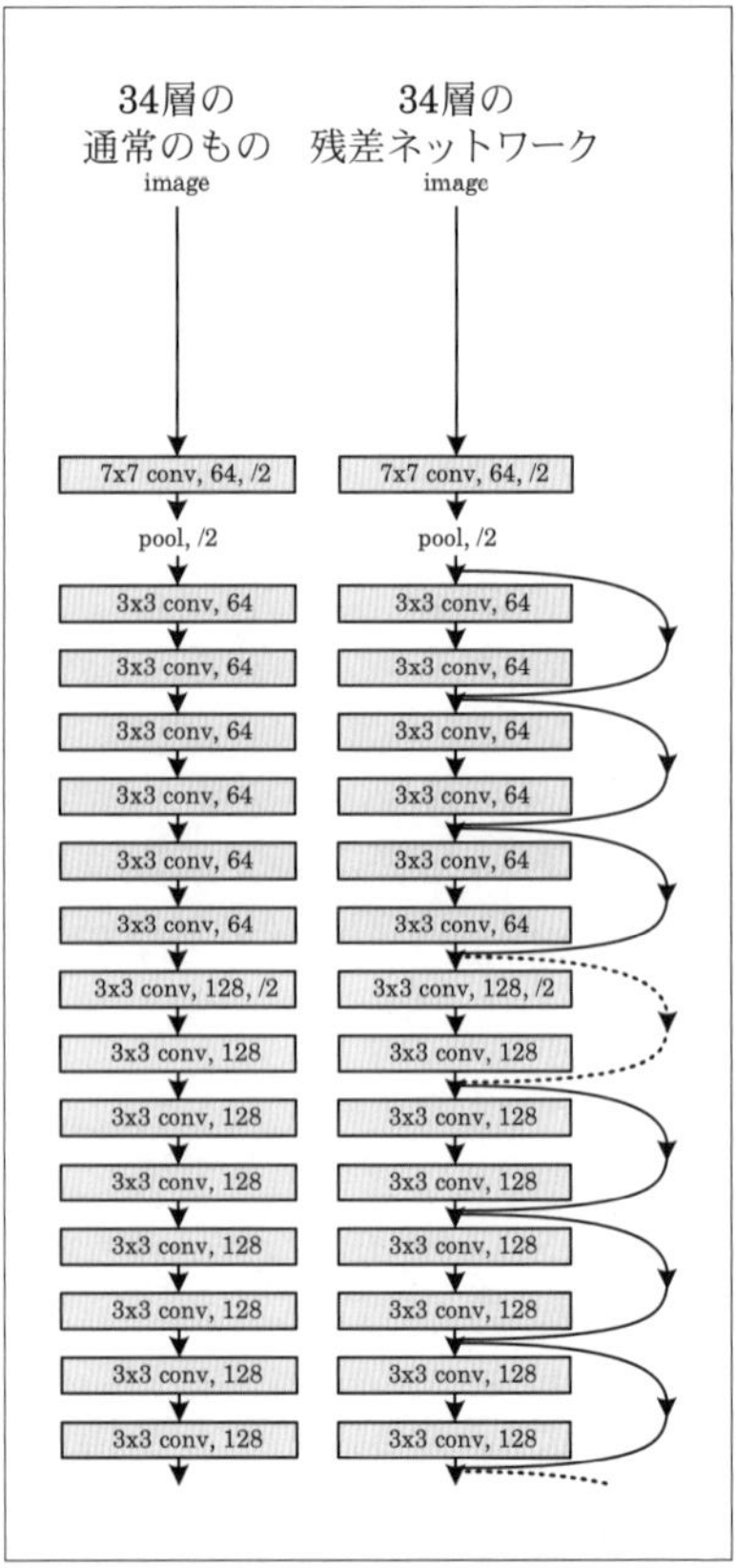

図 2.13　スキップコネクション
Kaiming He, Xiangyu Zhang, Shaoqing Ren, Jian Sun, "Deep Residual Learning for Image Recognition", Dec 2015, https://arxiv.org/abs/1512.03385 より作成

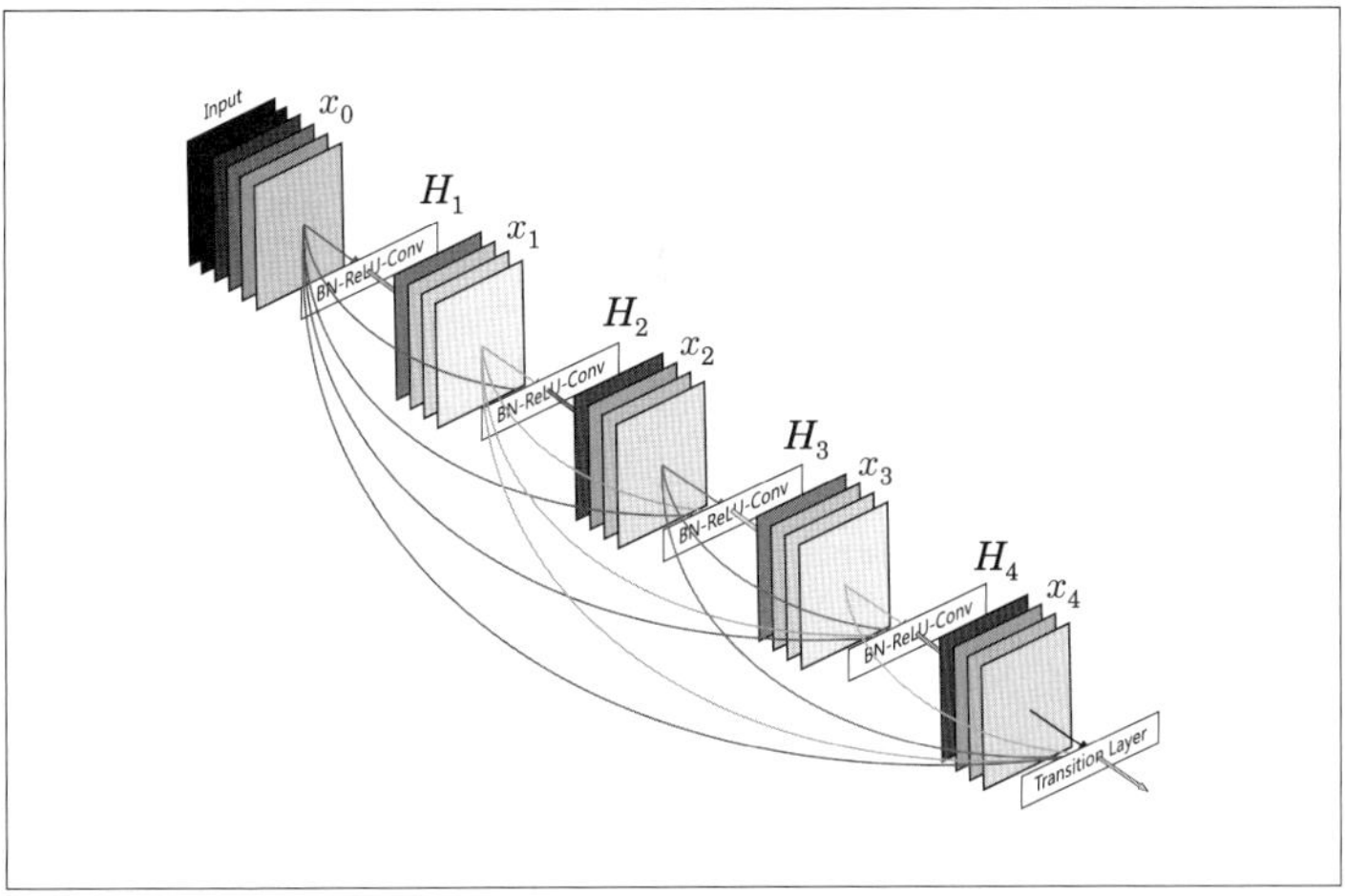

図 2.14 DenseNet
https://arxiv.org/pdf/1608.06993.pdf より作成

なアルゴリズムによって行われていると考えられるが、これを学習で行うというのは驚きであり、原理的に学習の使える幅は想像以上に大きいのかもしれない。

2.9 ディープラーニングとは結局どういうことか

ディープラーニングは、「4層以上の深い階層を持ったニューラルネットワーク」を用いる技術であると説明される場合も多いが、この説明は分かりにくいだけでなく、もはやあまり適切ではないように思う。初期のディープラーニングは考え方としては脳の構造にヒントを得ていたものの、現在では、ネットワークのアーキテクチャや正規化の方法など、工学的に独自の発展をとげており、もはや脳とあまり関係がない。活性化関数も、ＲｅＬＵという単純なものが用いられている。工学的に試行錯誤の中から良い方法を見つけようという流れと、数理的にシンプルで洗練されたものにしていこうという流れがぶつかりあい、急速に新しい体系が立ち上がっている。人類が、鳥を目指して飛行機を作ったが、その後の飛行機の技術（航空宇宙工学）は、鳥の飛行方法とは別の形で進歩していったのと同じような変化をたどりつつある。

ディープラーニングでは、CNNやRNN、強化学習などの技術が、「ブロック」として目的に応じて組み合わされて使われる。レゴブロックのように、あるいは、トランジスタを組み合わせた電子回路のように、目的に合わせてネットワークが組み上がる。

ディープラーニングの研究や産業応用では、結局、やっていることは同じで、全体としては次のような処理をしている。

1. 入力から出力をつなぐネットワークのアーキテクチャを構成する。CNNやRNN、スキップコネクションや**アテンション**などを組み合わせる。
2. 最小化すべき損失関数を定める。
3. 学習する。すなわち、教師データに対し、損失関数が最小になるようなパラメータを求める。
4. 結果を評価し、満足する精度であれば終了。そうでなければ、ハイパーパラメータを調整したり、ネットワークのアーキテクチャを修正する、あるいは、データを増やすなどを行う。1に戻る。

したがって、ディープラーニングに関する論文を読むと、どの論文もだいたいのパターンが決まっている。まず、ネットワークのアーキテクチャを示す図が載っている。これは電気回路でいうと回路図のようなものである。それから、何を最小化するかという損失関数の記述がある。こうしたネットワークや損失関数は、研究の着想に基づいて考案し、試行錯誤のなかから良いものを見つけ出すわけである。そして実験について書かれた部分では、どのようなデータを使っているかが記述される。パブリックなデータの場合もあるし、自分たちで苦労して作ったデータの場合もある。だいたい数千から数百万サンプルの規模のデータが使われる。そして、結果として既存の研究と比べて精度が良かったのかどうか、特に、state-of-the-art（最新の精度、SOTAと呼ばれる）を更新したのかが、データを使って定量的に示される。
こうした「回路図を組んで目的関数を定め、データで学習させる」というアプローチは、今後、人工知能の分野に留まらず、ソフトウェア開発の分野全体に大きく変化をもたらすのかもしれない。ディープラーニング研究で著名なアンドレイ・カルパシーは、ソフトウェア2・0という言い方をしているが[7]、人間が明示的にアルゴリズムを書くよりも、データを集めてしまうほうが簡単なことが世の中にはたくさんある。何より、人間が無意識化で行っているような視覚的な判断や身体を使う感覚等は、アルゴリズムとして書き下すのが難しい。そういった領域のソフトウェア開発に、ディープラーニングは新しいパラダイムを開くことになるだろう。

［7］ https://medium.com/@karpathy/software-2-0-a64152b37c35

第3章 ディープラーニングによる今後の技術進化

さて、「深い階層を持った関数を用いて最小二乗法ができるようになったこと」と、人間の知能の間にはどんな関係があるのだろうか。ディープラーニングができたから、人間のような知能が実現できる、あらゆることが可能な汎用人工知能（ＡＧＩ）が作られると考えるのは、短絡的すぎる。第1章の冒頭では、現在までのディープラーニング技術は、人間のような知能の仕組みの全体像の中では、まだまだ「素子」レベルであり、さまざまな「回路」が見つけられている段階ではあるが、人間の知能のような「巨大なシステム」に至るまでにはまだ大きな距離があると述べた。ディープラーニングの技術は、今後、知能のさまざまな側面の研究と融合していかねばならない。そのためには、どのように人間の知能が実現されているのか、その重要な構成要素は何か、それと深い関数がどう関係しているのかを注意深く考えていく必要がある。

3.1 身体性

一度、見取り図1・1（8ページ）に戻っていただきたい。このなかの3-aについては、画像認識の技術が大幅に向上したこと、それがＣＮＮによって可能になったことをすでに説明した。

次に起こっている変化が3-bであり、これを説明しよう。具体的には、深層強化学習という技術が進んでいる。大雑把に言うと、画像認識をすることで高次の特徴量を得て、それを「状態」の表現とし、どういう状態のときにどういう行動を取れば良いのかを試行錯誤を通じて学習していく仕組みである。状態表現を得る部分、あるいは、方策関数（ある状態に対してどういう行動が良いかを出す関数）や価値関数（ある状態や行動が良いかどうかを出す関数）に、深い階層を持ったニューラルネットワークを使うことが従来の強化学習よりも新しい点である。

ディープマインドが２０１３年に、アタリのゲーム（１９８０年代に流行ったブロック崩しやインベーダーゲームなど）をプレイするＡＩを作り、徐々に上手になる様子を示した。ＴＶゲームの画面を入力とし、ディープラーニングで特徴量を抽出し状態の表現とし、Ｑ学習という既存の強化学習の技術を適用する。Deep Q-Learning（ＤＱＮ）と呼ばれる。

また、囲碁でプロ棋士を破ったアルファ碁も、深層強化学習の一種である。ある盤面の状態がどのくらい良いかを評価する価値関数、その状態からどの手を打つのがよいかを示す方策関数を、ニューラルネットワークを用いて学習する。その際に、自己対局の結果を使い、勝ったほうの棋譜から学習する。

強化学習で仮定するのは、あるエージェントが環境中におかれており、行動を通じて学習していくという設定である。人間も動物も、環境のなかで生きており、環境とのインタラクション（相互作用）

が重要である。つまり、センサ（感覚器官）から観測した情報に基づいてアクチュエータ（運動器官）を使って行動し、またセンサで観測するというループを構成する。エージェントが環境とインタラクションできる「身体」を持つことを「身体性（embodiment）」という。もともと生物における知能は、生物の生存確率を上げるためにあり、最終的に生物の行動に紐付かないと意味がない。その意味で、生物の知能は身体性と不可分である。

人工知能を実現するうえで、身体性が必要かどうかは、長らく論争の的だった。マサチューセッツ工科大学の人工知能研究所所長で、後にロボット掃除機「ルンバ（Roomba）」で一世を風靡するアイロボット（iRobot）を立ち上げたロドニー・ブルックスは、「表象なき知能（intelligence without representation）」という考え方を提案した［Brooks, 1991］。知的能力は、「生存と生殖を最低限保持するのに十分なほど周囲を知覚し、動的な環境世界を動き回ることのできる能力」を土台として、その上に築かれるべきだとした。そして、昆虫型ロボットなどが環境とインタラクションするだけで、十分に知的に見える振る舞いが出現することを示した。

ブルックスはそれまで主流だった人工知能における記号主義と対立する立場を取り、記号主義の大御所であったマービン・ミンスキーを「ゾウはチェスをしない」と批判した。また、チューリッヒ大学のロルフ・ファイファーは、環境とのインタラクションにこそ知能の本質があると述べた。すべての生物は環境に条件付けられた再生産装置であり、環境にその行動は埋め込まれている。つまり、知能には、行動するための身体が不可欠だということである。

3.2 世界モデル

現在の深層強化学習は、まだ発展の初期段階である。CNNなどの深いニューラルネットワークを使って方策関数や価値関数の近似ができるようになったことは大きな進歩であるが、そもそもの前提である「状態空間の作り方」は乱暴である。画像を与えて、それを抽象化したものとして状態空間が定義されることが多いが、我々人間の学習を考えてみると、行動している間に、状態空間の作り方自体が洗練されてくる。ものごとの捉え方が変化してくる。

今後の身体性・強化学習に関わるディープラーニングの技術は、世界をいかにモデル化するかという方向に進むはずである。より知的なタスクを行うには、世界モデルがきちんと構築されていなければならない。世界の3次元的な空間認知や、相互作用を行ったときのダイナミクス、また、それを支配する法則などを見つけ出す必要がある。それを生成モデル（データの生成過程をモデル化する技術）としてモデル化する必要がある。そもそも世界が3次元の構造をしているということすら、我々は、センサ・アクチュエータの膨大な時系列のデータから、「見つけ出して」いる。動作や作業の「コツ」を習得するということも同様である。

3次元的な空間認知は、基本的には高次元のセンサ・アクチュエータの空間のもつれを紐解き、低次元の多様体を見つけることに相当する。構造を持った潜在空間を仮定したほうが、センサやアクチ

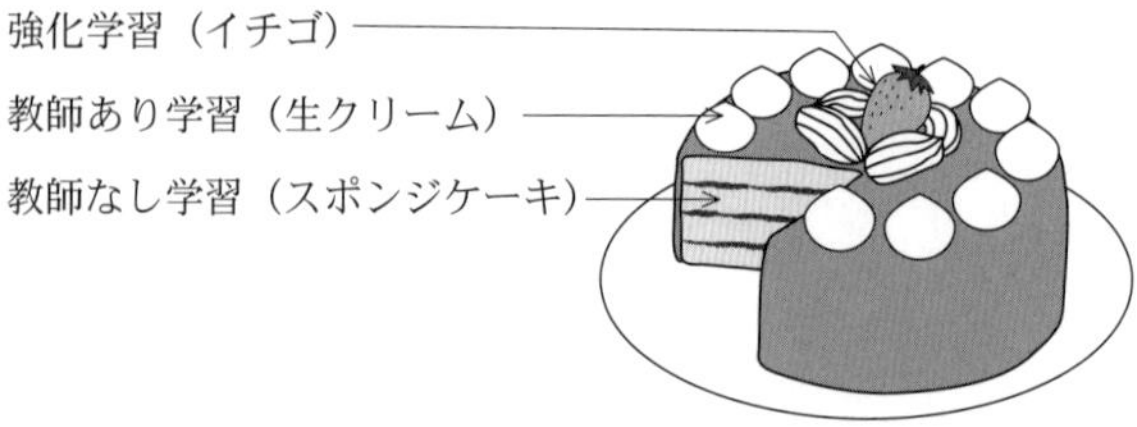

図 3.1　ヤン・ルカンによるケーキの比喩

ュエータの入出力を適切に予測できるからである。そして、強化学習は本来、こうして得られた低次元の空間上で行われる。しかし、いまの深層強化学習は、拙速に状態空間を所与として明示的に与えている。教師なし学習によって低次元の世界モデルを作ってから強化学習を使うべきである。
これに関連して、ルカンは2016年に次のように述べている[8]（図3・1）。

「知能をケーキとすれば、教師なし学習がケーキのスポンジであり、教師あり学習が周りの生クリームであり、強化学習は上に乗っているイチゴである。我々は、生クリームとイチゴの作り方は知っているが、どうやってスポンジを作るのかを知らない」

強化学習の寄与する要素はわずかで、重要な教師なし学習の部分ができていない。なお、最近では、「教師なし学習」という言葉ではなく、「自己教師あり学習」と言い換えている。時系列データであれば、少し先の未来や過去、画像であれば、一部から残りの部分など、自分自身のデータを使って擬似的な「教師データ」を作り、学習する方法を使うからである。
ディープマインドCEOのデミス・ハサビスは、深層生成モデルをベースにした深層強化学習による「想像とプランニング」が今後の重要な鍵を握るだろうと述べている［Hassabis *et al.*, 2017］。実際、生成クエリーネットワーク（Generative Query Network；GQN）という世界モデルに関する研究がディープマインドから発表された［Eslami *et al.*, 2018］。世界モデルにより、高次元のセンサ入力・アクチュエータの出力を低次元の空間で表すことができれば、これを組み合わせて、長期のプランを立てることができる。たとえば、我々は、次の打ち合わせに移動するプランを立てる場合には、ミクロなレベルの身体の動かし方から、マクロなプランニング（いつどこに行くか、そのためのルートはどうするかなど）まで、異なる階層で行うが、上のほうの階層（マクロなレベル）については、かなり次元の小さな潜在空間になっている。世界モデルの研究が進めば、今後、さまざまなロボット・機械の活用可能性が一段と向上するだろう。

3.3 記号との融合

ここまでは、ほぼ研究の方向性が見えている話である。これから、3-cの話に入っていくが、ここから先は、まだ研究として実現されていない（がさまざまな試みが行われている）領域に入ってくる。

さきに、ブルックスがミンスキーを批判したと述べたが、ミンスキーは逆に、ブルックスの「表象なき知能」という主張を痛烈に批判した。環境とのインタラクションだけでは動物レベルの知能は実

［8］ NIPS2016での講演。たとえを少しアレンジしている。

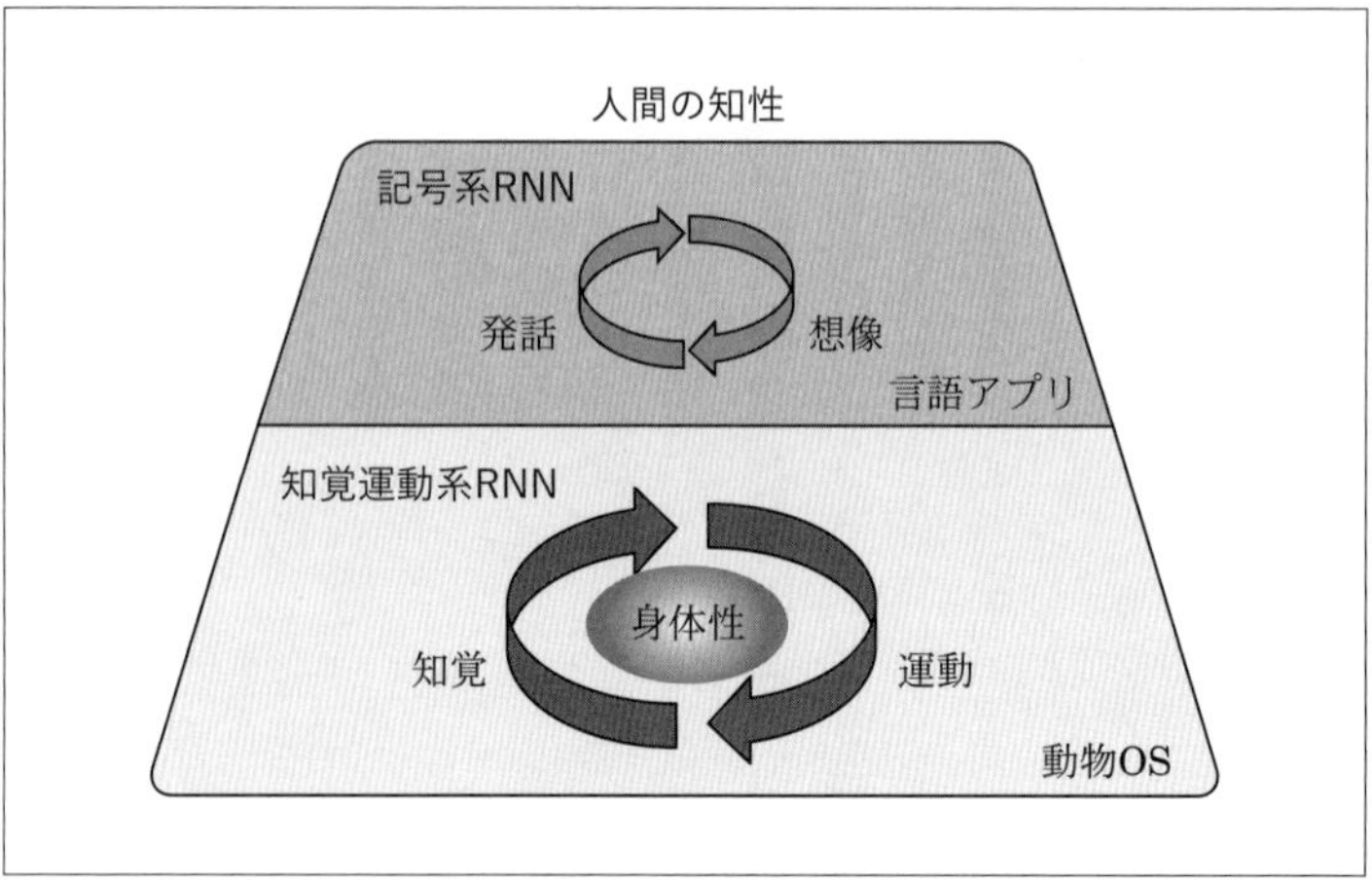

図 3.2　知能の全体像：動物 OS と言語アプリの２階建て

現できても、記号操作を行う人間のような知能は不可能だという立場であった。両者は大変仲が悪かったが、私はどちらの主張も正しいと思う。環境世界を知覚する仕組みのうえに、記号の操作が実現されるということではないか。つまり、人間の知能は、「身体性のシステム」のうえに「記号のシステム」を乗せているのではないか。これは私の仮説ではあるが、これまでの人工知能における議論、そして、古くからの哲学者らの議論を総合的に判断すると、こうとしか言いようがないのではないかと思う（たとえば、ノーベル経済学賞を受賞したダニエル・カーネマンは、速い思考のシステム1、遅い思考のシステム2という言い方をしている）。

私が考える知能の全体像は、図3・2のようなものである。人間の知能の仕組みは大きく二つのシステムから構成されていると考える。一つめは、環境の知覚から環境をモデル化し、そして運動制御を行うループであり、これを「知覚運動系RNN」と呼ぶことにしよう。RNNを持ち出すのは、ディープラーニングにおいて時系列の情報を処理する枠組みとして、現在のところRNNが有力だからだ（最適なアーキテクチャは今後変わってくるかもしれない)。動物でもできるような知覚や制御に関しては、ディープラーニングによってかなりの部分が実現できてしまうだろう。実際、画像認識等では人間を上回る精度を達成しているし、深層強化学習でもさまざまな制御が実現されつつある。次の大きなハードルが「世界モデルの構築」であるが、それも短期間で乗り越えられるはずである。

ところが、それだけでは説明できない重要な現象がある。それは言葉である。人間の知能は、他の動物よりも圧倒的に高いとされているが、その理由を言葉の使用に帰着させる研究者は多い。私も、言葉の使用があるからこそ、人間は頭がいいのだと考えている。何らかの言葉を聞いて、意味内容を理解し、そして言葉で返すものを、「記号系RNN」と呼ぶことにしよう。パズルを解いたり、数式を展開するなども記号系RNNの仕事である。つまり、本章では、知覚運動系RNNの上に、記号系RNNが乗っているという仮説を取る。

知覚運動系RNNは、人間の脳でいうと、視覚情報や身体の感覚情報が脳の中に入り、高次視覚野で統合され、身体のさまざまな筋肉などの運動系の出力になり出ていく処理である。一方で、記号系RNNは、音韻を起点とする情報が耳から入り、海馬を通り、発話として出ていく処理を担当する。私は、より分かりやすく伝えるため、知覚運動系RNNを動物OS、記号系RNNを言語アプリというこどもある。知覚運動系は、多くの哺乳類に共通し、感覚器官や運動器官を扱ったり、リソース管理をするなどの基盤的なものであるという意味でOSに近く、人間に特有の言語能力は、OSの機能を使いながら、その「上」に構築されているという意味でアプリに近いからである。

この考え方に近いものとして、ベンジオが、2017年9月に出した意識プライア(consciousness

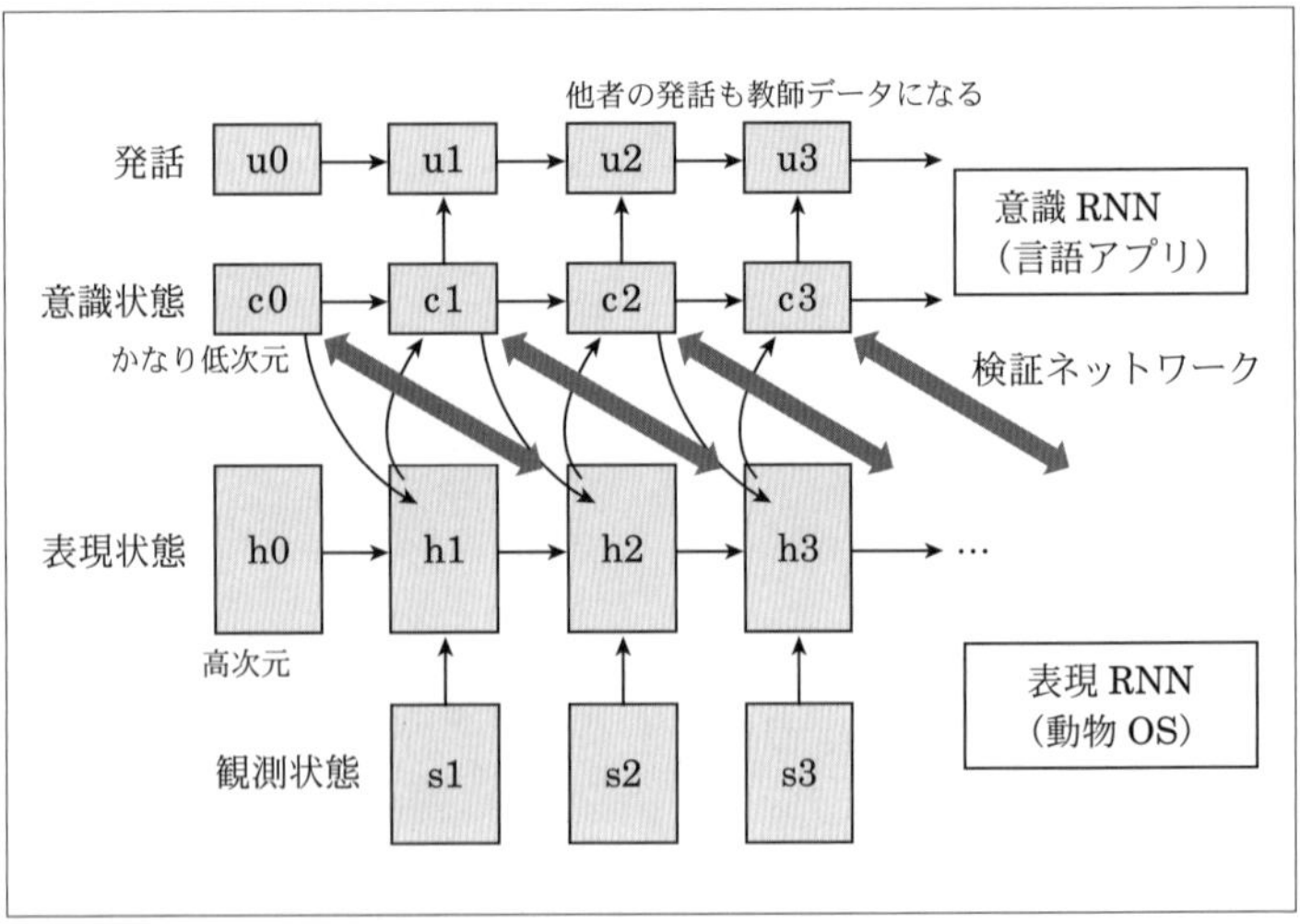

図 3.3　意識プライア概要図

prior）という論文が参考になる〔Bengio, 2017〕。まだコンセプトだけで時期尚早ではあるが、大胆なモデル化であり、興味深いので紹介しよう。

　この論文の趣旨は、人間の意識と言語のモデル化である。あるエージェントがセンサの入力を受け取る。これをＲＮＮ（表現ＲＮＮと呼ぶ）に入れると、隠れ層に抽象化された状態が得られる。この隠れ層の状態を表現状態と呼ぶ。もう一つのＲＮＮ（意識ＲＮＮと呼ぶ）は、この表現状態に対してアテンションをかけて入力とする。同じく隠れ層に抽象化された状態が得られ、これを意識状態と言う。意識状態から出力されるものが発話である。人間で言うと、思ったことを口に出すことに相当する。意識状態は、未来の表現状態に対しての予測性を持つように学習する（図３・３）。

　意識プライアがなぜ「プライア」というかというと、自分が発話するだけではなく他者も発話するので、他者の発話を教師データとして、意識状態や表現状態を学習できる効果があるからだ。これは、まず意識状態が表現状態に比べて低次元化していること、そして他者も自分と同じところに意識を向ける可能性が高いという性質を利用したものである。たとえば、部屋が暑いときには、一緒にいる誰かが「暑いね」と言う可能性が高いし、イヌが走ってきたら「イヌだ」と誰かが発する可能性が高い。他者が自分と同じところに意識を向ける可能性が高いという仮定を利用すると、他者の発話を学習データとして用いることができるわけだ。

この意識プライアのアイデアにおいても、二つのRNNが使われている。私が「知覚運動系RNN」と「記号系RNN」として説明したものと考え方は同じである。そして、この二つをつなぐのがアテンションであり、それが「意識」に相当し、また他者の発話が学習を高速化させているという考え方はシンプルだが本質をついており興味深い[9]。

3.4 シンボルグラウンディング

知覚運動系と記号系という二つのシステムを仮定すると、説明できることは多い。

フェルディナン・ド・ソシュールは記号をシニフィエ（記号内容）とシニフィアン（記号表記）に分

[9] なお、実際の人間の「注意」「意識」の機構は、もう少し複雑で大域的な処理をしていると思う。ただし、すでに開発された道具だけを使って説明しているところは有意義である。

けた。シニフィエは、センサやアクチュエータに由来する概念であり、それは知覚運動系RNNの特徴量として定義できる。そして、その表記である音素の列がシニフィアンであるが、それは記号系の特徴量として定義できる。そして、それが結びついたものが記号を構成するということである。

人工知能の分野では、言葉の意味理解についての議論は古くからある。**アラン・チューリング**は、「計算機は考えることができるか」という問いを、「模倣ゲーム」をうまく行うことのできる想像上の計算機「計算機は存在するか」という問いに置き換えた。コンピュータが別の部屋にいる人間と文字で会話をする。そのときに、その人間から見て、相手がコンピュータか人間か分からなければ、そのプログラムには知性があり、考えることができるとみなそうというものである。

それに対してジョン・サールは、1980年に「中国語の部屋」という思考実験で反論した。中国語が分からない人が膨大なマニュアルに従って入力された文字を確認し、決められた返答を出力する。会話が成立したように見えても、その人が中国語を理解しているわけではない。仮にチューリングテストに合格するコンピュータができても、「意味」が分かっているとはいえないというのだ。

サールの言うとおり、我々は通常、ある言葉について、それが表す記号内容（シニフィエ）を理解できなければ、意味が分かるとは言わない。では、言葉や文の「意味」が分かるとは何か？

上記の二つのシステムという仮説に従うと、言葉や文の意味内容が分かるということは、「言葉や文という記号表記が記号系RNNを通じて、知覚運動系RNNを駆動し、映像（あるいは疑似体験）を生成する」ことと言える。映像とは、視覚的な情報に主眼を置いた言い方であり、厳密には、センサとアクチュエータの複合的な時系列データを生成するわけである。したがって、「疑似体験」を生成するといったほうが近い。つまり、言葉の意味が分かるというのは、言葉がセンサ・アクチュエータ系の疑似体験を生成することである。

そして、思ったことや感じたことを言葉で話す、あるいは文で表すということは、逆に知覚運動系RNNの情報をもとに、それを再構成するような記号の列を記号系RNNが作り出すことである。ある思考が心に浮かんでいるときは、ある「疑似体験」とそれを表す言語的な表現が、相互に強め合うようなループができているということではないか。

つまり、知覚運動系RNNと、記号系RNNの相互作用こそが「意味理解」の正体である。その観点からは、サールの議論は正しい。文字列をうまく操作することができても、その文字列が知覚運動系RNNを適切に駆動しない（そしてそもそも知覚運動系RNNが備わっていない）知的システムは、意味を理解しているとは言えない。そして、本来は、知覚運動系RNNを備えていない記号系RNNだけでは、チューリングテストにパスすることもできないはずである[10]。

こうした処理の端緒になる研究が、ここ数年盛んに行われている。視覚と文字の両方を扱うような研究であり、画像キャプション生成や文からの画像生成である。画像からキャプション（画像の内容を表す短文）を生成したり、逆に、短文から画像を生成する。また、視覚的な質問応答（画像を見ながら問いに答える）や、視覚的な常識推論（画像から読み取れる常識的なことを答える）などもある。これら

[10] 2014年、ユージン・グーツマンと呼ばれるチャットボットが最終的に合格した。ただし、短い時間で、ウクライナ出身の13歳の少年という設定の妙でごまかしただけという意見もある。

る。

の研究では、2系統のニューラルネットワークをうまく統合するような仕組みが工夫されて用いられ
そう考えると、いまのニューラル機械翻訳は、知覚運動系RNNを伴わず、記号系RNNだけで実現されている。それでも翻訳精度が人間並みに高いことは驚くべきことではあるが、見方を変えると、人間にはとても読みきれないくらい大量のデータを使ってようやく人間程度になってきた、と解釈することもできる。また、結局のところ、我々が（少なくとも大人が）日常的に用いる言語というのは、相当に抽象度が高く、実世界とグランディングしていなくとも、他の記号とグラウンドしていれば意味理解にそれほど大きな支障がないということかもしれない（記号系が知覚運動系を伴ってないことを表す言葉として、「あの人は現場を知らない」とか「百聞は一見にしかず」などという言い方を使う）。

しかし、人間の場合、抽象的な概念も、もともとは子どものころに実世界にグランドした概念があって、その抽象度が上がったものである。「大きなイヌ」「赤い服」「おいしそうなケーキ」などの具体物から、徐々に抽象度が上がり、「ペットを飼う」「おしゃれをする」「お菓子を買う」などが理解できるようになる。そして、「禁止」「倹約」「もてなし」などの概念、さらには、「権利」「平和」「民主主義」などの高度に抽象的な概念を理解するようになるわけである。

したがって、現在の記号系RNNが、適切に知覚運動系RNNと結びついたときに、本当の意味での自然言語処理が完成するだろう。つまり、現在のディープラーニングによる自然言語処理は、本質的に必要な機構が欠けている。そして、本当の意味での言語処理が完成するときには、今まで長い間不可能であった、コンピュータによる「意味理解」を実現し、現在よりも圧倒的に精度の高い処理が

可能になる。スマホでの対話エージェントや事務処理の自動化など、我々の生活や仕事を大きく変えるような技術になるはずである。

もちろん、本格的な意味理解を実現するには、たくさんの課題が思い浮かぶ。感情や本能に関わるものをどう扱うのか。たとえば、「美しい」「おいしい」といった感覚は、進化に由来する報酬系に起因する。こうした概念も学習できるのか。また、人間と同じようなセンサ・アクチュエータ系がなければ、人間と同じような概念を生成するのは難しいのではないか。

現在のディープラーニングによる画像認識では、画像から得られた高次の特徴量を使って、写っているオブジェクトが何かを識別することはできても、個々の特徴量である色や大きさ、角度、状況などを言葉と紐付けるのは容易ではない。人間の場合、赤ちゃんのときに言葉を覚えていく際、現実世界のオブジェクトの、形や大きさ、色などを、どういった順番で言葉と紐付けるかの優先順位が決まっていることが知られている。また、親の視線が向かった先を一緒に見る「共同注意」によって、親がどの対象のことを言っているのか同定しやすくなっている。つまり、「高速に学習するための仕組み」が人間には組み込まれている。そして、我々の社会のなかにも、たとえば、子どもの遊ぶおもちゃや絵本、また大人の子どもに対する語りかけやインタラクション、そして、保育所や幼稚園などでの教育にも、学習を促す仕組みが埋め込まれている。そう考えると、言葉と概念のバインディング(結びつけ)は、かなりの仮定を必要とするのか。

こうした難しさは予想されるものの、基本的には、コンピュータなりのやり方でのグラウンディングはできるはずであり、おそらく前述の世界モデルと組み合わせながら、大量の動画から言語との紐付けを学習するという方法によって、言葉の意味理解が実現されてくるだろうというのが私の予想である。

3.5 知識獲得のボトルネックとフレーム問題

知覚運動系RNNによる世界のモデル化と、記号系RNNによる言語規則の取り扱いがうまくできるようになれば、言葉から疑似体験を生起でき、また、疑似体験した結果を言葉で表現することができる。言語の意味理解や言語からの知識獲得が高いレベルでできるようになる。

たとえば、自宅にいるときに「コーヒーがないよね、買っといて」という文に対して、いま自宅のテーブルの上にコーヒーが出てないのでコンビニでコーヒーを買ってきて出せという意味だろうか、と考えるよりも、キッチンのコーヒー豆が切れているというのを想起できれば、「買っといて」という指示が、明日会社にいった帰りにでも買ってくればいいのだと分かる。また、何かのイベントをやっていて、もうすぐゲストがやってくるときに、誰かが「コーヒーがないよね、買っといて」と言ったとしよう。ゲストが到着して控室に招きいれる場面が想起できれば、それはゲストに出すためのコーヒーで、すぐに走って買ってこいという意味だと分かる。

大量の言語表現から知覚運動系RNNを駆動し、疑似体験を行うことによって、さまざまな学習を行うことができる。文化・社会についても学習できるかもしれない。我々が小さいときから本を読みなさいと言われるのは、本による疑似体験でサンプルを増やせということかもしれないし、人間の文明が、本を集積する図書館、あるいは印刷技術によって大きく進んだのも、疑似体験によるサンプルを増やせたからかもしれない。

特に、言語表現からの疑似体験で可能になるのは、心的な現象である。たとえば、「ちょっと太った？」と聞かれて傷ついたとか、頑張った仕事をほめられてやる気が出たなども、本に書かれていれば知識に取り入れることができる。つまり、世の中の常識を学習できるということだ。

たとえば、「He saw a women in the garden with a telescope.」という文を訳すことを考える。この文は庭にいるのが男性なのか女性なのか、望遠鏡を持っているのがどちらなのか一意に定まらない。しかし、映像を生成することでうまく翻訳することができる。庭に女性がいて、男性が望遠鏡で覗いているシーンと、庭に女性が望遠鏡を持って立っていて、それを男性が見ているシーンのどちらが確率的にありそうかを生成モデルで判断できる。男性が女性を遠くから覗きたいという気持ちを理解はできないにしても、そういったことが起こりやすいと学習できる。

また、タスクにおけるフレームを定めるのが難しい（たとえばロボットが何が関連する知識か判断するのに時間がかかり止まってしまう）という**フレーム問題**にも対処できるようになる。タスクを行うときに、典型的に起こりそうなことを思い浮かべ、そこで必要になりそうな知識を使って実行できる。

シンボルグラウンディング問題もフレーム問題も、人工知能の分野で古くから研究されてきた知識表現に関わる難問であるが、そもそも知識表現というのは、記号系RNNを主役にしたときの見え方である。記号系RNNにとっては、記号間の連接関係が重要であって、それをつなぐ過程で必要となる知覚運動系ＲＮＮのことは気にしない。というより、これまでの技術では気にすることができなかった。

人間は記号系ＲＮＮこそが知能であり、記号系ＲＮＮが活躍できるような世界のモデル化こそが優れていると思いがちである。そのため、「動物」や「鳥」といった概念そのものを、記号系ＲＮＮの都合のよいように「定義」してしまう。ある語彙体系を、属性に対する束縛の強さに従って上位・下位関係として定義していくと、推移律が成り立つ。そうすると記号系ＲＮＮの独壇場となる。つまり、膨大な知識の蓄積を前提とした語彙体系やその関係を定めたオントロジーも、記号系ＲＮＮと相性のよいものについては上手に整理されることになる。それが、人工知能分野における知識処理の大きな流れを作ってきた。ところが、世界を記号で記述しつくそうとしても、記号系ＲＮＮだけではどうしても対応できない現実があった。

人工知能の分野で長らく研究されてきた「命題論理」や「述語論理」、あるいは「様相論理」などによる推論は、与えられた知識や事実から、当初は見えていない帰結を導き出すための仕組みであった。たとえば、「鳥は動物」であって「動物は病気になる」のだとすると、「鳥も病気になる」ということが推論できる。しかし、これは知覚運動系ＲＮＮの駆動を簡略化し、記号系ＲＮＮの能力だけを模擬していることであって、よく考えると違うということもある。たとえば、「不死鳥」という架空の鳥がいて、「不死鳥は動物」「動物は病気になる」というルールがあっても、不死鳥はなんだか病気になりそうにないなぁと思う。これは、知覚運動系ＲＮＮを駆動して想像してみるとはじめて言えることである。

その意味では、そもそも、オセロやチェス、将棋のような思考ゲームがコンピュータにとって扱いやすかったのは、本来は知覚運動系ＲＮＮが担うべき世界モデルの構築をさぼることができたからだ。シンプルなルールを記述しておくだけで、未来の状態を「予想」できたからだ。ところが、囲碁においては、一手一手の操作があまりにもプリミティブすぎるために、逆に「記号操作の集合として」知覚運動系ＲＮＮの活躍を待たざるを得なかった。あとから考えてみると、記号系のゲームである囲碁がディープラーニングの華々しい成果の一つとなったことは大変逆説的である。

3.6 記号系RNNの独立

ではなぜ、記号系と知覚運動系という2系統なのか？　なぜ3系統や4系統ではないのか？　なぜ言葉を使うのが人間だけ（一部の動物は原始的な言葉を使うにしても）なのか。

もともと人間の知能における記号系ＲＮＮは、知覚運動系ＲＮＮが長期の行動計画を立てることをサポートするものだったはずだ。知覚運動系ＲＮＮが行動計画を立てるには、細かい身体制御のコントロールから、より大きな行動計画まで複数の時間スケールで計画を立てなければならない。抽象度が高く、次元の少ない情報にできれば、時間変化がゆっくりになり、操作が容易になり、より長期の行動を行うことができる。原始的な記号系ＲＮＮは、知覚運動系の階層の深いものとして出現したはずである。

それが人間の進化の過程において、なぜ言葉と紐付くようになったのかは分からないが、数多くの仮説があり得るだろう。人間がさまざまな発声をできるようになり、そうした発声を生存上重要ないくつかの概念に（たとえば危険やえさなど）、後天的に結び付けられるようになったことに由来するのかもしれない。それが、ベンジオの述べるように、他者の発話が学習の際のプライアとして高速に学習することに寄与したのかもしれない。また人間が複雑な社会を営む上で、特に母子の関係において、さまざまな感情を言葉で表す必要があったのかもしれない。

しかし、いずれにしても、あくまでも主役は知覚運動系ＲＮＮであり、それをサポートするために記号系ＲＮＮがあったと考えるのが自然である。なぜなら知覚運動系ＲＮＮは生物としての生存に直接関わる仕事をしており、記号系ＲＮＮはそれに寄与することでのみ存在意義があるはずだからである。

ところが、いつからか記号系ＲＮＮが知覚運動系ＲＮＮから独立して動けるようになったところに、人間がほかの類人猿よりも高度な知能を持つに至った理由があるのではないか。記号系ＲＮＮが知覚運動系ＲＮＮから独立して動くということは、言い方を変えれば、すなわち言葉による「幻想」を見るということである（図３・４）。

普通に考えれば、目の前の「現実」を見るのを止めて「幻想」を思い描くことは、生存上きわめて危険な行為である。たとえば、近くに潜む捕食者の存在に気づかない恐れがあるし、食べてもいない食べ物を食べて満足したり、いもしない敵を怖がったりする可能性がある。にもかかわらず、人間は「幻想」を見るようになり、その能力は、人間が共同体をつくって、生存率を上げることに大きく貢

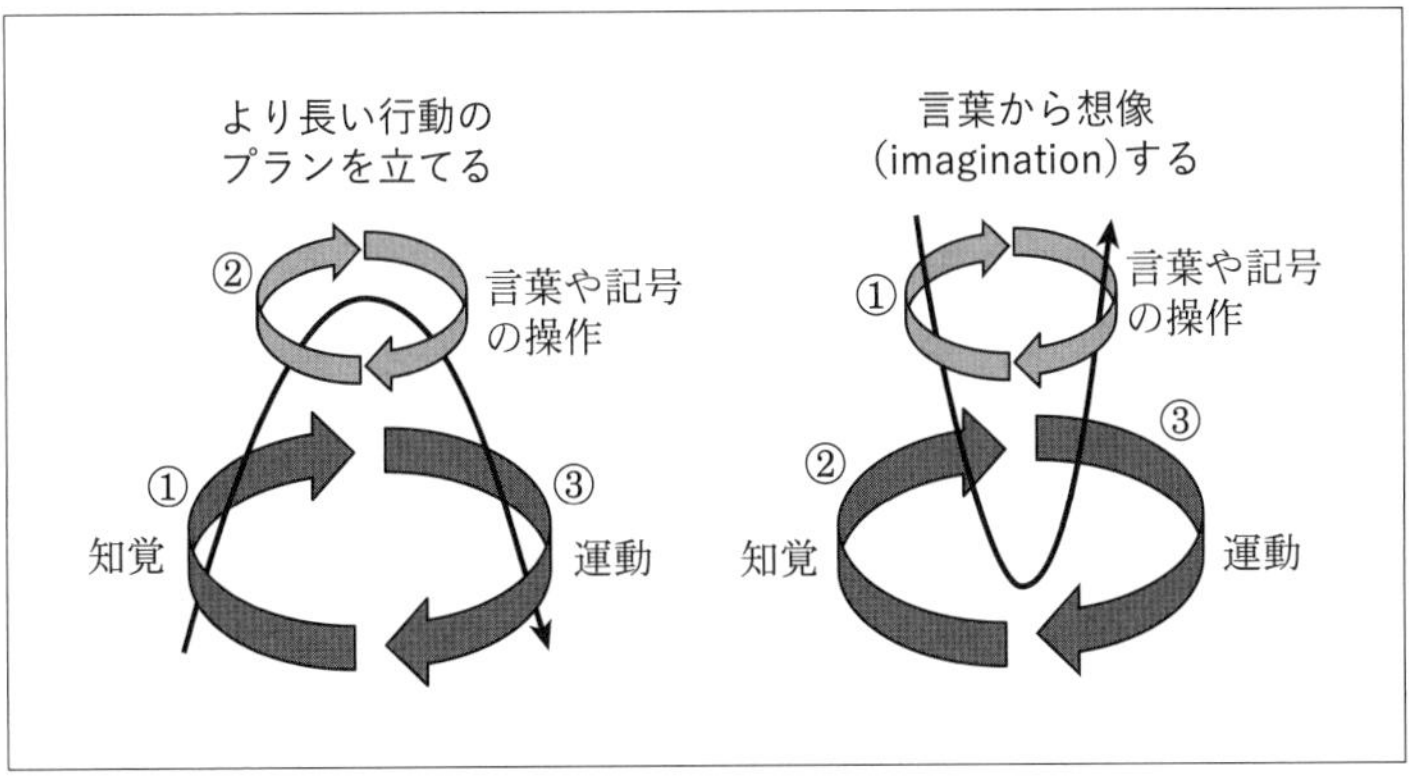

図 3.4　知覚運動系が記号系を駆動する場合とその逆

献した。共同体は、集団による「共同幻想」がなければ成り立たないからだ。ユヴァル・ノア・ハラリ『サピエンス全史』［ハラリ、2016］には、「虚構を集団で信じる力」が人間社会を発展させたとあるが、二つのＲＮＮという見方をすると、本来は知覚運動系ＲＮＮの従であったはずの記号系ＲＮＮが、知覚運動系ＲＮＮの軛を逃れ、知覚運動系ＲＮＮから半ば無関係に動くことができる変化が起きたといえるのかもしれない。[11] かなり特殊な生態的地位（ニッチ）である。
さらに、記号系ＲＮＮだけが独立して働くようになったことで、目の前にない物事を想起する力が発達し、それが抽象度の高い思考を可能にして、数学や物理などのモデルに基づく処理を考案するに至ったのではないか。だからこそ、初期の人工知能研究者が、この記号系ＲＮＮの能力こそが人間の知能の本質だと考えてしまったのではないか。

［11］ なお、この虚構を信じるのも度合いがあって、現実のものと空想上のものは脳のパターンとしても区別しなければならない。現実世界からの入力と、記号系ＲＮＮに駆動された入力を区別するための仕組みが「クオリア」と呼ばれるものにつながるのではないかというのが私の仮説である。

記号系ＲＮＮが知覚運動系ＲＮＮから独立したということは、技術的には次のように考えることができる。意識プライアは、環境からの入力に対して他者の言語を教師データとすることで概念化が促進されるというものであった。ところが、虚構を信じるということは、環境からの入力ではなく、言語を入力とし、それが知覚運動系ＲＮＮを駆動し、環境からの入力と似た擬似的な体験を作り出す。つまり、他者の話を聞いて、それを脳の中に再現し、そして他者の次の言葉を予測する。言葉から状況、状況から言葉という変換が、自己教師あり学習として学習の高速化に寄与することになる。

　つまり、人間の知能においては、記号の入力に対して、記号系ＲＮＮが知覚運動系ＲＮＮを駆動し、記号の出力を予測する学習（他者の発話を予測する学習問題）と、環境におけるセンサ・アクチュエータの入力に対し、知覚運動系ＲＮＮが記号系ＲＮＮを駆動し、次に何を知覚するかを予測する学習（知覚を予測する学習問題）の2系統の学習が相互に入れ子になり動いているということではないか。そして、もともと知覚運動系ＲＮＮに従属していたはずの記号系ＲＮＮが、逆に知覚運動系ＲＮＮを駆動できるように変化したというのが、人間の進化の過程で起こったことの機械学習的な解釈ではないだろうか。言い方を変えると、他者の発話予測と、近い未来の知覚予測という2系統の学習問題[12]を人間は解いている。動物が解いているのは後者だけである。学習問題が多ければ多いほど、（問題の背後に同じ潜在構造がある限り）学習は加速される。つまり、他者の発話を聞いて、その内容を理解し、次に何を言うかを当てにいっているのは人間だけであり、それが人間の知能を加速させているのではないか。

　人間の大きな特徴は、（状況を入力とするのではなく）発話を入力とし、発話を予測する学習をしていることである。そして、そのことを促進する進化的な仕組みとして、「物語を楽しむ」ようにできているように思う。ある程度予測できる（そしてある程度予測を裏切る）記号列からの学習・予測が好きなのだ。どの民族にも音楽がある理由も、同じ理由ではないかと思う。

こうした仮説はまだ検証されたわけではないし、技術的にその実現が近いわけではない。しかし、いずれ、ディープラーニングの技術が進むことで、人間の知能、特に言語や意識といった仕組みについてのアルゴリズム的な解釈が可能になり、我々自身について、我々がもっとよく理解できるような時代がくるはずである。

3.7 社会的蒸留

さて、見取り図1・1のなかで、3-dの段階に話を進めよう。ここまで来ると、技術的な裏付けがほとんどないまま議論を進めなければならないので、さらに思考実験的な側面が強くなる。

ここで学習とは何かをもう一度考えてみよう。考えるにあたっての例を三つほど示す。

一つめは、エヌヴィディアの自動運転の研究である。映像のデータからハンドルやアクセルの操作

[12] 厳密には、知覚からの知覚予測、発話からの発話予測だけでなく、知覚からの発話予測、発話からの知覚予測という四種類の補助問題を解いていることになる。

をマッピングする学習を、エンド・トゥ・エンドで行う［Bojarski *et al.*, 2016］。これには実際の映像がたくさん必要である。ところが実際の映像は取るのにコストがかかるので、シミュレータ上の映像を使って学習する。つまり、3次元のシミュレータで、道路や景色、対向車、歩行者などを映像として作り出し、それを使って、他者の物体検出や歩行者の認識、あるいはハンドルやアクセル操作などを学習する。この方法において、一方のGPUでは、現実世界を模擬する3次元のシミュレータが動き、もう一方のGPUでは、この映像を本物だと思ってニューラルネットワークが学習する。ちょっと考えると不思議な学習を行っている。

二つめの例は、アルファ碁である。ある局面が良いか悪いかを学習するためには、結果的にその局面から勝ったかどうかのデータが必要になる。そのために、自己対局を進め、結果的に勝ったかどうかを調べ、それを学習データとして加えるわけである。これも、計算機が計算した結果をもって、別の計算機が学習していると言い換えることもできる。

三つめの例は、画像認識である。考えてみれば、ある画像がネコであるというときの「ネコ」というラベルはどのように作っているのだろうか。もちろん、人間がその画像を見てラベルをつけている。人間はどのようにネコと判定しているのだろうか？　人間の脳が働いている。人間の脳という「リアルな神経回路網」がその画像をネコと判定し（複数人の多数決をとって）、ラベルがつけられる。したがって、これも、人間の頭脳という計算機（計算機に例えるのは適切でないかもしれないが）の結果を、別の計算機が学習していることになる。

つまり、三つの例ともに、「ある計算機で行った複雑な情報処理過程の結果を学習データとして使って、別の計算機が学習する」ことが行われている。その結果、より簡便な計算ですむ。つまり、学習というのは、複雑な計算過程をシンプルにするための方法という見方もできる。言い方を変えると、通常、教師あり学習として行われる場合の教師データの「ラベル」は、自明な計算によっては得られないものを仮定する場合が多い。一方で、教師あり学習や教師なし学習（自己教師あり学習）における入力データ中の各素性は、同一の確率モデルから生成されると見なせるものなど、何らかの相互の情報量が自明に含まれている場合が多い。つまり、いままでの機械学習の実践においても、「計算を省略する」ということが暗黙の問題設定であったと言うことができるかもしれない。

ここでは計算という言葉を使ったが、グレッグ・イーガンのSF『順列都市』では、すべてが計算で行われる世界を描いている。「世界は計算しているのか」というのは、古典的な問いであるが、「計算」という言葉自体が、記号系RNNからみた「記号原理主義」的な見え方である。そもそもこの世界には「なぜか分からないがもつれを紐解くと相関関係、因果関係のように見えるもの」しかないはずである。しかし、あえて記号系RNNの視点にたって手続き的に表現すれば、「複雑な計算過程を、完全な再現可能性を犠牲にしつつ、簡単にすることを学習では行っている」ということになる。

より直接的なものに、ヒントンの提案した「蒸留（distillation）」という技術がある。大きなネットワークにより学習されたモデルを教師モデルとし、小さなネットワークを生徒モデルとして、生徒モデルの出力を教師モデルに近づけるように学習させる［Hinton, Vinyals, and Dean, 2015］。もとの教師ネットワークよりもサイズが小さいネットワークで同等の性能を出すことができる。これ自体は不思議な技術であるが、そもそも学習というのが複雑な計算過程を省略し、簡便な計算に置き換えるものだと考えれば、納得できる。

さて、複雑な計算過程を、別のニューラルネットワークが学習するときに重要なのが離散化である。離散化とは、連続値を0や1などの離散的な値に変換することである。言葉でいうと、「ネコ」や「イヌ」などのカテゴリで表すことである。我々の世界には、「ネコ0・7、イヌ0・3」という動物はいない。ネコはネコ、イヌはイヌである。つまり、我々は世界を離散化して見ている。信号処理における離散化の効果は、ノイズを除去できることだ。微小なノイズが乗っても、それが0か1かのどちらかと決まっていれば、0・05を0に戻せるし、0・98を1に戻せる。長距離の伝送もできるし、長い計算もできる。

これと同じことが学習にも当てはまる。教師あり学習では、通常、クラスラベル（離散化したラベル）が付与された分類問題と、それが連続値である回帰の問題があるが、よく研究されているのは分類問題である。分類問題は、「ネコ」「イヌ」などのクラスを与え学習する。

クラスを学習した結果としてのニューラルネットワークを見ると、最終層は、「もつれが紐解かれた」（disentangle された）要素が並んでいる（図3・5）。「イヌ」「ネコ」などのラベルは、こうした「もつれが紐解かれた」要素の組み合わせとして学習される。つまり、この要素とこの要素は「ネコ」であることに本質的であり、それ以外は関係ない（don't care）ということを、離散化されたクラスラベルを教師データとして使うことによって効率的に伝えることができる。人間同士の通信（つまり言葉のやり取り）はバンド幅が狭いので、離散値は都合が良い。

こうしたことをあわせて考えると、我々の社会ではこういうことが起こっているのではないか。

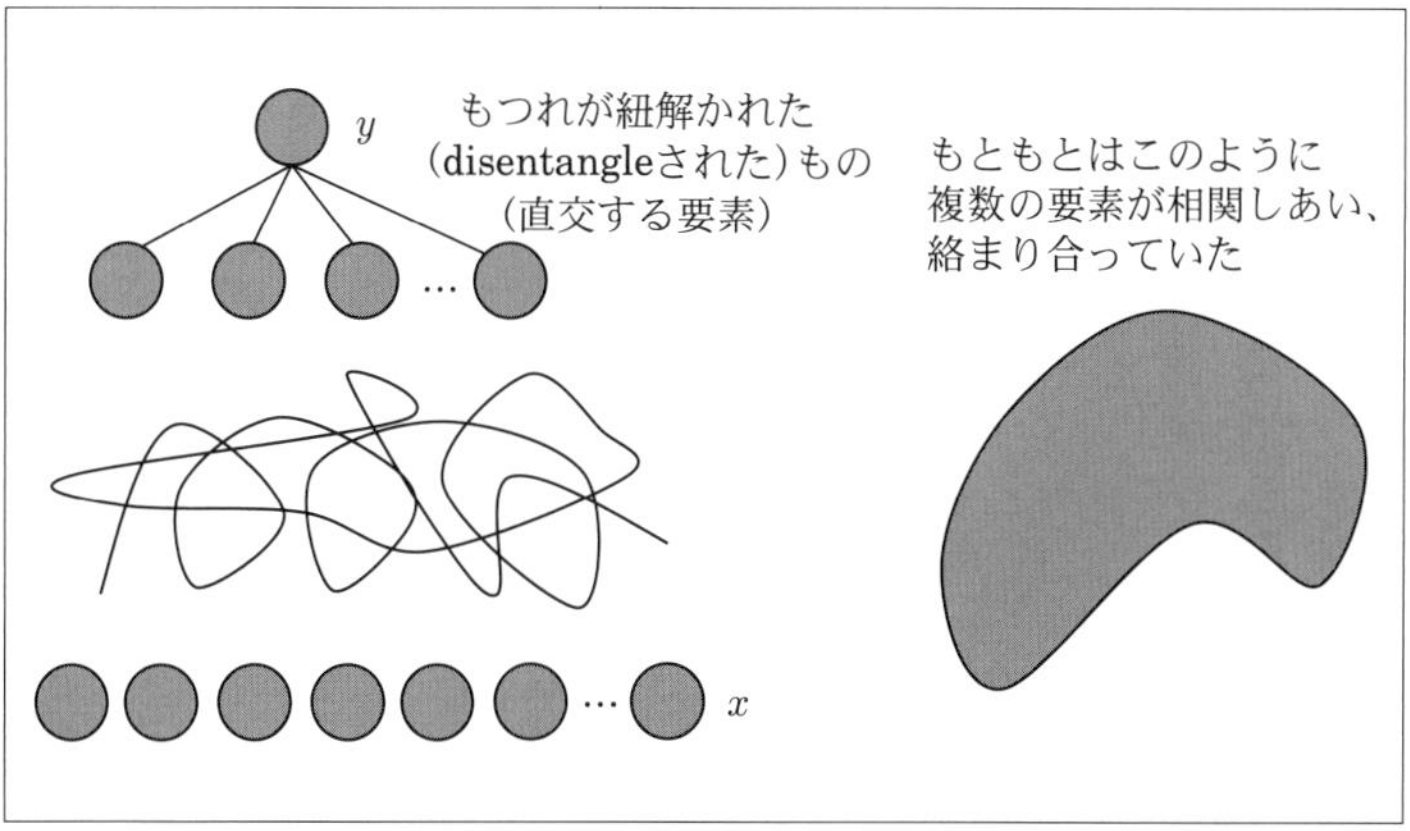

図 3.5 もつれが紐解かれた（disentangle された）要素

1. 専門家が何らかのタスクにおいて試行錯誤を通じて学習する。
2. 学習した結果得られた概念に名前をつけ、新しい言葉を作る。
3. その言葉を学習データとして、次の人が学習をする。蒸留によって、より小さなネットワークで学習できる。
4. より小さなネットワークで学習すると容量に余裕があるので、学習した人はさらに先のことまで学習できる。1に戻る。

専門家が学習し、新しい世界を切り拓くときには、さまざまなことを学ぶ。しかし、いったん概念が構成され、タスクが明示されると、次の人はそのタスクに必要な概念を効率的に学ぶことができる。これは我々日本人が「熟練の技」として世代を超えて伝承している技術に対しても成り立つし、科学技術、芸術、スポーツ、エンターテインメントなど、さまざまな分野でも同様である。新しい概念（言葉）は、先まで進んだ専門家たちによって、試行錯誤的にたくさん創発され、たまたま後進の人たちの学習の教師データとして効果の高いものが生き残ってきたのだろう[13]。

こうしたプロセス全体を「社会的蒸留」と名付けてみよう。人々が新しいことを学習し、新しい概念に名前をつけ、他の人がそれを参考に学ぶ。こうした行動を通じて、社会全体でますます多様な概念体系が生まれ、それが整理され、人々はますます多くのことを学習できるようになる。この現象を、ニューラルネットワークのもつれを紐解く能力、学習データの離散化と蒸留という仕組みから説明できるということである。人間の知能の仕組みが明らかになれば、こうした社会における知識伝達の仕組みも、うまく数理的なモデルとして説明することができるようになるのかもしれない。

[13] この考え方を使うと、心理の研究で有名な「ブーバ」と「キキ」も説明がつくように思う。他のエージェントが特定の概念と結びつける可能性が高いものが言葉として残りやすいということである。

第4章 消費インテリジェンス

さて、社会的蒸留まで話が進んだところで、少し脱線して、マーケティングに関する話をしよう。特にディープラーニングが出てくる以前から私の研究室で行ってきた「消費インテリジェンス」に関する研究のいくつかを紹介する。ここでマーケティングの話をする理由は二つある。

一つは、ディープラーニングの技術を使った産業応用を考えると、大きくは、サプライサイドとデマンドサイドに分かれる。サプライサイドでは、画像認識の技術や深層強化学習の技術などにより、製造工程での自動化が進む。受発注のデジタル化や、経理等の事務業務のデジタル化とあいまって、サプライチェーン全体で人が介在することがどんどん少なくなるという変化が起こるだろう。一方で、デマンドサイドを考えると、顧客のニーズをいかに把握するかがもっとも重要になる。インタフェースをユーザに近づけ、ユーザが「欲しい」と思う場所やタイミングでそのニーズを汲み取ることが必須になる。同時に、ユーザの趣味嗜好にあわせ、うまくセグメンテーションして、ユーザにとっての価値の高いものを提示することが重要になる。そのために高度なマーケティングの技術が必要になる。

つまり、ディープラーニングがもたらす変化のうち、サプライサイドは自動化であり、デマンドサイドは高度なマーケティングということである。

もう一つの理由は、人間の知能において記号系の特徴は、現実にはない状態を想像し、それを実現するように行動することを可能にする。大きな家を建てる、城を築く、畑を整備するなど、現実にない状況を想像し、それを集団で共有することは記号系の重要な能力であった。これが現代に場所を移すと、記号系による想像を伴う行動の代表例が消費である。こういったものを買いたい、あの服を着たいというのはまさに記号系が想像させ、実際の消費行動、あるいはそのためにお金を貯めるなどの行動につながる。ジャン・ボードリヤールの記号消費などの論が知られているが［ボードリヤール、2008］、文明が進化するにつれて、物質的あるいは機能的な意味での消費活動よりも、文化的な記号の消費の側面が大きくなる。こうした記号的な消費は、前述の社会的蒸留と近く、さまざまな言葉がマーケティング的に考案され、そのなかで多くの人の心にある概念とあうものが生き残るという構造をしている。

以下では、消費インテリジェンスの背景、いくつかの研究と得られた知見について述べていこう。

4.1 消費インテリジェンスの背景

消費インテリジェンスとは、従来からのアンケート調査やマーケティングの手法に加え、ビッグデータや人工知能等の新しい技術を活用することで、消費者を多面的にかつ科学的に理解する「消費者理解の総合力」を指す。英語の intelligence は、知能・知性、あるいは機密情報を扱う諜報活動とも訳されるが、ここでのインテリジェンスもそれに近い。消費に関わるさまざまな情報を収集し、分析し、行動に活かす能力である。消費行動の分析から商品企画、広告・宣伝までを含む広い意味でのマーケティング活動に資することを目的とする［経済産業省、2013］。

なぜ消費インテリジェンスが重要なのか。それは90年代以降、消費者の消費行動（あるいは生活スタイルや価値観と言い換えてもよいが）が多様化し、きめ細やかな消費者理解の必要性が高まっていること、消費者の行動をつかむためのビッグデータが利用できるようになり、また人工知能の技術が進んでいることという大きな二つの要因がある。加えて、日本企業は歴史的に価格競争（低価格・高品質）は得意としてきたものの、多様な消費者のニーズに応え、価格を上げることを苦手としてきたことも背景にある。

消費インテリジェンスは、もともとは2010年前後から経済産業省を中心に議論されてきたものである。さらに遡れば、2008年に出された産業構造の転換を議論する「知識組み換えの衝撃」の報告書にもそのコンセプトが含まれている。消費インテリジェンスに関する懇談会が2012年から開かれ、私もそのメンバーとして参加し、消費インテリジェンスに関するプラットフォームを構築すべきだという報告書が出された。こうした議論がきっかけとなって、2014年、9社（後に10社）からの協力を得て、東京大学内に「グローバル消費インテリジェンス寄付講座」が設置され、私がその中心的な役割を担うことになった。本講座では、消費に関するデータを分析することで、消費者を理解し、商品企画も含む広い意味でのマーケティング活用に活かすための研究活動、あるいはそういった人材を育成する活動を行うことを目的としている。

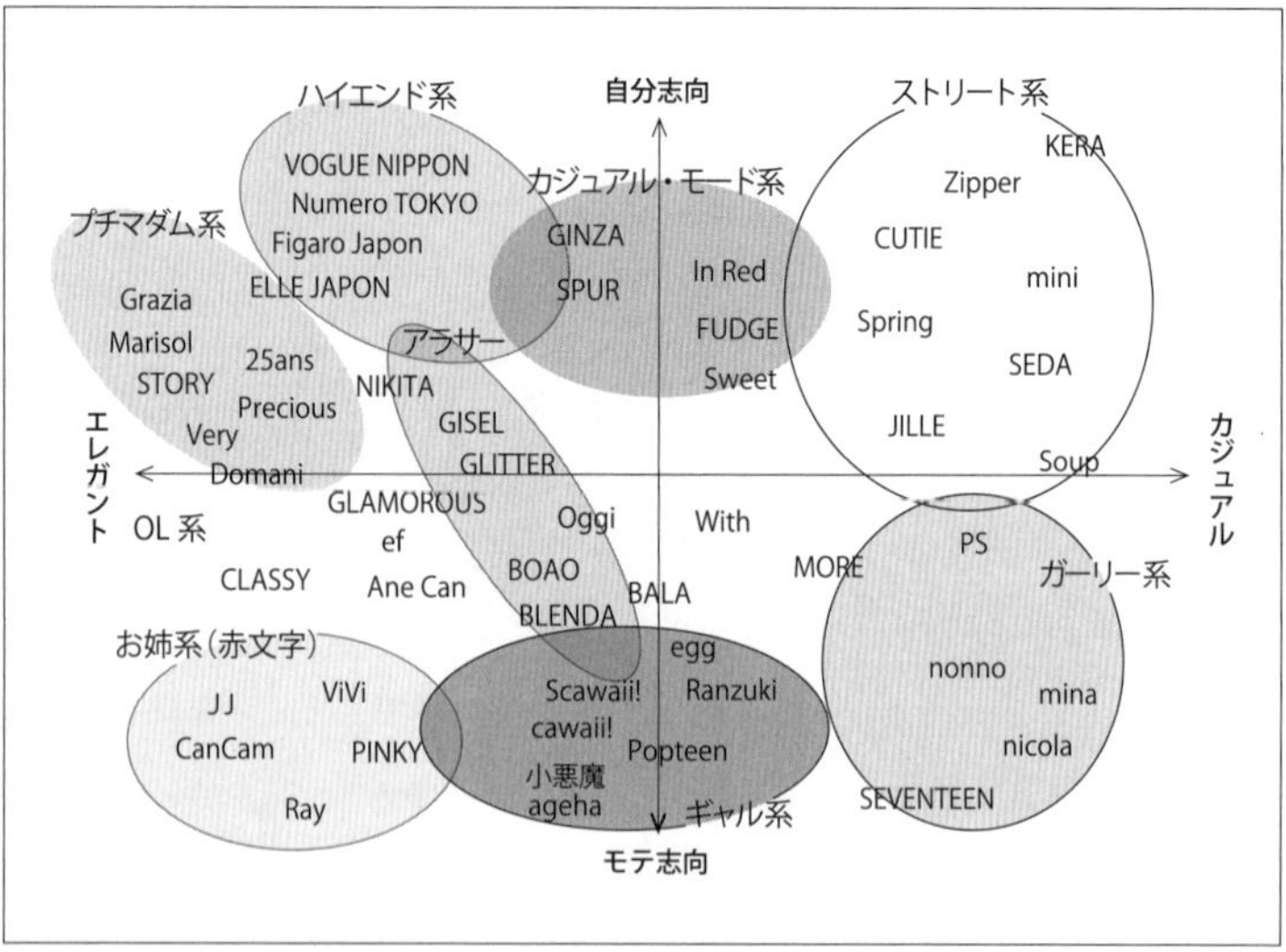

図 4.1　女性向けファッション誌のマッピング
（株）アパレルウェブの図より作成

さて、図4・1を見ていただきたい。これは、女性向けのファッション雑誌をカジュアル－エレガント、自分志向－モテ志向という二つの軸に配置したマップである。この図は、2008年にアパレルウェブという企業が作成したものであるが、[14] 消費インテリジェンスの概念を分かりやすく示す例である。

このマップでは、消費者の感性や価値に関わる軸を見つけ出し、個々の雑誌が配置されている。こうして全体を見渡せば、それぞれの雑誌の立ち位置が分かる。そして、他の国でどこが受けそうなのか、すでに受けているのかを調査し、次の展開へと活かすことができる。実際、このなかの一部は中国で発売されている。

こうした2軸を置いたマップはよくあるように思うが、消費者の価値観に根ざした本質的な軸を取り出すことは、容易ではない。たとえばスペックで商品の優劣を比較しやすい家電や電子機器等と違って、ファッションは嗜好性がその付加価値のほとんどを占めるが、その軸は必ずしも明確ではない。また、マップに配置されているものが「雑誌」であり、ファッションの特定の商品やブランドではない。生活スタイル・価値観を表す社会的な概念を表している。そして、一つの生活スタイルや価値観を表す概念は、他の雑誌との相対的な位置関係のなかで自己の立ち位置をより明確にしていく。

このような消費における社会的な概念の立ち現れは、敏腕のブランドマネージャーや雑誌の企画担当者が意図して仕掛けている場合もあれば、結果的にそうなってしまったということもあるだろう。しかし、多くのデータを取得することができる現在においては、こうした概念がどう立ち現れ、どう先鋭していくのか、それをどう構成することができるのかを解き明かしたいというのが、我々の目的である。

4.2 ウェブから概念の広がり具合を知る

消費者の動向をデータを使って知るための試みの一つが、2012年から行ってきたアジアトレンドマップというプロジェクトである。ソーシャルメディアから、漫画やアニメの人気が国ごとに分かるという事例である。少し大きく解釈すれば、社会の中での概念の広がりをデータから捉えることが

[14] 消費インテリジェンスに関する懇談会資料より。

できるということになる。

背景としては、ソーシャルメディアから消費者の動向を把握する研究は、２０００年代から行われてきた。たとえば、ツイッターにおけるツイートをもとに映画の興行収入を予測したり、検索エンジンにおける検索回数をもとにコンテンツの売上を予測するなどである。ソーシャルメディアにおけるユーザの挙動をある種の「センサ」と考えて、社会動向を知るというアプローチを、我々は「ソーシャルセンサ」と名付け［Sakaki, Okazaki, and Matsuo, 2010］、世界に先駆けて提案してきた。

日本の漫画・アニメ等のコンテンツは、海外においても広く展開している。特にアジア圏、たとえば、台湾や中国、フィリピン、タイ、インドネシア、シンガポールなどにおいては、日本の漫画・アニメ等のコンテンツが欧米や他のアジア圏のものを圧倒して消費される。アジア圏の各国で、どの作品がヒットになるかも異なる。どの国でどの作品がヒットになりそうかをすばやく捉えることができれば、その国における商品展開やマーケティングに活かすことができる。

そこで、検索エンジン、ツイッター、ウィキペディアという三つのウェブサービスから、漫画、アニメに関するデータを収集し、その人気を予測するモデルを設計した［保住、２０１４］。検索エンジンに関しては、グーグルトレンドを用い検索回数を得る。ツイッターに関しては、漫画名等の指定したクエリを含んだツイートの数を用いる。また、ウィキペディアに関しては、該当するコンテンツのウィキペディアのページを特定し、そのページに対する編集回数を用いる。

消費トレンドの正解データとしては、日本のものに限定されるが、オリコンから提供されるコミックシリーズの週別の売上を用いる。

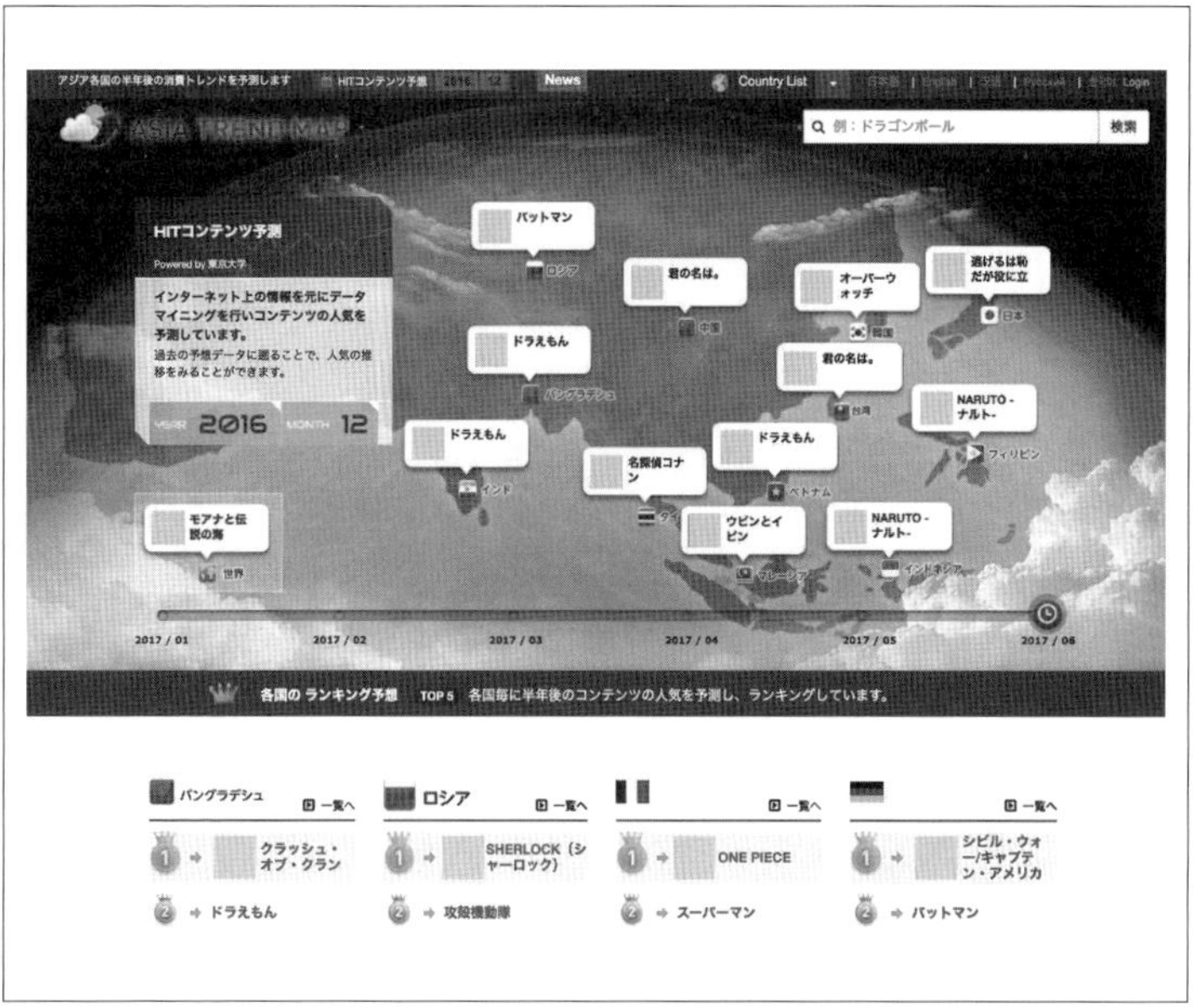

図 4.2 アジアトレンドマップ
元のウェブサイトでは、グレーの部分にキャラクターなどの画像が入っている。

それぞれのウェブサービスから得られたデータを用いた素性を設計し、SVR（サポートベクター回帰）[15]という手法を用いて、オリコンの順位を1か月後〜6か月後まで予測する。

その結果、検索エンジンの場合には、順位相関で0・33-0・42程度、ツイッターのデータでは、順位相関で0・30-0・39程度、ウィキペディアの編集回数では順位相関で0・29-0・40程度の相関が得られた。また、これらをうまく組み合わせると、順位相関で0・45-0・50程度の相関を得ることができた。

このモデルを用いて、構築したサービスが、アジアトレンドマップ（asiatrendmap.

[15] カーネル法の一種であるSVM（サポートベクターマシン）の回帰版。

jp）である（図4・2）[16]。国ごとに人気のコンテンツは異なる様子が見て取れる。

いくつかの興味深い知見としては、順位予測の精度を予測する期間ごとに比べると、検索回数とツイッターは直近（0、1か月後）での予測精度が良く、未来になるにつれて予測精度が下がる。一方でウィキペディアを用いた予測では4、5か月後の精度がもっとも良くなる。つまり、ウィキペディアの編集は、アーリーアダプタ層が関与しているため、先行指標として利用できる。また、ページの作り込まれ具合の情報も人気の予測に有用である。

4.3 概念の精細化

次に、消費者の嗜好がどのように広がりをもって構築されていくのか、社会的な概念がどう細分化していくのか、そのダイナミズムを分析した研究を紹介しよう。たとえば、エスキモーは雪の表現が細かいということはよく知られている。中国には卓球の技術的用語を示す言葉が日本より多いと聞く。つまり、ある興味を持った集団が存在すると、そこには自ずとその興味を細かい粒度で分節する概念が発生するわけである。インターネット上では、フリッカー（flickr）等のサービスにおけるタグの分析等が行われ、人々を意味するfolksと分類体系を意味するtaxonomyを組み合わせたfolksonomyという現象として知られている［Mika, 2007］。

以下では、自らの興味・関心を表す概念は細分化すること、さらに、消費者のレベルによってこの細分化の過程をうまく誘導できることの事例を二つほど示す。

まず一つめには、インターネット上の動画共有サービスであるニコニコ動画である。ニコニコ動画には1000万を超える動画があり、毎日数千以上の新しい動画が投稿される。そしてユーザは自分が見たい動画を見る。人気のコンテンツやそうでないコンテンツがある。ユーザにとって、自分が見たいものを見ているだけだが、その行動は全体として、どのように観察できるのだろうか。

この過程を分析するために、政治とゲームのジャンルを選んだ。これらは嗜好の違いが出やすいジャンルと考えられるためである。アクティブユーザ数万人を選び、匿名化されたユーザがどのようにコンテンツを閲覧していくのかの閲覧行動を調べる。

図4・3はコンテンツ間の視聴の遷移を可視化したものである。ある動画コンテンツと別の動画コンテンツがどのくらい近いかは、その両者を閲覧したユーザが、それぞれを閲覧したユーザに対してどのくらいの比率であるかを調べることで数値化することができる。

その結果、以下のことが言える。まず、いくつかのエントリになるようなコンテンツのクラスタが存在する。たとえば、(分析したデータの時期に依存するが)「東日本大震災」や「野々村竜太郎」などは、政治ジャンルに興味がなかった人にとっても入りやすいコンテンツである。そして、こうしたエントリになるコンテンツのクラスタとつながった形で、別のクラスタを見つけることができる。これらは、

[16] 経済産業省、チームラボ、ヒューマンメディア等の協力によって開発され、その後、東京大学松尾研究室が引き継いで開発・運営を行っている。

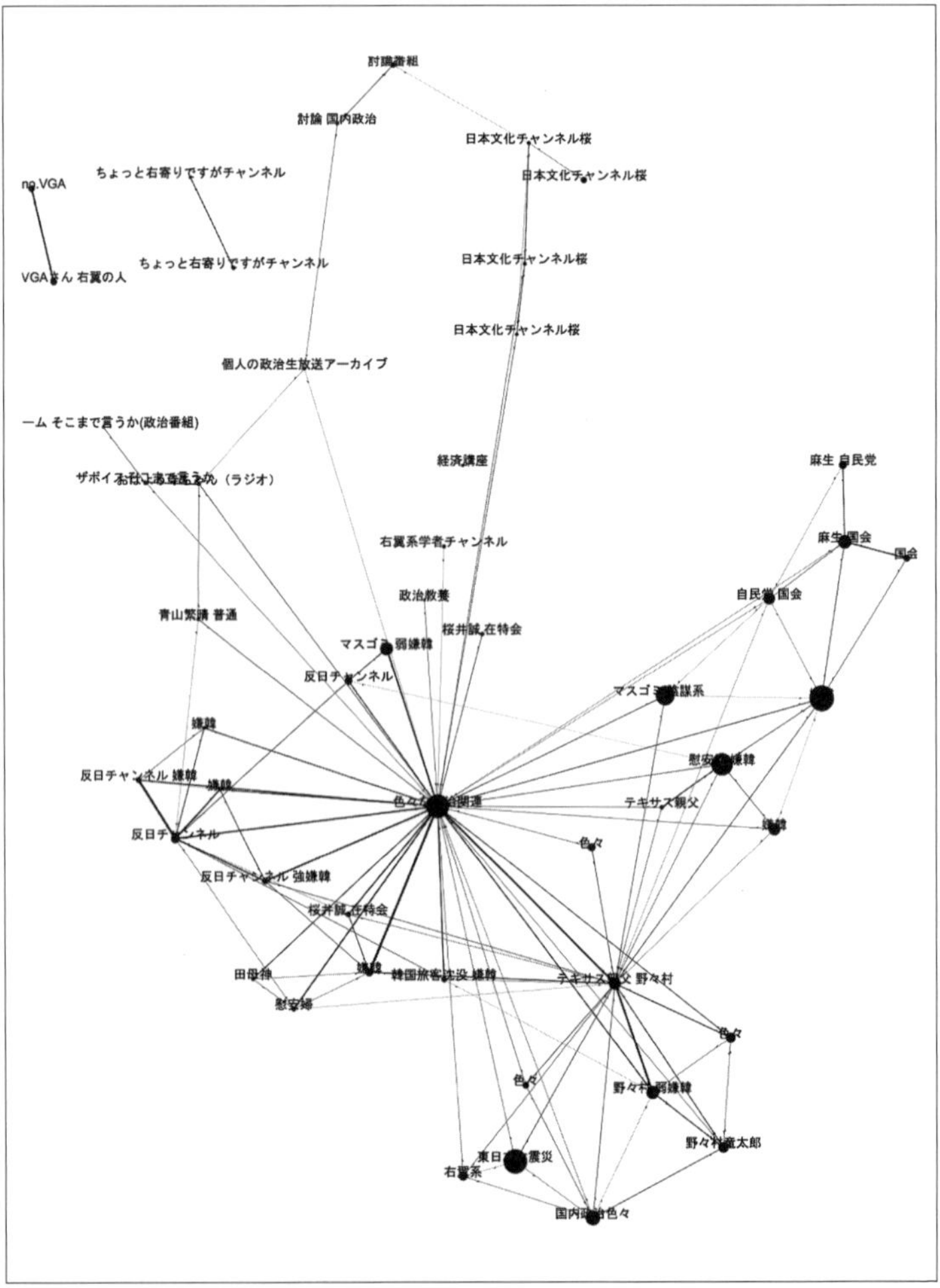

図 4.3　コンテンツ間の視聴関係

初心者には少し敷居の高い、やや内容の深いものになっている（たとえば、反日のコンテンツ）。こうしたコンテンツは、相互に強い連結性を持ち、また平均利用回数が多いコアなコミュニティを形成している。さらに、ハブクラスタと呼ばれる、多くのコミュニティから興味を集めるものの、そこから大きな遷移先がないようなクラスタも見ることができる（図4・3）。

こうした、エントリとなるコンテンツの存在、そして、そこから広がっていく、細分化されたコミュニティという構造は、ニコニコ動画だけでなく、たとえば、AKBのコミュニティ［松尾・吉田・榊、2014］、ミクシィ（mixi）におけるコミュニティ［松尾・安田、2007］などでも同じ構造が観測されている。2012年のAKBの分析によると、前田敦子がエントリとしての機能を果たし、それが徐々に個性の強いメンバーへとつながっていく。また篠田麻里子が多くのメンバーのファンをつなぐ役割をしている（図4・4）。

もう一つ紹介するのは、Tポイントの分析である。Tポイントは、株式会社Tポイント・ジャパンが展開するポイントサービスで、さまざまな店舗やオンラインショップで利用される。そのなかでも、特定の店舗を対象に、特に嗜好性が高いと思われるワイン、書籍、音楽等の分析を行った。匿名化された顧客データに対して、どの商品をいつ買ったかというデータを分析する。

ここで捉えたい現象は、社会的な概念がより先鋭化し、個人の嗜好が推移していくことである。たとえば、ワインは、消費の体験を重ねるうちに、どんどんと味が分かるようになり、その嗜好のレベルが上がってくることはよく知られている。また、書籍や音楽でも、自分の趣味があり、それが時間とともに変化するということは多くの人が体験しているのではないだろうか。

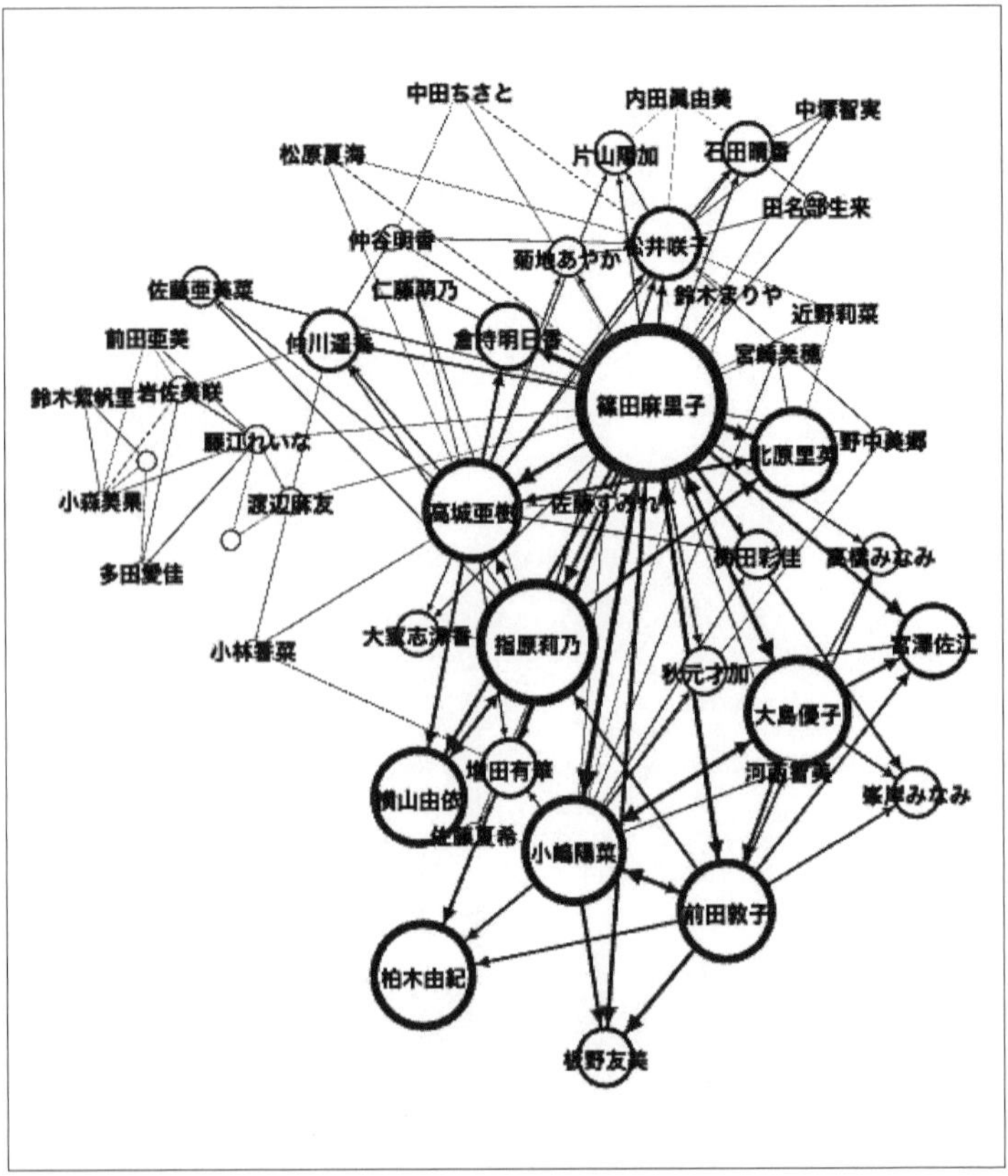

図 4.4　AKB48 のメンバ間のファンの遷移ネットワーク
松尾 豊、吉田宏司、榊 剛史「AI 的 AKB48 論」『人工知能（学会誌）』30（1）（2015）pp. 89-96

さて、嗜好が成熟するというのは、データとして見たときには何を意味するのだろうか。ここでは、オーソリティ・ハブモデルと、RNNの一種であるLSTM（Long-Short Term Memory）を組み合わせた手法を用いた。オーソリティ・ハブモデルというのはウェブ等のネットワーク構造の解析で有名な手法であり、レベルの高いユーザが選ぶ商品はレベルが高いという仮説のもと、ユーザと商品それぞれにハブスコア、オーソリティスコアを計算する。この研究では、顧客の購買行動を時系列でモデル化し、次に何を買う確率が高いかを予測する。このとき、オーソリティ・ハブスコアを考慮したほうが予測精度が上がることが示された。つまり、顧客は、数か月単位で見ると、徐々にレベルの高い商品を買うようになる傾向がある。

この傾向は、もちろん商品によって異なる。オーソリティ・ハブスコアを考慮したほうが予測精度が上がりやすいものには、たとえば、デザートやお菓子、ビールやワインなどの酒類がある。逆に水や紅茶、コーヒーなどは、この傾向が見られにくいことが分かった。

以上の分析を通じて言えることは、顧客の消費する概念は徐々に精細化し、場合によってはより「成熟」した概念を好むような傾向が観察されるということである。

4.4 消費インテリジェンスの活用

グーグルやフェイスブック、アマゾンは、ユーザに関する多くのデータに基づいて、広告や推薦する商品の最適化を行っている。そこで行われていることは、消費者の生活を全方位から捉え、そのパターンを無限段階の粒度で捉えるものである。

しかし、無限段階のセグメンテーションが必ずしも最適かというとそうとは限らない。我々の消費行動は、多くの場合、社会の中で何らかの含意を持つ「記号的消費」を伴う。たとえば、あるブランドの服、ある産地のワインを消費するということは、その商品が喚起する概念を消費することでもある。したがって、必ずしも消費者の購買行動は、個人ごとにパーソナライズするのが最適ということではなく、社会全体での意味や概念の立ち現れも同時に取り扱う必要がある。そのことを突き詰めれば、商品やサービスにおける機能や利便性以外の価値、すなわち「記号的価値」を最大化し、高いプライシングが可能な商品開発等にも活かせるかもしれない。それは、モノ消費からコト消費へと進む日本においても重要な方法論になるであろうというのが、消費インテリジェンスの意図であった。ファッションに関して言えば、2019年現在、D2C（ダイレクト・トゥ・コンシューマー）という動きが活性化している。インスタグラム等を活用し、小さなブランドを立ち上げる。これはまさに概念の立ち現れが消費者の価値に転換している例と言えるかもしれない。

本章で紹介した研究のいくつかは、消費における重要な概念がどのように構成されるのか、またその裏表として、特定の強いコミュニティがどう構成されるのかを科学的に分析、モデル化した試みである。本章で述べたことをまとめると、概念の広がりはウェブで観察できること、ユーザが徐々に細粒度のあるいは高い「成熟度」の概念の消費に進んでいくこと、概念はそれを用いた推薦等の相互作用によって強化され得ることである。こうした知見は、社会における概念生成の仕組みを明らかにするとともに、マーケティングとして能動的に社会における概念を作り出していくためのアプローチにもつながるものである。

[*] 本章で紹介した研究は、冨山翔司(東京大学・株式会社DeepX)、保住純(東京大学)、岡本弘野(東京大学)の各氏、ならびに多くの共同研究者の協力により行われたことを謝して記します。

第5章 人間を超える人工知能

第1部の最後に、人間の知能と人工知能を比較して論じよう。その前に、その難しさと限界を指摘したい。

まず第一に人間の脳における階層性と、ディープラーニングの階層性を単純に比較することはできない。たとえば、1次視覚野はⅠ層からⅥ層まで六つの機能的に異なる層に分けられるが、ここでの層というのは、ディープラーニングの「層」と言われるものより、もっと大きな塊である。また、数万個のニューロンが集まった「コラム」が一つの機能単位ではないかという考え方もある。この文脈に近いのが、ヒントンの提唱するカプセルネットワークである［Sabour, Frosst, and Hinton, 2017］。通常のディープラーニングのように、重み和＋活性化関数という簡単な計算をするモジュールを層にするのではなく、もう少し大きな機能を持ったモジュールを使って層を形成しようというものである。つまり、「何が層なのか」「何が一つの機能単位なのか」すら、共通の合意がない。

第二に、ディープラーニングが実現していることは大脳皮質の機能の一部に近いと考えられているが、人間の脳は大脳皮質だけでなく、小脳、基底核、海馬など、さまざまな部位が連合して動いている。その仕組みは十分に分かっておらず、したがって、人間の脳と人工知能を比較するのは現段階ではあまり有益とは言えない。

脳科学は非常に緻密な学問分野であり、脳全体の機能について安易に語ることは難しい。したがって、人間と人工知能の議論は、大きな括弧つきでの議論としなければならないことをまず断っておきたい。その上で、人間の知能の限界はどこにあるのか、それを人工知能がどう超えていけるのかについて、以下では議論していこう。

5.1 人間としての知能

人間は動物である。生命を持っている。人間の知能は、生命に資するためにあり、生命は自己保存と自己再生産を究極の目的にしている。[17]
私の考えでは、知能とは、目的に応じた世界の構造化と予測の能力を指す。知能が高いとはサンプル効率的に（すなわち少ないサンプル数でも効率的に）複雑な環境をモデル化でき、結果として高い予測精度を発揮する能力である。人間の場合は、この高い知能を、身の安全を守ったり、食べ物を手に入れたり、また仲間を作り協働するといった目的のために用いている。この目的は人間の生命としての

[17] 目的にしているという表現は正確ではなく、選択と淘汰のなかで、生き残ろうとしなかったものは滅んできたため、結果的に生き残ったものはそのような意思や目的をもっているように見えるだけである。

必要性に由来しており、知能がそれ単独で何かの目的を持つことはない。言い換えれば、ディープラーニングにおいて、教師あり学習であれば必ず教師データを与える必要があるし、強化学習であれば何らかの報酬関数を設定する必要がある。こうした教師データや報酬関数は、外的に与えられるものであって、知的なシステムが内包したり、自動的に生み出したりするものではない[18]。

たとえば、ロボットを作ったとして、そのロボットが自然にオス・メスに分かれ、お互いに好きになるようなことはない（もちろんそういう設定を組み込むことは可能だが、そこに意味はない）。哺乳類は有性生殖を選んだので、自己保存・自己再生産の仕組みとして、オス・メスがお互いに結ばれるようになっているわけだが、ロボットはそうではない。また、人間は叩かれると痛いが、ロボットは痛くない（もちろん痛がるようにすることはできる）。なぜなら、自己保存をするために、危険なものは避けるようにできているからだ。つまり、「痛い」と感じたり、「他の人間に惹かれたり」するというのは、生命的な目的が由来であるということである。

一方で、自分が痛いと感じる原因が、相手が叩いたことにあるのか、自分が転んだことにあるのか、あるいは昼ごはんに牡蠣を食べたことにあるのかなどと、もつれを紐解く（disentangle する）、つまり要因に分解する力は知能としての能力である。痛いと感じる原因であろうが、見えたものをネコと判断する理由であろうが、データからもつれを紐解く力は、知能としての力が高いかどうかに依存する。

人間の知能は、我々人間が生きてきた環境特有の問題を解いてきており、環境中に含まれるタスクに必要のない概念は、見つけていない可能性が高い。エスキモーが雪の細かい概念をもっているのと同じ、我々日本人が魚の細かい概念をもっているのと同じで、その環境中で重要性が高いものはより細分化する。人間が環境中で見つけやすい特徴量は、人間という生命にとって重要性が高く、タスクとの関連が直接的なものであり、かつ視覚や聴覚といった感覚入力との関連が直接的なものである。見つけにくい特徴量は、タスクとの関連が一見不明確であり、また入力との関連が遠いものである。羽生善治がいうように人工知能には「恐怖心」がないため、棋士が見つけられなかった戦略を見つけられるようなこともある。[19]我々は、おそらく文明の発展とともに簡単な概念から順番に見つけていっている。そして、もしかすると短期的なありがたみがなく、それらを積み上げると役に立つような概念は見つけられていない可能性も大きい。これを、目的に非依存な人工知能は、軽々と超えていく可能性がある。

5.2 多数パラメータの科学

二つめの限界は、そもそも我々が「理解する」ということが記号系にとっての「理解する」であり、そこに認知的な限界があることである。

[18] タスク非依存に、モデル化できていない領域を好む「好奇心」や、自己教師あり学習のように予測問題を解いて事前学習をするといったことを、内的な動機として設定することはできる。
[19] https://www.asahi.com/articles/ASM5G7F3RM5GULFA04F.html

これまでのディープラーニングの研究で明らかになったことは、数千万〜数億ものパラメータを用いたモデルを、大量のデータを使って学習し、結果的に予測精度が上がる事例が世の中にたくさんあるということである。画像認識や物体の把持など、これまでの技術では難しかったタスクが高いレベルで達成されてきた。

ディープラーニングが扱う多数のパラメータに対し、これまでの科学技術では、主に少数のパラメータで表される系を扱ってきた。たとえば、ニュートン力学や量子力学、電気工学や電磁気学では、

$$F = ma,\ E = mc^2,\ V = RI$$

など、ごく少数の変数を使ってモデル化する。少数の変数によるモデルのほうが美しく、より真実に近いと考えられてきた（シンプルなほうが良いというのは、オッカムの剃刀《かみそり》とも呼ばれる）。一方で、現実世界の問題に適用するときには、歪みやたわみ、すべりや壊れなどの非線形な現象、あるいは立ち上がり時の電力特性のような連続的に変化するような非平衡な系は扱うのは苦手であった。ところが、ディープラーニングは、従来はモデル化するのが苦手だった領域もやすやすとモデル化する。

すなわち、我々のすむ世界には、多数のパラメータを使えばモデル化でき、高い予測精度を得られることが、我々が理解している以上にたくさんあるのではないか。むしろ、ごく一部の「少数パラメータ系」だけを我々は発見して、理論や法則として書き下して、科学技術と呼んできたのではないか。今までの科学技術とは別の形の、多数パラメータの科学（これを丸山宏は「高次元科学」と呼ぶ[20]）が存在し得るのではないか。

人間も、こういった多数のパラメータの系を扱うことは不可能ではない。熟練の技、あるいは暗黙

知と呼ばれてきたことが相当する。言語的に説明できなくとも、熟練の人が見るとなぜか「これは良い」「これは悪い」と分かるし、非線形で多数パラメータのはずの「ドリフト走行」もプロは見事にこなす。そのとき、主に知覚運動系によって、多数のパラメータによるモデルが学習されている。

人間も多数パラメータの系をモデル化できるのに、科学技術が少数パラメータ系であるのはなぜか。それは、人間にとって理解するとは、記号系にとっての再現可能性を指すためだろう。記号系は、もともと、言葉を伝達し、状況を想像し、それをゴールとした行動計画を作ることを受け持ってきた。そのため、最後はアクションの系列を求めないといけない。したがって、初期状態からゴールまで、何らかのアクションの系列として再現できるものは、「分かった」「理解した」というし、そうでないものは、「分からない」ということになるのではないか。ある小説を理解したというときも、ある数式を理解したというときも、何らかの心的な操作の系列として、同じことをいつも引き出せるというときにいうのではないか。

心的な操作の系列は、ある種の生成モデルであり、もつれが紐解かれた（disentangleされた）条件を指定することでさまざまな状況を想起する。このとき、条件の数は少数でなければならない。なぜなら、言語のバンド幅が狭いため、多数の条件を伝達することができない。また、心的な操作の系列はその途中の状態で中間状態の一時的な蓄積を必要とする。人間の脳は、（海馬と大脳皮質の連携という非常に巧妙な仕組みがあるものの）そもそも一時的な記憶を大量に保存しておくのに適した形はしてい

[20] https://japan.cnet.com/blog/maruyama/2019/05/01/entry_30022958/

ない。したがって、記号系の認知的な限界から、少数パラメータ系しか扱えなかったのだろう。

ところが、計算機上のアルゴリズムとして記号系を実現できれば、この認知的な限界から解放される。より多数のパラメータを伴った心的な操作の系列を扱うことができ、それはつまり、「理解」のレベルが上がるということになるだろう。これが人工知能が人間の知能を超えていく二つめの理由である。

5.3 ハードウェアの限界

人間が「熟練の技」などの形で多数パラメータ系を扱う際は、主に知覚運動系RNNの学習による。そして、その学習は、人間の生きている環境条件に依存する。というよりも、我々が住むこの世界(宇宙というべきか)の性質に依存する。我々が生きている世界は、3次元+時間方向の1次元である(ように感じる)。

数学者が数学の問題について考えるときに、空間的なイメージを使う人も多い。我々の言葉も、「困難を乗り越える」とか「恋に落ちる」、「気分が上がる」など、空間的なイメージに支配されている。それは、記号系が知覚運動系を用いているからであり、知覚運動系が3次元の空間のなかで訓練されたものであるからであろう。たとえば、超弦理論(物質の基本単位をひもであるとする物理学の仮説の一つ)は11次元で展開されるが、これを直感的に理解できる人はほとんどいない。

ところが、ディープラーニングで我々が扱うネットワークのどこにも、知覚運動系RNNが仮定する潜在空間が3次元であると限定するものはない。たとえば、CNNは入力として空間的な自己相関を持つ2次元の画像が入力されることを仮定はするが、潜在空間は何次元でも構わない。

そして、前述の自動運転の例のようにシミュレータ上で知覚運動系RNNを訓練することもできる。シミュレータ上に、3次元ではなく11次元、あるいは100次元の空間を作り、そこで知覚運動系RNNを訓練するとどうなるだろうか。[21] あるいは、ユークリッド空間ではなく、別の距離測度を持つ空間を仮定してもよい。そうした知覚運動系RNNは、我々の住む3次元ユークリッド空間とは異なる空間を「直観的に理解する」ものとなるはずだ。

すると、100次元の空間を直観的に理解できる知覚運動系RNNができ、そしてそれを自由に駆動できる記号系RNNが作れることになる。まさに100次元空間を直観的に捉えられ、任意の規模で数式等を操れる数学者や物理学者がこの世界を見るとどのように見えるのかと同じである。想像の範囲を超えてしまうが、我々には知らない、あるいは理解できない法則やパターン、経済や社会現象のモデル化がたくさん存在するのではないか。アルファ碁が、人間が何千年かかっても探索できなかった囲碁の世界を明らかにしたように、数学や物理の世界でも実は我々が知らない世界が膨大にある

[21] どういう挙動を作り出せばいいのかは自明ではない。

のではないか[22]。

また、人間は、記憶力に限界があり、またいくら経験を積んでも寿命とともに死んでしまう。したがって、もっと長生きすれば到達したはずの概念まで到達できていないかもしれない。また、人間同士が情報をやりとりする手段も、言葉による伝達という非常にバンド幅が狭い手段に限られる。さらに、脳のニューロンが動くスピードも、0・1ミリ秒程度の時間がかかり、そのために簡単な反応でも0コンマ何秒か、複雑な思考であれば数秒から数分といった時間がかかる。つまり、我々の脳や眼、耳、口といったハードウェア上の制約が我々の能力を制限している。

これを、いくらでも情報をためておくことができ、通信により複数の場所での経験を共有でき、それを人間よりもずっと早い演算速度で計算できる人工知能は軽々と超える。これによって、人間が見つけていない概念やパターンを人工知能が見つけることができる可能性がある。

最後に、我々はこうした人工知能の可能性を言語を使って考えているわけであるが、言語以外に「言語のようなもの」はないのだろうか？ 記号系は、特定の状況を想像し目的にすることで共通の行動を起こさせ、また、個々の人間が経験したことを共有し、世代を通じて知識を伝達すると述べた。結果的に、集団全体としての知能が大きくブーストされている。こうした知能をブーストする「言語のような仕組み」が言語以外にもあるのだろうか？ （また、それを言語を使って考えることがそもそもできるのだろうか？）

以上、人間の知能の限界とそれを人工知能が超えていく可能性をいくつか述べた。こうした人間の知能の限界を知ることは、我々の知能の特性を明らかにするとともに、我々自身と我々が作り出した科学技術を、より謙虚に見ることができるようになるのではないか。人間の世界の捉え方や知能の仕組みは、たまたま人間が生きてきた環境や、脳というハードウェアの物理的な特性に依存している。これに囚われない世界のモデル化の方法は、もっとたくさんあるはずである。世界の捉え方としていったいどういう方法があり、我々の見方はどう限定的で一面的なのか。私自身は人間の知能、あるいは自分自身の認知がいかに限定的で一面的なのかを知りたいと思い、人工知能の研究をしている。そうした理解に近づけるのは、「自分とは何か」に近づくことであり、大変楽しみである。

［22］ソニー・コンピュータサイエンス研究所の北野宏明は、2050年までにノーベル賞を取る人工知能を作るというグランドチャレンジを掲げている。

第1部のキーワード

CNN 畳み込みニューラルネットワーク（Convolutional Neural Network）。画像認識でよく用いられ、畳み込みとプーリングを繰り返し行う。プーリングは行われない場合もある。
RNN 再帰型ニューラルネットワーク（Recurrent Neural Network）。時系列のデータに対してよく用いられるニューラルネットワーク。LSTMやGRUなどがある。
アテンション 隠れ層の情報に対して、それをそのまま用いるのではなく、その一部を用いるようにした方法。そのために、隠れ層と同じ次元のベクトルを用意し、「注意」を表すとする。隠れ層にこの次元のベクトルをかけあわせると、特定の部分だけを重みをつけて取り出すことができる。この注意のベクトルも、他のニューラルネットワーク（あるいは同じニューラルネットワークの別の箇所）となっているため、注意の挙動自体を、学習により得ることができる。
エン、アンドリュー（Ng, Andrew Yan-Tak, 1976–） 機械学習やディープラーニングの教育で世界的に有名な研究者・教育者。また、早い時期からGPUの可能性に注目し、ディープラーニングにおけるGPUの活用を切り拓く。スタンフォードで准教授を務めながら、同僚のDaphne Kollerとコーセラ（Coursera）を立ち上げ、また、グーグル・ブレイン（Google Brain）においてディープラーニングのプロジェクトを立ち上げる。2014年からは、バイドゥ（Baidu）のチーフサイエンティストを務め、2017年以降は、オンラインの教育講座やベンチャーのインキュベーションに関わる。

エンド・トゥ・エンド学習　英語で"end-to-end learning"のこと。日本語では定まった訳はないが、入力と出力をつなぎ、データを使って、その間のパラメータを推定することで、中間的な処理を明示的に意識しなくてよいという意味で用いられる。
深層強化学習　報酬を最大化する行動の系列を学習する強化学習に、ディープラーニングを使ったもの。主に、状態表現、あるいは価値関数や方策関数の表現に、深い階層を持つニューラルネットワークが使われる。
身体性　エージェントが環境とインタラクションできる「身体」をもつこと。人間も動物も、環境のなかで生きており、環境とのインタラクション（相互作用）できる身体が重要である。センサ（感覚器官）から観測した情報に基づいてアクチュエータ（運動器官）を使って行動し、またセンサで観測するというループを構成する。
シンボルグラウンディング問題　人工知能における有名な問題の一つ。記号接地問題とも呼ばれる。コンピュータが扱う記号が、それが指す概念と結びついていないという問題。
スキップコネクション　階層を飛ばす回路をつけることで、過学習を防ぎ、汎化性能を上げる方法。
素性　英語で"feature"のこと。機械学習のアルゴリズムの入力となるもの。多変量解析では説明変数に該当する。
多様体　局所的にはユークリッド空間と見なせるような位相的空間のこと。
チューリング、アラン（Turing, Alan, 1912–1954）　コンピュータの父とも呼ばれる。計算可能性理論、チューリングマシンをはじめ多くの功績を残した。人工知能分野では、チューリングテストがよく知られる。
ディープラーニング　深層学習。深い階層を持った関数を使ってモデル化する手法全般を指す。ニューラルネットワークという言葉とほぼ同義であるが、なかでも2006年以降の急速に伸びてきた技術を指す。
特徴量　英語で"feature"あるいは"feature value"のこと。捉えたい対象の特徴を表す量。素性と同じ意味で用いられるが、素性は機械学習に入力されることを前提とするニュアンスが強い。
ハイパーパラメータ　学習によりデータを使って求められるパラメータと違って、より上位にあたるパラメータであり開発者が定めるもの。たとえば、学習率や重みの初期値、アーキテクチャ（層の数、ユニットの数）など。ハイパーパラメータを学習等のアルゴリズムにより定める方法もある。
ヒントン、ジェフリー（Hinton, Geoffrey, 1947-）　トロント大学教授でディープラーニングの第一人者のひとり。イギリス生まれで、エジンバラ大学で博士を取得。UCサンディエゴ、CMU、UCLなどを経て、トロント大学で教える。学生と立ち上げた企業DNNリサーチ（DNNresearch）が2013年にグーグルに買収され、グーグル・ブレインにも加わる。ニューラルネットワークの主要な概念の多くを発明、発見した。コンピュータ科学の分野のノーベル賞と言われるチューリング賞を2019年に、ベンジオ、ルカンとともに受賞。
フレーム問題　人工知能における有名な問題の一つであり、あるタスクに関係のあることがらだけを選び出すことが難しいということ。哲学者デネットによるロボットの例が有名である。
ベンジオ、ヨシュア（Bengio, Yoshua, 1964-）　モントリオール大学教授でディープラーニングの第一人者のひとり。ヒントンがグーグル、ルカンがフェイスブックで大学以外に指揮を取るのに対し、ベンジオはアカデミアにこだわり、独立の立場を続けている。ディープラーニングの主要な概念の多くを発明、発見した。

第 **2** 部

人工知能と世界の見方

強い同型論

第6章 人工知能が「世界の見方」を変える

6.1 ディープラーニングが「世界の見方」を変える

第2部を始めるにあたって、まずおさらいをしよう。第1部のキー・メッセージは次の七つである。
①ディープラーニングという技術の出現が、人工知能の開発を巡る停滞を打破し、ここ数年で画像認識を入口として大きな成果を上げげつつあること。
②ディープラーニングは、人工知能の研究で難問とされてきたこと、すなわち現実世界の現象の特徴を捉えるうえで何が重要かを見抜くことにおいて、解決の突破口を切り開いたこと。
③ディープラーニングにはいくつかのポイントがあること。すなわち、まずその名の通り、何段階もの階層を積み重ねた「深い」階層を使っていること。また、その結果パラメータ数の多い「深い」「容量の大きな」モデルを扱うのだが、それにもかかわらず、汎化機能が落ちない（「木を見て森を見ない」にならない）こと。

④人間の知能は「身体性のシステム」の上に「記号のシステム」を載せたものだと考えられること。
⑤ディープラーニングは、記号化された知識を取り込むことが主流であった人工知能開発に、新たな息吹を吹き込んだこと。その際、画像認識に見られるように、環境の知覚をもとに外界をモデル化し、運動制御を行う知覚運動系RNNのような分野、つまり「身体性のシステム」の側で成果を上げてきたが、今後の人工知能の開発は、「記号のシステム」を取り込むことが課題となること。
⑥「消費インテリジェンス研究」は、「記号のシステム」のうち社会的概念と消費行動との関連について扱う先端的な研究として取り組まれてきたこと。
⑦人工知能は、人間では扱えない大量のパラメータを処理することなどを通じて、人間の知能を超える可能性があること。

では、これを受けて第2部では何を論じるのか。一言でいえば、ディープラーニング技術によって人工知能の開発が大きく前進したことで、人間が人間自身や世界を理解する仕方そのものが変わろうとしている、ということである。それはなぜなのか。ディープラーニングは、人工知能の開発に確かに新局面を切り開いたかもしれないが、それは単なる一つの技術に過ぎないのではないか。

そうではない、というのが我々の考え方である。ディープラーニングは、知能の重要な部分を記号操作以外のことが占めていることを示した。しかもそれを通じて、これまでは人間こそが力を発揮できると考えられてきた領域、つまり囲碁のような領域で、人間をはるかに凌駕する力があることを示した[1]。このことはただちに「高次の知能は、記号を扱う人間だからこそ持ちうるのだ」というこれまでの人類の見方にチャレンジするものである。それをさらに広げれば「人間と他の動物、生物とは何が本質的に異なるのか」「人間の知的活動と他の生命活動――たとえば光合成や呼吸――とは何が違うのか」という問いに次々とつながっていく。結論を先取りすれば、我々の立場は、それらは同型であるというものである。

また、ディープラーニングがその名の通り、「ディープ」であり、階層性を活用していることは、なぜ効果があるのかということも問われる。これも結論を先取りすれば、世界の側に階層性があるからなのだ、というのが我々の立場である。そうするとただちに「世界は階層性がある」とはどういうことなのか、「世界は原子など最小単位の粒子の運動で成り立っているのではないか」という問題につながる。

さらに、我々が知的活動について論ずるとき、それは情報を得ること、意味を見いだすことと密接に関係している。では、記号とは切り離されたディープラーニングの技術が部分的であれ知的活動を行っていることを前提とすると、「情報」や「意味」はどのように定義することができるのか。また逆に、人類が言語や記号を獲得したことは、なぜ高度の知的活動を可能としたのか。これらの問いにも改めて答える必要がある。

つまり、ディープラーニングの発達とそれを前提として今後の人工知能の開発課題を考えることは、「世界について知るとは何か」「人間（の知性）とは何か」、そして「世界があるとは何か」という、根源的な問いを惹起せざるを得ないのである。

こうした問いに答えようとするのが第2部である。

後に紹介するように、たとえば**量子力学**の発展も人類の世界に対する見方を変えつつあり、我々の考え方ではそれは人工知能のもたらす影響と軌を一にしている。量子力学自体は20世紀の初めに成立したものなので、ディープラーニング技術にはるかに先行している。そういう意味では、人工知能やディープラーニング技術だけが人類の世界の見方を変えようとしている、というのは誇張であろう。他方、人工知能は一つの研究領域であるにとどまらず、社会のさまざまな場面で実装され、人々がそれに触れ、話題にするようになっている。したがって、量子力学など他領域の発展と関係・連動しつつも、人工知能こそが「人間が世界を理解する仕方」を変化させるポイント、いわば決定打になりつつあるのだ、と我々は考える。

ここで、議論の出発点として人工知能の発達などが人類に及ぼす影響について広く論じ、世界的なベストセラーになった**ユヴァル・ノア・ハラリ**の著書『ホモ・デウス』［ハラリ、2018］に触れるのが読者に分かりやすいだろう。なぜならば、これからの議論は、ハラリの議論を修正しつつ、人工知能の開発を巡って現在起こりつつあることの核心に迫る取り組みでもあるからである。

［1］ 1997年に、IBMが開発したスーパー・コンピュータ「ディープ・ブルー」がチェス世界チャンピョンのカスパロフに勝利した直後にニューヨークタイムズ紙にコメントした宇宙物理学者のパイエット・ハットは、「コンピュータが囲碁で人類に勝つには百年はかかる」と述べたとされる［Sautoy, 2019］。

ハラリが同書で言っているのは次のようなことである。
①人間は他の有機体と同様にアルゴリズムである。
②人工知能の発達で、意識をもたないが知的により優れたアルゴリズムが登場しつつある。
③ある個人から見たときに、自分自身よりもそうしたアルゴリズムの方が自分のことをよりよく理解しているという事態も起こりつつある。
④人類はいま2種類のテクノ宗教、すなわち、自己の身体や脳を技術的に改良してしまおうというアプローチ（ホモ・デウス）と、すべてをデータに基づくアルゴリズムの判断にゆだねるデータ至上主義（データイズム）に向かいつつある（本の表題とは別に、同書で主として論じられているのは後者のデータ至上主義とその脅威である）。
⑤データ至上主義の結果、近代以降前提とされてきたヒューマニズム、すなわち人間こそが世界に意味を付与できる存在であるという考え方、を突き崩すこととなる。
ハラリが言うような見方、つまり人間を含めた生命体をデータとその処理という観点から見るという点は我々も共有しており、第2部の中核的な主張である「強い同型論」にもそのことは反映されている。同時に我々は、いま人類がそのような見方に立ち至る原因には、上記に述べたとおりディープラーニングを契機とした人工知能の急速な発展と、その結果明らかになった課題がある、と考えている。ところが、ハラリが「アルゴリズム」と言うとき、第1章1・2節で整理したような「昔ながら

のAIとディープラーニングの違い」はほとんど意識されていない（そもそもディープラーニングという言葉は見当たらない）。そのことが、いま急速に発達しつつある人工知能が「人間が世界を理解するときの仕方」に与える真のインパクトや、データ至上主義のような事象を語るときの「問いの立て方」についてのハラリの議論を十分実りのあるものとせず、混乱させていると考える。

では、ハラリの議論を修正・発展させるにはどうしたら良いのか。我々には立ち戻るべき地点がある。それは、ハラリその人が『ホモ・デウス』を書く前に立っていた地点であり、そこで述べられている認知構造とその変化の重要性である。

6.2 ホモ・サピエンスと認知構造の進化

『ホモ・デウス』の前著である『サピエンス全史』において、ハラリは、現生人類（ホモ・サピエンス）を他の動物と明確に分けるのは、その認知能力の進化にあるとした［ハラリ、2016］。現生人類が地球上に登場したのは、今から約15万年前の西アフリカだが、その後約8万年の間はホモ・サピエンスには目立った成果はなく、別の人類であるネアンデルタール人と遭遇したときにもホモ・サピエンスは戦いに負けがちであったという。それが約7万年から3万年前の間にハラリが**認知革命**（cognitive revolution）と呼ぶ段階を経てから急変する。その間にホモ・サピエンスは、船、弓矢、縫い針などを発明し、西アフリカを出て中東から欧州、アジア、さらには豪州などに至り、そのたびに先住していたネアンデルタール人など他の人類を駆逐し、生態系を大きく変え（「破壊」し）ていった。

その背景にあるのが、ホモ・サピエンスの認知能力、すなわち、学習し、記憶し、コミュニケーションをする能力が飛躍的に進化したことなのだ、とハラリは述べる。おそらくは偶然の遺伝子変異の結果、脳回路に変化が発生し、それがそれまでにはなかったまったく新しいタイプの「言語」というコミュニケーション手段をホモ・サピエンスにもたらすことになった。こうしてホモ・サピエンスは、自分たちをとりまく環境について多くの情報を伝達することが可能となり、人間どうしが協力して複雑な行動を計画・実行できるようになった。その結果、個体としての生物学的な能力ではホモ・サピエンスをはるかに上回るライオンのような動物を狩ることもできるようになった。また、人間どうしの関係についてより多くの情報を伝達できるようになり、団結の強いグループを形成できるようになった。さらに、これがもっとも決定的であるというのだが、実在しない概念、たとえば民族精神とか国民とか法人とか人権といった概念に関してコミュニケーションが可能になることによって、小グループを超えた多様な、つまり直接は出会うことのない人間どうしの協力関係の構築が可能となった。そして、概念のあり方や認知の構造・様式を入れ替えることによって、さまざまな社会を構築し進化することができるようになったのである（ここでハラリが言っている認知革命によって人類が得たものは、第1部でいう「記号のシステム」そのものである）。

　これらの結果、ホモ・サピエンスの歴史は、その生物学的特徴（それは15万年前からほとんど変わらない）によって規定されるのではなく、どのような認知構造を選択するかによって規定されてきたのだとする。認知構造とはつまり、人間が世界がどのように「ある」と考え、どのようにそれを人間は

「知る」ことができると考えるか、という構造のことである。これらは人工知能が提起する問いと同じである。またハラリは、経済的環境や技術革新があって認知構造が変わったのではなく、むしろ認知構造の変化こそが技術革新とその受容を通じた新たな社会の形成を可能にしたとも主張する。

この点について、ハラリは農業革命の例を紹介している。一般的には、まず食糧確保の安定という経済的な動機が先にあり、それが狩猟ではなく農耕という活動を選択させ、より大きな集団での生活と定住につながり、さらにストーン・ヘンジのような祭祀の場の創造につながったのだ、とされることが多い。しかしハラリは、真逆の説明もありうるのだという。

トルコ南東部にギョベクリ・テペと呼ばれる遺跡がある。その遺跡からは、定住を示すような痕跡はみつかっていないが、重さにして7t、高さにして5mに及ぶ巨石柱が発見されており、それらには動物などの彫刻がほどこされている。そして度重なる発掘調査の結果、この遺跡は狩猟採集段階の人々によって建設されたものであること、かつ、その規模からみて数千人の人々が長期にわたって協力してはじめて建設できたはずのものだということが確認された。他方、遺跡から約30㎞ほどのところからヒトツブコムギという小麦が栽培された痕跡が発見された。これらのことを考え合わせると、順序としては、まずギョベクリ・テペ遺跡を生み出したような社会的な概念が狩猟採集民族の間で共有されたのではないか、というのである。そのような認知構造の変化が先にあって、それが建設のための大きな集団の協力につながり、その活動を維持するために小麦の栽培が始まり、結果として定住と農耕活動に移行したのではないか、というのが、ハラリが提起している仮説である。

そしてハラリは、これまでホモ・サピエンスの認知構造を大きく転換させてきた出来事のうち最近のものとして「科学革命」をあげる。

6.3 第2部の構成

我々が第2部で明らかにしようとしているのは次のようなことである。まず、ディープラーニング技術によって人工知能の開発が大きく前進したことで、これまでの人類の認知構造――すなわち科学革命によって規定されてきた認知構造――が変化しつつあるのではないか、ということである。それと同時に、変化した認知構造が再帰的に人工知能の今後の開発や共存を方向付ける基礎になるのではないか、ということでもある。

これを示すことには、しかし、困難が伴う。認知構造とその変化が重大な役割を果たしているにしても、それを共有している人間が、自らの認知構造の特徴に気づくことは難しいからである。ハラリは三つの理由をあげる。第一に、認知構造は我々の精神に宿るものだが、その内容はそれを保有する人々が暮らす物理的な環境にすでに反映されており、それを見慣れている人間にとっては、あたかも客観的な存在に見えるからである。第二に、認知構造は我々の欲望・志向を規定してしまうので、それ以外のことを追求する自分を想像することが難しいからである。第三に、認知構造は特定個人の主観によるものでも、逆に客観的なものでもない、「共同主観的」なものであって、人々のコミュニケーションを成り立たせるネットワークに埋め込まれている。このために、そのこと自体を相対化して認識し、人に伝えることが困難だからである。さらに、今後の認知構造の更新を問う本書の取り組みは、先述のハラリが提起した困難に加えて、「今はない未来の考え方を表現して伝える」という困難をも伴う。

そこで我々は「今はない過去」の考え方、つまり、科学革命以前の西洋中世の思想・考え方や、東洋の思想、さらに近代では主流とならなかった「異端」の思想を幅広く参照することとしたい。それによって、過去の認知構造の変化はどのようなものであったかを読者に実感いただくとともに、それが未来の考え方（新たな認知構造）をスケッチすることの手掛かりともなるのではないかと考えるからである。

第2部では、認知構造を巡る問題を、次の三つの側面に分けて議論していく。

①第一は、人間が世界について知るとき、その果てに何があるのか（あるいは果てはないのか）、ということについての考え方である。
②第二は、人間はなぜ世界について知ることができるのか、その根拠についての考え方である。
③第三は、人間が世界について「知る」「知った」というときに、どの程度知ったといえるのか、についての考え方である。

結論的に言えば、第一の問題についての認知構造の変化が、第二、第三の問題についての認知構造の変化につながるような関係にあり、それらを結び付けているのが人工知能の発展だということであ

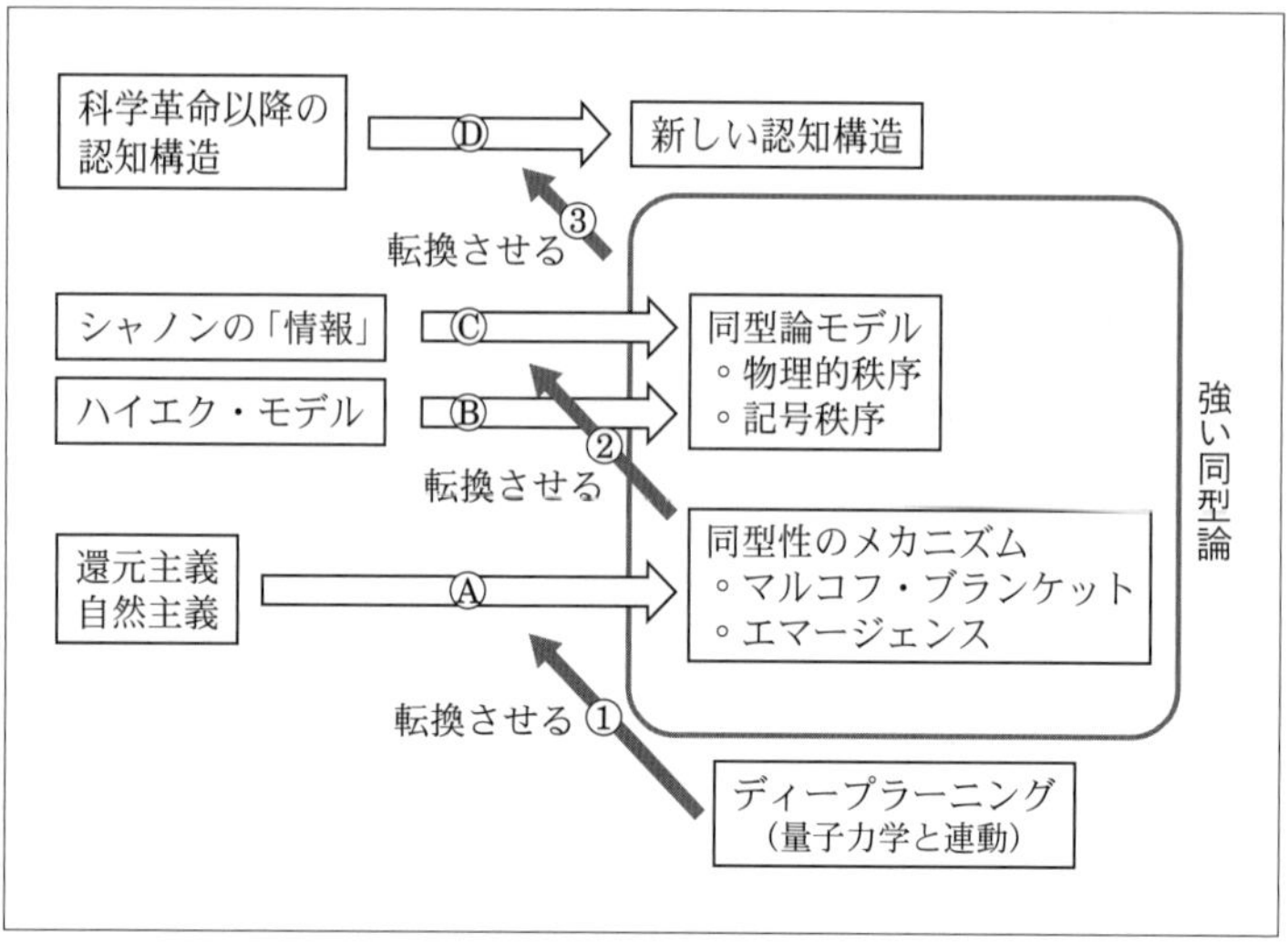

図 6.1　第２部の構成

る。

図6・1に第2部の全体構成を図示するので、それを参照していただきたい。

第一の問題について科学革命以降有力となった考え方は、世界のあらゆる事象は、自然界を構成する基礎的な素粒子の振る舞いに関する法則で説明できるという、還元主義と自然主義である。図6・1の矢印①は、ディープラーニング（の発達）が、量子力学の発展と相まって、この還元主義と自然主義を転換させるということを示している。還元主義と自然主義に置き換わるものとして我々が考えるのが、「同型性のメカニズム」であり、それを構成するのは、後述するようにマルコフ・ブランケットとエマージェンスの二つである。それを示すのが、図6・1の矢印Ⓐである。

第二の問題についてのこれまでの考え方の集大成として我々がとり上げるのが、経済学者のF・A・ハイエクが『感覚秩序』のなかで示したモデルである。それを図6・1ではハイエク・モデルと表記している。「同型性のメカニズム」を前提に考えると、このハイエク・モデルは転換を迫られる（図6・1矢印②）。そしてハイエク・モデルを置き換えるものとして我々が提示するのが、「同型論モデル」である（図6・1矢印Ⓑ）。

第三の問題についてのこれまでの考え方として我々が出発点に置くのは、情報理論の父であるクロード・シャノンが示した情報に関する定義である。「同型論モデル」はこのシャノンによる「情報とは何か」という考え方に変更を加えるものだと我々は考える（図6・1矢印Ⓒ）。その結果、同型論モデルは物理的な世界と記号で表現されたものの双方をカバーすることとなる。図6・1において同型論モデルが物理的秩序と記号秩序に関わることとなっているのは、それゆえである。

先述の「同型性のメカニズム」と「同型論モデル」をあわせたものを、我々は「強い同型論」と呼ぶ。そして、この「強い同型論」を前提として考えると、いよいよ科学革命以降現在に至る人類の認知構造がどう変わろうとしているか、を議論することができる。それを示しているのが、図6・1の矢印③であり、矢印Ⓓである。

第7章以下は、以上のような見取り図に沿って展開される。

第7章では、還元主義・自然主義とそれへの疑念、ハイエク・モデル、シャノンらによる情報に関する考え方を紹介する。

第8章では、強い同型論のうちまずマルコフ・ブランケットとエマージェンスからなる「同型性のメカニズム」について議論する。

第9章では、強い同型論のいわば適用可能性を試す。まず、同型性のメカニズムを前提に情報を巡る考え方を捉え直す。すると、ハイエク・モデルやシャノンの考え方を修正すべきだという結論になる。そこで登場するのが同型論モデルである。そのうえで、同型論モデルを含めた「強い同型論」全体によって人間の知能を改めて捉え直すとどうなるのか、人工知能開発の今後の課題を見るとどうなるのか、さらに「強い同型論」の射程はどこまで広げることが可能なのか、という点が議論されることとなる。これらを通じて、先述の認知構造を巡る三つの問題に対する「強い同型論」からの回答が示されることとなる。

最後に第10章では、「強い同型論」の結果もたらされると考えられる新たな認知構造の全体像を示す。その際過去の思想・考え方を手掛かりにすることは、すでに述べたとおりである。

第7章 認知構造はどう変わろうとしているのか

7.1 知の極限に何をおくのか——科学革命と還元主義

現代の我々の認知構造を規定したのは、ハラリによれば科学革命であることは第6章6・2節ですでに述べた。ごく単純に言えば、科学革命がもたらしたものとは、人類がまずいったん自らの無知を認め（アリストテレス以来の知的伝統をいったんキャンセルし）、その上で感覚を通じて得られた経験的な観察結果と、それらを統合するために必要な数学というツールを用いて知識を獲得し、その知識が実用的な技術の開発につながり、それが富と権力を支える、というメカニズムである。その過程を通じて人類は科学革命以前とはまったく異なるレベルで地球上でのプレゼンスを拡大し、人類の知的優位は揺るぎないものとなった。

科学革命の下では、人間が世界について知るとき、その果てに何があると考えてきたのか。有力となった考え方は、世界にはその基礎をなす素粒子があり、その振る舞いや法則を解明すればそこが知の極限である、というものである。

それを代表するのが、物理学における**標準モデル**と呼ばれる理論である。量子力学と素粒子理論（物質を構成する基礎的な存在としてのクォークなどの素粒子の振る舞いを探求する理論）をもとにリチャード・ファインマンらにより改良が重ねられ、1970年代に完成されたものである。その後繰り返し行われた実験からは、この標準モデルの予測が正しいことがその都度証明された。そのしんがりをなすのが2013年のヒッグス粒子の発見であり、ヒッグス博士のノーベル物理学賞の受賞につながった。我々が日常接する世界の現象を説明する限りにおいては、この標準モデルは完全であり、標準モデルが想定していない素粒子や力が今後発見されることはないとされる［Carroll, 2016］。

宇宙の基礎をなす素粒子などが解明され、それによって我々が当面する事象がすべて説明できるのであれば、それで我々人類は世界がどのように「ある」のかという点について、まさに知の極限に達しつつあるのではないか、と思われるかもしれない。しかし、残念ながらそうは言えないのである。

カルロ・ロベッリによれば、それは第一にこの理論が「不格好」だからである。この理論はいくつかの場やそれらの相互作用などを想定するが、それがなぜそうでなければならないのかという統一的な説明はない。したがって、いかにもパッチワーク的な産物であると、物理学者からは受け止められているらしいのだ［Rovelli, 2015］。また、標準モデルでは、宇宙の物質エネルギーの3割近い割合を占めるとされる暗黒物質などが説明できない。

さらにいえば、標準モデルの基礎になっている量子力学そのものが、その解釈を巡って論争が続いているように、我々人間にとって不可解とも思えるからである。量子力学によれば、電子は他の電子と干渉するときには空間の特定の場所に存在するが、それ以外の場合においてはどこにあるかは特定できず、単なる確率分布として数学的に記述できるに過ぎない。こうしたことを踏まえて、ファインマンは1965年に「量子力学を理解している者は誰もいない」と言ったし、量子力学の生みの親の一人であるニールス・ボーアは、「量子的な世界は実在しない。あるのは抽象的かつ物理学的な描写だけである。物理学の役割は、自然が何かを見いだすことではなく、自然をどのように描写することができるのかを問うことにある」と述べ、反実在論的な立場にあったとされる［Carroll, 2016］。このように量子力学もまたこれまでの我々の認知構造に変更を迫るものであり、その点については後に立ち戻ることとする。

他方、仮に標準モデルが正しいモデルであったとしても、それだけで現実のすべてを理解・解明したことにはならないのではないか。そう主張したのは物理学者のフィリップ・アンダーソンである。

アンダーソンは1972年に『サイエンス誌』に発表した有名な論文“More is different”（「量が多いことは質の違いを生む」という意味）で次のように議論している［Anderson, 1972］。我々の精神や身体の働きも、生命体も非生命体も、同じ基礎的な法則にしたがっており、極端な条件下における場合を除き、その法則について我々物理学者は相当程度理解していると言える。その意味において、圧倒的に多くの科学者の間では**還元主義**仮説（すべての事象は最終的に単一の基礎的法則によって説明可能であるという考え方）は疑問の余地なく受け入れられている、とする。その上で、もしすべてのものが同じ基礎的な法則にしたがうのならば、本当に本質的なことを研究しているのはこうした基礎的な法則を研究している者に限られ、あとはこの基礎的な法則の技術的な応用可能性を研究しているに過ぎないとなりそうなのだが、そうした立場を、アンダーソンは否定した。それは、還元主義仮説が正しいとしても、それを逆転させて、その基礎的な法則から宇宙のさまざまな事象を再現することはできないからである。より大規模かつ複雑な素粒子の集合体の振る舞いを研究するには、基礎的な法則の単なる延長では不可能であり、複雑性のそれぞれの段階に応じて、まったく新たな特性が出現し、それを理解するには基礎的法則の研究にも劣らない本質的な研究が必要なのだ、とアンダーソンは述べる。その上でアンダーソンは、科学は、素粒子物理学から多体物理、分子生物学を経て社会科学に至る階層的な秩序をなしているものと考えるべきではないか、と提案する。

カリフォルニア工科大学教授で理論物理学者のショーン・キャロルは、“Poetic Naturalism”の立場をとる。直訳すれば「詩的自然主義」だが、我々は「ストーリーのある**自然主義**」と訳す。この表現についてキャロルが、詩人ミュリエル・ルーカイザーの「世界は原子からできているのではない、ストーリーからできているのである」という言葉から着想した、と述べているからである［Carroll, 2016］。

通常の自然主義の立場は、不変の自然法則にしたがって展開する唯一の自然的な（つまり非精神的な）世界のみが存在し、それを明らかにできるのは唯一それを客観的に観察することだけである、というものである。これに対してストーリーのある自然主義は、世界について語る語り口は沢山あり、その語り口どうしは整合的でなくてはならないが、そのときどきの目的次第で最善の語り口が決定される、という立場に立つ。

キャロルは、ストーリーのある自然主義は、強い還元主義の立場と強い「立ち現れ」主義の中間に位置するとする。

ここで「**立ち現れ**」という表現について少し述べておくこととしたい。本書で参照している多くの書物において「**エマージェンス：emergence**」という言葉が使われているとともに、第2部のキーワードの一つとなるからである。エマージェンスは、日本語訳としては「創発」という言葉が当てられていることが多いようだ。これは、相対的にミクロの一見ランダムに見える活動の上にマクロ的な現象や秩序が出現するという意味である。出現したマクロ的な秩序はその基底をなすミクロの活動に関する情報だけでは完全に予想・記述できないものであるとされる。たとえば、我々人間は素粒子から形成されているが、私の性格や行動を記述するためには、単に素粒子の振る舞いに関する原理の解明だけでは不十分である、ということである。そうしたミクロの現象とは区別され、ミクロの現象からは決定論的に予測されることがないという意味において、本書ではエマージェンスを意味するものとして「立ち現れ」という表現を用いることとしたい。

強い還元主義とは、アンダーソンが否定した立場と同じである。つまり、もっともミクロレベルの理論に本質的な意味があり、それさえ解明されれば、つまりはラプラスの悪魔のように、ある瞬間の宇宙内のすべての素粒子の配置が理解され次の瞬間の素粒子の配置が予測可能となるのであれば、よりマクロレベルの振る舞いは雲散霧消し、それ自体を解明する意味は失われる、という立場である。もっともミクロなレベルの理論の解明を知の極限におくという立場である、ということになる。

逆に、強い「立ち現れ」の立場は、マクロ的な秩序自体がミクロの構造を支配することになるので、マクロ的秩序を理解することが、それを構成するミクロの構造理解に不可欠である、という立場である。そういう意味では、この立場は、マクロ現象の解明に知の極限をおいているといえるかもしれない。

「ストーリーのある自然主義」はその中間の立場である。キャロルは、アンダーソン同様、唯一の自然主義的な説明はありそうだ、つまり正しい標準モデルはありそうだとした上で、それとは別に、世界全体のうちの異なる側面を語るにはそれぞれ別の有効な語彙や語り口があるのだとする。さらに進んでキャロルは、知全体の体系は、デカルトが考えたような人間の知に唯一の存在論的な根拠があるのではなく、いくつかの領域ごとにそれを説明するのに適切な語彙や語り口があり、それぞれの領域の理論は独立であるが、それらが重なった場合にはその整合性が求められるような関係にあるとする。

我々はこのような考え方、つまり、自然主義が相対化され、ストーリーやマクロ的な立ち現れが同様に強調される事態と、ディープラーニングを契機とする人工知能への挑戦は考え方において平行しており、それを強化するものだと考える。なぜならば、ディープラーニングは、ミクロのレベルの振る舞いとは切り離されたマクロのレベルにおいて何が重要かを見抜くこと――特徴量を取り出すこと――に、人間が使う記号を介さずに対象とインタラクトすることで成功し、それが知能の重要な要素をなすことを示したからである。

7.2 「モア」とは何か

アンダーソンは“More is different”（「量が多いことは質の違いを生む」）と述べた。では、「モア・イズ・ディファレント」の「モア」とは何か。実は、このことへの答えが、「人間の世界についての理解」に関する残り二つの問い、つまり、人間はなぜ世界について知ることができるのか、というその根拠についての考え方と、人間が世界について「知る」「知った」というときに、どの程度知ったと言えるのか、についての考え方に関係するのである。

マサチューセッツ工科大学のセザー・ヒダルゴの著書『情報と秩序』は、宇宙の歴史から人類の歴史さらにはなぜある国が他の国よりも豊かであるかという経済成長理論に至るまでを、一つの原理の下で説明しようという野心的な試みである［Hidalgo, 2015］。より具体的には、宇宙の歴史から人類の歴史に至るまでを、情報あるいは情報処理という視点からみたときに何が言えるのか、原子の振る舞いから、非生命体、生命体、人間を統一的な視野に納めたときに何が原理的に言えるのか、ということにヒダルゴはチャレンジしている。我々は、そこにアンダーソンの「モア」に対する一つの答えがあり、人工知能が認知構造を規定するという事態についての示唆があると考える。

ヒダルゴの議論の出発点となるのは、熱力学などの研究者として知られるルードヴィッヒ・ボルツマンの苦悩である。ボルツマンは「エントロピー増大則」によって知られている。彼が主張したエントロピー増大則によれば、宇宙のミクロ的な構造は秩序を縮小・消滅させる方向に働き、秩序はあったとしても短命なものとなる。熱は必ずより高温の状態から低温の状態へのみ遷移し、コーヒーに入れたクリームの渦は放置しておけばいずれコーヒーと一体不可分になってしまう、といった現象がそのことを指し示していた。宇宙全体から見れば、ビッグバンから始まった宇宙が時間の経過とともに冷たい光も何もない状態、小説家のウィリアム・ギブソンなら「平坦な戦場」とでもいう状態に向かうのだと考えられた。

しかし、ボルツマンのまわりでは、それとは真逆のことが起きていた。つまり、春になれば花は咲き、木々は芽生えたし、また、ボルツマンの生きた時代をみれば、産業革命が進み、工業化が進むなど、秩序が縮小するどころか、増大しているようにしか見えなかった。にもかかわらず、彼にはそれを理論的に説明することができなかったことが、彼を苦悩させたのである。

つまりボルツマンは、植物であれ産業であれ、世界を構成する事物が持つ情報量は、エントロピー増大則に反して、貧しくなるのではなく豊かになっていく傾向を見いだしたということである（ヒダルゴの著書名も、直訳すれば「情報は豊かになる」である）。しかし、ここで情報という用語の持つ意味、特に「情報が豊かだ」とか「情報量が多い」というときにそれは何を意味しているか、を明らかにしておくことが必要になる。

「情報量が多い」という言葉の一つの定義は、情報理論の父である**クロード・シャノン**によって与えられた［Shannon, 1948］。シャノンは、まず、「情報」と「意味」という用語を取り違えることを強く戒めている。シャノンの目的は、メッセージをその意味に関係なく伝達する手法の開発であり、電磁波として伝えられるものそのものを情報と呼んだ。そしてシャノンは、メッセージをその意味とは無関係に伝達するのに必要な最小限の記号数を数量化するフォーミュラを示した。それさえできれば、その情報を体化する媒体には関係なく、表現・伝達することが可能となる。このとき、同一のメッセージを伝達するのに必要となる記号数が多ければ多いほど「情報量が多い」というのが一つの定義となる。つまり必要なビット数が多いほど情報量が多いのだという定義である。

ヒダルゴは、この定義とは異なる情報量についての考え方を提案する。ヒダルゴは厳密な定義を与えていないが、考え方はキャロルと共通する。それは、複雑性が高い状態を情報量が豊かだと考えるということである。これがアンダーソンの主張、すなわち、ミクロの基礎的な法則から宇宙のさまざまな事象を再現することはできず、複雑性のそれぞれの段階に応じて、まったく新たな特性が出現するのだという主張と共通するものであることは理解できるであろう。では複雑性が高い状態とはどういう状態か。それは、あるシステムのなかに存在する事柄、物体の（うちのいくつかの）間に共通するパターンの種類が多いこと、何らかの視点から見たときにそれらの状態が等価だとみなされるような状態の数が多いことを指す。日常生活に照らして例を挙げれば、それはたとえば音楽のジャンルが多いということに他ならない。音楽のジャンルとは、楽曲の一部の間で共通に現れる特徴だといえよう。その共通する特徴の数が多ければ多いほど、つまり「クラシック」と「ジャズ」だけではなく「ロック」も「フォーク」も「演歌」も「ファド」もあるということ、それが複雑性の高い状態である。物理学で見れば、水素とヘリウムだけでなく、リチウムも酸素もマンガンも銀もアルミニウムもあるのが、複雑性が高い状態である。

こうした複雑性の高い状態、すなわちヒダルゴの意味で情報が豊かな状態とは、エントロピーがきわめて低い状態ときわめて高い状態の中間に現れるのだと、ヒダルゴもキャロルも言う。キャロルはこの現象をコーヒーとクリームの事例を使って説明する［Carroll, 2016］。コーヒーに白一色のクリームを混ぜる行為を考える。混ぜる前のコーヒーはコーヒーだけだから単に黒一色である。そこにクリームを入れる。そうするとクリームとコーヒーの境目ではさまざまな黒と白の入り交じった模様が展開し変化し続ける。しかしそのまま続けるとやがてクリームとコーヒーは入り交じり、コップ全体としては茶色の状態になる。この変化を初期、中間期、終期と表現することにしよう。コーヒーにクリームを入れる前の状態（コーヒーとクリームが分かれた状態）が初期である。これにクリームを加えた当初の状態＝中間期は、コーヒーとクリームの境界をあるパターンの組み合わせ（フラクタル）によって記述することが可能であり、複数の箇所の混ざり方に共通性を見いだすことができる（つまり情報量が多い）。コーヒーとクリームが完全に混ざり合った終期に至ると、コーヒーとクリームについて記述しようとすると粒子レベルなミクロの運動状態を記述するしかなくなる。これらのことから、情報が豊かな状態とは、完全に一つの秩序に覆われた状態と完全に無秩序な状態の中間に現れるのだ、ということになる。

これは宇宙の進化とも対応している。宇宙初期、つまりビッグバン直後の状態は水素やヘリウムなどしか存在しない、単純な世界である。その後中間期に至り、宇宙は拡張しエントロピーの増大と同時にさまざまな原子が誕生し複雑性は増すが、やがて宇宙終期になると、冷たい、エントロピーは最大化するが複雑性はない世界、つまり宇宙のさまざまな箇所ごとに状態は異なるが、それらは完全にランダムであるのでミクロ的にしか記述できず、マクロ的な視点からは共通性を表現し得ない世界が来る。

我々が生きているのは言うまでもなく宇宙中間期である。宇宙中間期においては、この複雑性を記述することが必要であり、それにはミクロの記述だけではなく、相対的にはきめの粗い、かつ局所的ではなく大域的に見ることが必要であること、は理解されるであろう。そして、ディープラーニングを通じて人工知能が実現していること、つまり膨大なミクロデータをもとにできる限り多くの特徴量を見いだすこと、がこれと密接に関係していそうなことも理解できるであろう。

なお、カルロ・ロベッリは、エントロピー増大則（があり、時間が存在するように感じるの）は、我々のように地球という宇宙のなかでは局所的なサブシステムに存在するものが宇宙と関わるときの特定の関わり方に起因しているのであって、宇宙一般の原理として語るのはおかしいと主張している［Rovelli 2018］。この立場に立てば、単に「宇宙中間期」と表現するのは誤りであり、「我々から見た場合の宇宙の中間期」というべきなのだろうか。

ヒダルゴは（そしてキャロルも）情報量が多いという場合の定義を厳密には与えていない。しかし、おそらくロシアの数学者アンドレイ・コルモゴロフによるコルモゴロフ複雑性の考え方がこれに近いのではないかと我々は考える。コルモゴロフ複雑性とは、有限長のデータの複雑性を表す指標であり、出力結果がそのデータに一致するプログラムの長さの最小値として定義される。対象となるデータがたとえば０、１の2文字からなる文字列であれば、その文字列そのものはシャノンの情報量の定義と同じである。コルモゴロフ複雑性は、仮にその文字列を他の記述言語で記述することで圧縮できる場合があるときに、それを考慮するという考え方である。たとえば、１の後に１００個のゼロがつく文字列を「10の１００乗」と記述するような場合である。この場合のように、原文字列からは圧縮が可能だが、しかし圧縮後の記述が多様な素性を含んでいる場合が、コルモゴロフの意味で複雑性が高いといえるだろう。つまり、長い文字列を上記の例のように「10の１００乗」と端的に表現できる場合が一方の極にあり、原文字列をまったく圧縮できない場合が他方の極にあったとした場合に、その中間にあるのが、複雑性が高くヒダルゴの意味で情報量が多い場合である。[2]
以上の話は、ディープラーニングで使われているオートエンコーダー（自己符号化器）の機能とそっくりである［松尾、2015］。オートエンコーダーでは、たとえば「手書きの3」を入力し、それが「3」という結果を出力するかということを繰り返し学習させる。入力と出力が同じように見えるのにこうした学習が意味を持つのはなぜか。それは、この学習を通じて、「3であること」にとって、どのような情報を省略しても結果（出力）に影響しないのか、逆にどこの情報を省略してしまうと大きく異なる結果（出力）が出てしまうのか、という圧縮ポイントをコンピュータが学ぶことができるからであるとされる。内容的に少数次元で表現できるということと、形式的に記述の長さを最短化することは、厳密には異なるかもしれないが、大まかに言えば、コルモゴロフ複雑性と同じような理屈である。その上で、きわめて多様で非線形な現実世界をコンピュータが学習するには、キャパシティの大きな、表現力の高いモデルが必要なのだという。このキャパシティの大きさと表現力の高さこそ、ヒダルゴの意味での情報量の多さと同義のはずである。
これをより一般化すれば、複雑性が生まれるメカニズムは、ディープラーニングが実現しつつあることと同じだということである。「教師なし学習」では、データが大量に与えられた場合に、それらの間で特徴量（素性）間の関係や、サンプル間の類似性を見いだすという作業を行う。これらは「次元削減」とか「クラスタリング」と呼ばれる。このときに行われていることは、データそのものをシャノン的に記述することに比べれば、次元は「圧縮」されるが、同時にさまざまな特徴量が「立ち現れ」るということである。複雑性の高い状態だ、ということになる。

ここで分かることは何か。暫定的にいえば、人間が世界について知ることができるのは、世界の側に共通するパターンがあるからであり、そのパターンの多さこそ、情報の「量」を測る尺度だ、ということである。そしてディープラーニングが実現していることこそ、そうしたパターンを見いだすメカニズムだということになる。

7.3 「知る」ことはどうして可能だと考えられてきたのか

代表的な自由主義経済学者でオーストリア学派であるF・A・ハイエクに『感覚秩序』という著書がある［Hayek, 1952］。1952年に書かれた著書であり、また、本人がその分野の専門家ではないなかであえて世に問うた書であるにもかかわらず、人工知能を巡る議論が沸騰している今日、その意味するところを整理する拠りどころの一つとして、刮目すべき内容を含んでいるように思う。それは、人間が世界について「知る」とは、すなわち世界から受け取る刺激をもとにある共通するパターンを見いだすことなのであり、それを実現しているのがニューラルネットワークの働き（ハイエクは神経秩

［2］ コルモゴロフ自身は、素性の組み合わせには還元できない残余である文字通りの独創性を「複雑性」と呼んでいたとも考えられる。「情報」や「意味」という概念についての考え方は、後に改めて整理することとしたい。

序と呼ぶ）なのだ、と主張しているからである。以下では、これからの議論の基礎として、ハイエクの議論の流れを追ってみたい。

まず、ハイエクは我々が物事を分類区別する秩序には二種類あるとする。一つは色や音、匂い、触覚などの感覚的経験に基づいて分類する秩序である。もう一つは、そうした直接の感覚的経験を持ち得ない物事、たとえば電磁波のようなものを含めて、我々から見て外部の事象相互の関係のみから分類する秩序である。ハイエクは前者を「現象的秩序」、後者を「物理的秩序」と呼ぶ。厳密には感覚に基づいて現象が認知されるのだが、「現象的秩序」と「感覚秩序」とは同じものを指すこととして取り扱われる。また、物理的秩序を構成する要素と現象的秩序を構成する要素はお互いに一対一には対応しておらず、物理的秩序においては同一の分類とされるものでも、現象的秩序においては別のものとして区別され、その逆も起こるとする。

物理的秩序と現象的秩序の間にあるのが、神経系統の秩序（神経秩序）である。そしてこの神経秩序が外界から受けた刺激をもとに形成されるのが現象的秩序である。

ハイエクの議論は、まず、人間が外界の事象から何らかの感覚的刺激を受けるところからスタートする。そのたびに、それらは分類（いまならタグ付けと言った方が良いのだろうか）される。しかし、それは個々の刺激一つひとつが何かの現象に分類されるというのではなく、同じ刺激が複数の分類に属することもあるし、複数の刺激が統合されて何かに分類され、その分類されたものがインプットとして使われてまた別の分類を生むという、複合的・階層的な関係になるとする。また、ここで注意を要するのは、分類するという行為が分類そのものとなり、その二つを区別することはできないということである。つまり、たとえば黄色に分類するということと黄色という分類の成立は同じだからである。その結果、次第に外界からの刺激の総体に対応する神経系統の分類ネットワーク（ハイエクはリンケージと呼ぶ）が形成される。さらには、こうした外界の刺激を上記のメカニズムで受け止めた人間が行動を起こすことで、それがさらに次の外界からの刺激の受容と分類につながるという、一連のフィードバック構造にあるのだ、とハイエクは言う。

ハイエクの言う分類を特徴量、再帰的かつ複合的な分類をディープラーニングと呼ばずして何と呼ぼうか。

そしてこうした分類の繰り返しによってある程度外部の物理的秩序に近似したリンケージが形成されると、その後の追加的な変化は、その刺激の後に来るものに備えるという意味で、予測機能（ある事象が起こる確率を新たに入手したデータをもとに修正するベイズ推定と類似の機能）を果たすようになるとする。こうして、完全ではないにしても外部の秩序を反映した秩序が内部に形成され、それは自己保存に資するのだという。

また、ハイエクは外部の物理的秩序に漸近していくことで、固定的なものあるいは完成されたものに至ると受け止められる表現を徹底的に避け、リンケージは決してモデルや写像と呼ぶべきではなく、何らかの事態を描写するのに適した暫定的な部品のセットのようなものだということを強調する。

では意識についてハイエクはどう考えるのか。まずハイエクは、意識とは何かという議論は迷路に入り込むので、意識の果たす役割を議論することを選択する。そして、上記の現象的秩序に関する説明は意識的か無意識的かを問わずすべての精神活動を説明するものだとした上で、意識の果たしている機能について次のように述べる。意識的活動は精神活動全体の一部に過ぎないが、「もっとも高次で包括的な」中枢的役割を果たしている。意識的活動は記号や言語によって記述し、伝達することができ、また、意識的活動を構成する個々の要素をお互いに一種の時空間のようなかたちで関係づけることができる。本書で認知構造と呼んでいるものは、それ自体は意識されないことが多いが、後に紹介する中心遠近法のように、結果としてハイエクの言う意識的活動の時空間構造を規定するような役割を果たしているのだと考えることができるだろう。

これらを前提に、ハイエクは彼のあげる三つの秩序（物理的秩序、神経秩序、現象的秩序）の関係を次のように整理する。まず神経秩序と現象的秩序の二つは、上記のような外界からの刺激の受容、神経系統の新結合、分類が繰り返される結果、同型（isomorphous）になるとする。[3]その際、ハイエクは「同型」とは、トポロジー的に同等のものであるという意味であって、たとえば、神経系統の空間的配列と現象的秩序に現れる空間的配列とは無関係であるとする。他方、物理的秩序と神経秩序との関係についてハイエクは次のような主張をする。まず、神経秩序は物理的秩序の一部である、とする。また、物理的秩序と神経秩序（それと同型の現象的秩序）で働く力は同じであるとも述べる。他方、物理的秩序と神経秩序は同型ではない、とする。その理由は、神経秩序は世界の局所的位置から周辺の外部環境を把握・予測するためのものであって、そこに映し出されるものはあくまでも物理的秩序全体のうちの部分に過ぎないからだ、とする。そして物理的秩序と現象的秩序との関係は、上記と同様の理由から同型にはなりえないが、相似（similar）になるという微妙な表現を用いる。

ハイエクが採用している理論は、現象的秩序に作用している力は物理的秩序で作用している力と同

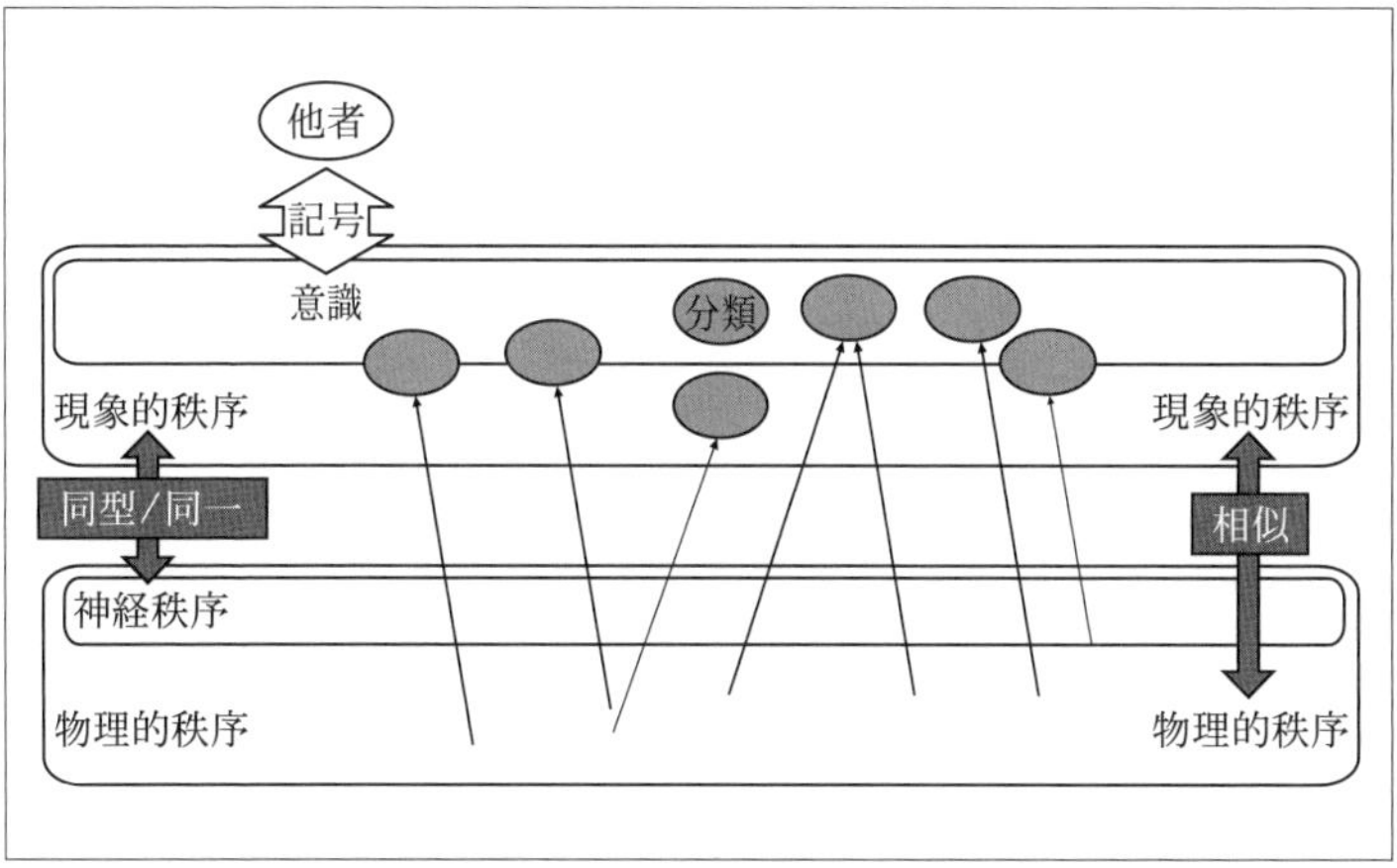

図 7.1 ハイエクが『感覚秩序』で示した枠組み

じであるという意味においては、一元論である。しかし、どこまで行っても物理的秩序の完全な写像を現象的秩序の側に形成することはできないという意味において、実践的には二元論の立場に立つ。[4]
また、何事かを知覚し経験するには、それらを受け止める分類軸が先行する必要がある、というのがハイエクの主張である（したがって、完全に個別化されており何の規則性もない事態は、タグ付け・分類ができず、人間はそれを認識することができない）。先天的か後天的かは別として、何らかの分類軸がない限り、タグ付け・分類ができないからである。これは、分類軸がない裸の感覚経験がそのまま知識を形成するという強い経験論的な立場を否定するものであり、カントと同様に先験主義の立場に立つこととなる。
ここでハイエクの議論を図式化しておく（図7・1）。

[3] ハイエクはこれら二つの秩序は同一（identical）になるとも述べている。
[4] ハイエクは、外界の個体が有する客観的な特質（property）そのものがあるとしたうえで、人間が現象的秩序を通じて見いだす共通パターンはそれとは別物なのだとも主張する。

7.4 「ある」と「知る」との関係——実在論と唯名論

『感覚秩序』で示されたハイエクの考え方は、カントの先験主義的な考え方、つまり、人間が何かを知り、認識できるのはあくまで共通の認識様式が人間の側にあるからであって、外部に存在する「物自体」——ハイエクであれば物理的秩序そのもの、あるいはその中にある個体とその特質——は認識できないのだ、という考え方と共通している。

この考え方を遡れば、中世に起こった**実在論**から**唯名論**への転換がある。我々は、ディープラーニングが指し示していることは、ハイエクが『感覚秩序』で議論したとおりに、「知る」とは共通のパターンを見いだすことだと考えている。と同時に、人工知能の発展は、ハイエクの考え方の源流にあった実在論から名目論への転換をある意味で再逆転させるものであり、そこに大きな認知構造の変化がある、とも考えている。そこで、以下では中世に何が起こったかを八木雄二の議論をもとに紹介しておくこととしたい［八木、2009、2015］。

まず、二つのことが重要である。一つは、中世における実在論から唯名論の転換は、キリスト教における、神の存在をどう証明するか、神の存在にどうコミットできるのか、を巡る論争（普遍論争）を基軸として起こったものである。次に、これらの論争はアリストテレス哲学の受容（イスラム世界を経由した伝播）を契機として発生したものであるということである。しかも、後者について言えば、

11世紀後半におけるアリストテレス哲学の受容が範疇論などの論理学を中心とする部分的な受容から始まったことが重要である。

唯名論とは、言葉は言葉の世界で独立しており、それが指し示すものだと日常的には了解されているもの、たとえば犬とかリンゴなど外界にあるもの、とは関わらないのだという立場である。この立場を12世紀前半に唱えたのが、エロイーズとの恋愛模様で有名なフランスの神学者、ピエール・アベラール（1079-1142）である。アリストテレス自身はキリスト教的な神の存在を前提としていたわけではないし、人間や個物という実体がまずあるという立場にあったわけだが、こうしたことが起こったのは、中世ヨーロッパにアリストテレスの論理学だけが伝わり、「唯名論的」に受け止められたためである。

しかし、このままだと神を巡る議論はいわば言葉遊びに過ぎなくなり、神の存在にコミットすることができなくなるので、キリスト教としては大問題である。そこで打ち出されたのが実在論である。つまり言葉の論理学的な展開の内で神の存在を含めたキリスト教の教えを証明し、コミットできるのだという主張である。つまり、神学とは、哲学に通じる言語・論理によって信仰を基礎づけようとする取り組みだということもできる。これを初期に代表したのが、カンタベリーのアンセルムス（1033-1109）である。

以降普遍論争は、実在論対唯名論という構図で論争が進み、最終的に唯名論の「勝利」で決着するという流れである。登場人物で言えば、アンセルムスからトマス・アクィナス、**ドゥンス・スコトゥス**を経て**ウィリアム・オッカム**に至るという道のりになる。

アンセルムスは、何かが実在するなら、より大きなものがあり、したがって最大・最善の存在すなわち神がある、という考え方をする。つまり「小があるなら大がある」といういわば単線的な考え方である。

次に、トマス・アクィナス（1225-1274）は、一ひねりする。つまり「小さいか大きいか」という単線的な比較ではなく、存在の有り様として質的な差異があり、人間の認識の側にも知性と感覚という質の違う認知能力があるのだと考える。神のように上位を占めるのは抽象存在であり普遍存在であって、知性のみが把握できる精神的に優れた存在である。そしてそのような存在こそが、もっとも実在的な存在なのだと主張する。そして、神のように上位のものは形相を純粋に保っているが、下位に下がってくるにしたがって質料性が増し、形相によって規定されていた世界が偶然的な乱れを起こすのだ、とする。また、抽象性が下がるにつれて実在性も減退し、質料が混じるとあやふやになり、人間の感覚（知性ではなく）がとらえることのできるのはこの種の存在である、とする。その上で、ややアクロバティックと言わざるを得ないのだが、感覚的なもの（質料）における本質と存在の関係は、普遍的なもの（形相）の本質と存在の関係に類似しているのだという（存在の類比）。これを前提に、天使や神のように、その本質理解については人間が感覚的なものからは到達できないものであっても、類比を通じて、人間は「あるかないか」の判断（だけ）は可能だ、だから神は存在する、とアクィナスは主張する。アンセルムスよりは、人間の「認識能力」の根拠の吟味に重点が移っていることは分かるであろう。

次に登場するのが、ドゥンス・スコトゥス（1265-1308）である。スコトゥスにおいては、認識論がさらに主観性を強めており、人間が認識できることの根拠が抽象的かつ普遍的な上位すなわち神が存在しているからだ、という色彩は薄くなる。そして、感覚から引き出される不明確な像をもとに、人が知性において実在概念として受け取る最初の明確な概念が「存在者」（ens）であるとする。これは知性の内部で明確に限定された概念であり、一義的に用いることができる（「存在の一義性」）。その上で、「神は存在者である」というときに述語された「存在者」の概念は、「被造者（たとえば石）は存在者である」というときの「存在者」と同じ概念であるから、神を主語としても我々はふだん感じとることができる事物に述語している存在概念をそのまま述語として使えるのだ、とする。

つまり、ここにおいて、神の存在にコミットできるかということを契機として始まった論争は、「神は存在する」ということは言えるとしながらも、「存在していること」そのものは大したことではなくなり、存在概念からは神秘性がなくなる。それといわば引き替えに、人間にとっては不可知な神の個的な完全性が対置されることになる。スコトゥスにおいて抽象的な普遍存在――犬が犬として存在していること――は、概念的なもの、個別存在の完全性と比較すれば「低い」ものとなり、実在を映す限りでの役割を与えられることとなる。

これらの結果、スコトゥスにおける「存在者」の概念は一義的であることにおいて信仰を離れて用いることができるようになる。いわば近代的概念化が進行しているのだ。こうした議論の過程で、スコトゥスは記憶に支えられた知性の働きが神からは自立していることを強調するようになる。また、神は「無限の善」「無限の一」であって、その無限は抽象の無限ではなく、個別的な完全性の程度の無限であるということになり、他方、科学は完全性を追求するのではなく、価値に対しては中立的にあくまでも普遍的な真理を追求しているのである、ということになる。

さらに、スコトゥスは「天使は場所の内にあるか」という問いに答えようとする取り組みのなかで、それまでの実体と場所との関係を転換させる。すなわち、アリストテレスの範疇論によれば場所は実体にともなってしか存在せず、実体がなくなれば場所も消滅することになる。これに対して、スコトゥスは、連続という概念を導入しつつ、場所はあらゆる場所的運動に対立した不動性を持ち、場所自体は実体が移動しても動かないのだ、と結論づける。これは、人間の空間認識、すなわち「地」と「図」のどちらが先にあるか、という考え方の変更を促すものである（この点については、後に改めて言及することとなる）。八木によれば、スコトゥス自身は、「等価性に即して」(secundum aevalentiam) という考え方を述べ、ニュートン的な時空感覚を飛び越えてアインシュタインの相対性理論的な時空感覚にまで至っていたようにも見えるというのだが。

最後に登場するのが、ウィリアム・オッカム（1280?-1347）である。ただし、八木はスコトゥスをもって中世哲学は幕を閉じ、オッカムは近代哲学の扉を開けたと考えるべきかもしれない、とする。その理由は、オッカムは普遍の実在を否定する唯名論の立場を選択したからである。スコトゥスにとっては、抽象的な普遍存在——犬が犬として存在していること——は、概念的なものであり、神の個別存在の完全性と比較すれば「低い」ものではあるが、それはあくまで人間の知性の作用する世界に属していた。そしてこうした抽象認識を行う知性の働きと、感覚器官が行う直観とは、同時に働くことはあっても截然と区別されたものであった。これに対して、オッカムは、知性の抽象作用と感覚器官の直観が同時にあると主張する。抽象は感覚表象からの抽象であり、抽象が真実であるためにはそれに対応する感覚表象がなければならないということになる。つまり、感覚的直観が成立しているところにだけ実在についての抽象があることになるのである。その結果、感覚認識が不確かなものとして軽蔑され、学問は知性的認識によってのみ成立するというアリストテレス以来の真理観、学問観が大転換を遂げる。逆に感覚経験をデータとして提示できる概念だけが学問を真に構成することができる概念であることとなり、そうでない概念は余計なものとして切り捨てる（「オッカムの剃刀」）という発想となる。経験科学の成立である。こうした考え方を前提として、感覚器官の直観と知性の抽象作用についての関係を議論した一つの集大成が、ハイエクの『感覚秩序』であった。

第8章 強い同型論

第7章では、我々の世界についての理解の仕方が、素粒子の振る舞いなど基礎的な法則の発見で尽くされることはないということ（モア・イズ・ディファレント）へと転換しつつあることを述べた。そしてそれを皮切りに、マクロレベルで立ち現れる共通のパターン（「モア」）を発見することが「知る」ことであるという理解に転換しつつあり、それはディープラーニングにおける特徴量の発見やオートエンコーダーで行われていることと同じである、と述べた。つまり、ディープラーニングは我々の認知構造の転換を後押ししているのである。

しかしより根源的なことは、人間ではない人工知能が、部分的であれ記号によらずに高いレベルの知的活動を行うことができるようになった、ということである。なぜ可能となったのか。それは、人間が「知る」対象としているモア、つまり複雑性を生み出すメカニズムそのものが、人間の知能や人工知能と同型のメカニズムだからである、というのが我々の考え方である。結論を先取りすれば、「知る」ということと「ある」ということは同型のメカニズムであり、いずれも世界に内在している、というのが我々の主張である。つまり、科学革命の下での世界観では人間（の理性）は宇宙の外側にいていわばそれを覗き込むように考えられていたものが、人工知能も人間の知能もあくまでも物理的秩序の内側のアクターとして、外界と干渉しながら「あり、かつ、知る」ということである（第11章の図11・1）。これを示すために、まず、複雑性が増大するメカニズムについての議論から始めることにしよう。

8.1 複雑性はなぜ生まれ増大するのか

複雑性はどうして増大するのか。ボルツマンによるエントロピー増大則だけであれば、閉じたシステムは常にヒダルゴ、キャロルの意味でのより情報量の少ない、つまらない世界に向かうはずである。そうでないのはなぜなのか。

この問いに答えるにあたって、ヒダルゴは、**エルヴィン・シュレーディンガー**の議論からスタートする。シュレーディンガーは、量子力学を創造した一人であるが、1944年に書かれた書物のなかで、生物と無生物の差を物理化学的に説明することを試みる［シュレーディンガー、1951］。シュレーディンガーの基本的な問題意識は、生物やそれを構成する細胞は無数の原子から成り立っており、原子はブラウン運動のようなランダムな動きをするのに、なぜその一つひとつの細かな動きによって攪乱されることなく、秩序を維持することができるのか、というものである。特に、遺伝情報も多数の原子から構成されている物質に化体しているはずなのに、その情報がほぼ攪乱されずに世代間で伝達できるのはなぜか、という問いを取り上げる。

秩序が形成されるパターンの一つとして、大数の法則がある。ランダムなミクロの事象が積み重なればマクロでは一つのパターンを示すという統計的な事象である。いわば「無秩序から生まれる秩序」だと言えるだろう。シュレーディンガーは、生物が示す秩序の精密さは、大数の法則では説明できないレベルのものだ（もし大数の法則によるのであればもっと誤差が大きいはずだ）と主張する。換言すれば、生物のなかでは、統計的な法則性を示すとは思われないくらい少数の原子であっても秩序を形成しているということである。

では、大数の法則によらない秩序の形成はどのようにして可能なのか。シュレーディンガーは、それは量子論によって説明できるとする。それを一言でいえば、量子論以前にはエネルギーレベルは連続的にしか変化しないと考えられていたのが、量子論の世界では不連続性が現れることにある。その理由は、たとえば分子の配列構造をパターンAからパターンBへと変化させようとする場合には、いったんいずれのパターンのエネルギー準位よりも高いエネルギー準位を経なければならないからだという。そのことがいわば「壁」のような役割を果たして、パターンAとパターンBが各々で安定することになる。別の表現をすれば、原子核どうしは、任意の勝手な配置をとることができず、結果として非常に多数ではあるが不連続な一定の状態だけを選び取ることになるということである。このある状態から他の状態への遷移のことを「量子飛躍」（クォンタム・リープ）と呼ぶ。したがって、ある分子の配列構造が選択されると、それは持続性を有することになる。

これらを踏まえて、シュレーディンガーは、生物の世界では、「秩序から秩序が生まれる」パターンの方が主要な役割を果たしているのだ、とする。シュレーディンガーはこれらの議論を染色体の例をもとに展開しているのだが、これが後に当時未発見であった、ジェームズ・ワトソン、フランシス・クリックのDNAの二重らせん構造の発見（1953年）につながったとされる。

もう一つシュレーディンガーが強調するのは、生命体を構成する基礎的な要素であるDNA、タンパク質は、いずれも非周期的結晶である、という点である。分子が結晶・固体として成長するのには、同じパターンを周期的に繰り返す方法と、パターンの繰り返しをせずに大きくなる非周期的結晶による方法がある。生命体を構成する要素は、後者を採用することで、構成する原子や原子の集団が各々個性を持った働きをすることになるのだという。

生命体では「秩序から秩序が生まれる」という原理が支配的であること、生命体を構成する基礎的要素が個性を組み込むことができる非周期的結晶であること。これが、なぜ我々の周囲では複雑性が減少へと向かわず保持されるかの、第一の理由である。

複雑性が単に存在し保存されるのではなく、増大するにはもう一つの仕掛けが必要である。それは物質が情報を処理し計算する能力を持っているからである、とヒダルゴは言う。これもシュレーディンガーの議論に端を発している。シュレーディンガーは、生命体はその基礎的な同一性を維持するために、その周辺環境にある自由エネルギーを利用していると主張した。生命体も地球もいずれも自由エネルギーを外部環境から取り入れ、それをよりエントロピーの低いエネルギーに転換することで「仕事」をし、内部環境のエントロピーの増大を防ぐメカニズムが働いている、ということである。

光合成がその典型的なケースである。樹木は、太陽から得た自由エネルギーをアデノシン三リン酸（ATP）というかたちで蓄積し、水を利用しながらアデノシン二リン酸（ADP）に転換するプロセスを利用して、成長するなどの生命維持に必要な仕事をし、利用価値の低いエネルギーを熱として排出する。メタボリズムである。生命体は長い地球の歴史の中でこのメタボリズムを繰り返し、より柔軟で多様な機能を持つ有機体へと変貌してきたと考えられる。

しかし、外部の自由エネルギーを利用して内部環境のエントロピー増大を避けるには、その内外を区別しつつ交流を制御する仕組みが必要である。キャロルによれば、それが細胞という仕切りであり、細胞を包む細胞膜の機能である。細胞膜はその内部と外界を分け、メタボリズムを制御する役割を果たしている。ヒダルゴは、前述のような意味での計算能力は生命体が有するだけではなく、化学反応もインプットを制御すれば異なるアウトプットを生み出すという意味において原初的な計算能力を有しており、生命体が誕生して計算能力ができたのではなく、計算能力が先行して生命体が誕生したのだと主張する。

複雑性が増大するのは、物質、なかんずく生命体が計算能力を有するからであるという視点は、この第2部の議論——人工知能が認知構造を更新するのだという議論——との関係で深い含意を持つ。キャロルも引用している英国の脳神経学者**カール・フリストン**によれば［Friston, 2013］、細胞膜が果たしている機能は、機械学習に関して唱えられた「マルコフ・ブランケット」と同じ考え方で説明できるのだとする（マルコフ・ブランケットを唱えたのは人工知能研究者のジュディア・パールである）。マルコフ・ブランケットという考え方は、システムが相対的に局所的な作用関係を中心に構成される場合、「遠い」サブシステムどうしは影響し合わないので、その結果として常に「内部」と「外部」との区分けが起こり、「内部」と「外部」との間に仕切り——これがマルコフ・ブランケットである——が生じ、

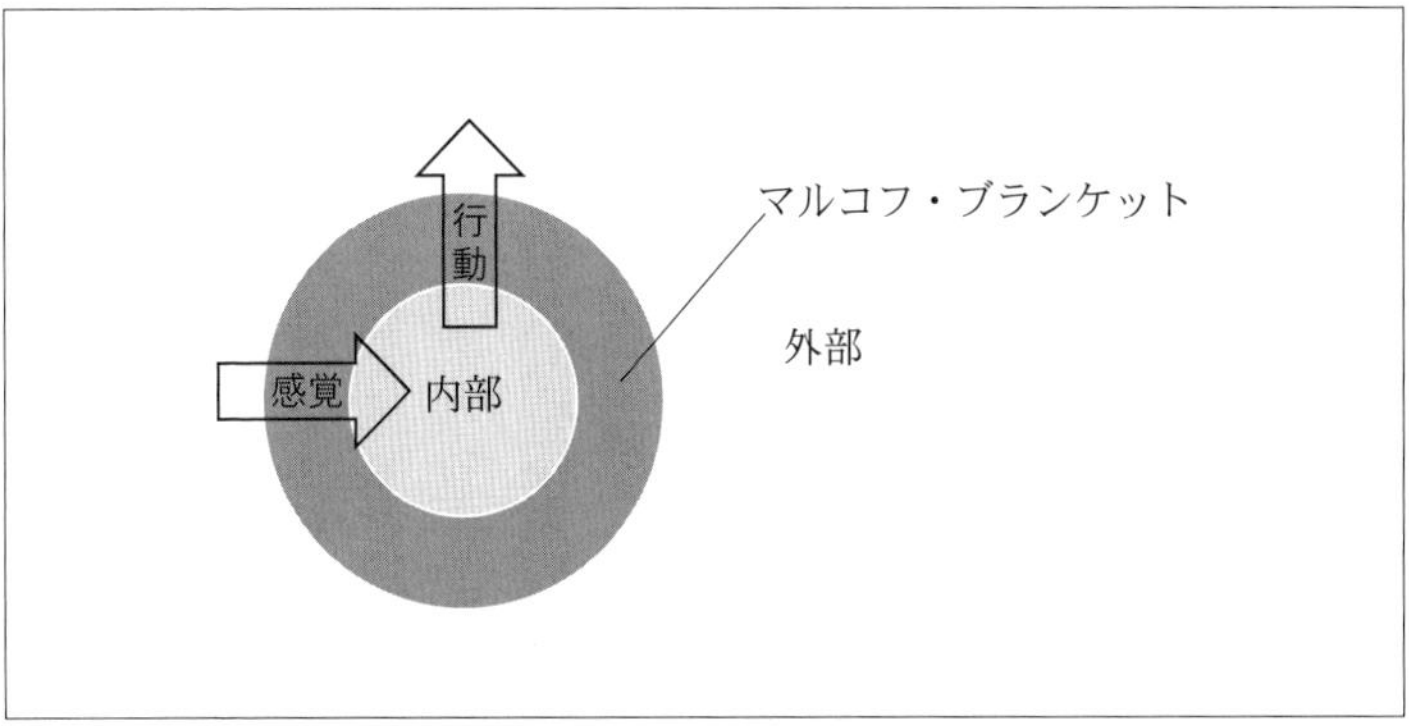

図 8.1　マルコフ・ブランケットのメカニズム

「内部」は「外部」の変化を推論して適応しようとするメカニズムが生成される、という考え方である。フリストンによれば、細胞膜はまさにこのマルコフ・ブランケットであり、細胞内と細胞外のやりとりはすべて細胞膜を通して行われ、その結果として細胞膜の「内と外」を分ける機能がますます強化される、というのである。フリストンは、従来のように内部のエントロピーの拡大を防ぐために細胞膜が機能していると考えるのではなく、より人工知能的に、細胞はその周辺の環境から「サプライズ・ショック」を受けないように周辺環境に働きかけ、その働きかけを通じて周辺環境を感知するという機能を果たしており、そのことが結果としてあたかも内部のエントロピーの拡大をおさえ自由エネルギーを極小化しているように見えるのだ、と主張している。そして、この常に外部のデータを感知しながら、「サプライズ・ショック」を受けないようにするメカニズムは、人工知能で活用されているベイズ推定と同値であるとする。[5]
フリストンは、マルコフ・ブランケットそのものはさらに二つの部分、すなわち「外部」を感知する「感覚」部分（センサ）と、「内部」からの働きかけを行う「行動」部分（アクチュエータ）に分けられるとし、この外部－マルコフ・ブランケット（感覚・行動）－内部というシェーマは、細胞の内外のみならず、まさに脳と外界との関係とも共通なのだと、述べている。つまり、複雑性が増大しパターンを生むメカニズムと、その複雑性を感知するメカニズムとは同型であるということに他ならない（第3章3・1節で紹介したように、深層強化学習は同様にセンサとアクチュエータのループ構成を採用している）。

マルコフ・ブランケットについては図8・1に示す。

8.2 同型性のメカニズム(1)――マルコフ・ブランケット

ここでハイエクのモデルに戻ろう。図7・1にあるように、その基本は、物理的秩序、神経秩序、現象的秩序の三層構造である（現象的秩序の高次な一部をなすとされる意識を加えれば四層構造となる）。ハイエクのモデルでは、物理的秩序（外界）から受け取られる個々の刺激が神経秩序においてそのたびに分類・タグ付けされ、その結果として動態的な分類体系を生み出すことになる。それこそが現象的秩序である。このプロセスを通じて神経秩序と現象的秩序は「同型」となるのみならず、最終的には「同一」となるのだとする。これに対して、神経秩序・現象的秩序は物理的秩序そのものを捉えることはできず、その写像でもモデルでもないが、そこに相似性が認められるのだとする。この物理的秩序と現象的秩序の関係の枠組みがオッカムによる唯名論に由来することは先に述べたとおりである（第7章7・4節）。

細胞の働きを人工知能的に捉えるマルコフ・ブランケットのような視点はこれにいかなる変更を加えるのか。

誤解のないように付け加えれば、ハイエクの著書には人工知能という言葉こそ使われていないが、そうしたものを公平に扱おうとする、1952年という時代を考えれば画期的な姿勢がある。すなわち当時すでに開発されていた自動化機械は、ある与えられた条件に対して反応するという意味において、経験から学習するということができないだけで、本質的に脳の働きと変わるところはないと断言した。

それは付言した上で、まさにニューラルネットワークを参照しながらディープラーニングという手法が開発される現代においては、ハイエクの議論のなかでは神経秩序と現象的秩序との間に見いだされた「同型性」の機能が、人間の脳の外側に再現されつつある。そしてそこに見いだされるのが、ハイエクが再分類機能として説明しようとしたこととほぼ同じメカニズムである。

しかし物事はそこにとどまらない。そのように見いだされた脳の機能、あるいは人工知能に付与しようとしている機能は、より一般化すれば内部と外界を分け、内部のエントロピーの増大を抑制する

［5］ 思想史的に見れば、この内部と外部を分け、サプライズ・ショックをできる限り少なくするという図式と類似の図式を人間の知能の側に用いたのは、ジークムント・フロイトである。フロイトは、人間の精神活動を説明するにあたって、精神装置の活動は快感原則にしたがうとし、その場合、快の感覚は刺激の減少と、不快の感覚は刺激の増大と結びついているとする。そうした感覚が生まれるのは、精神装置から見れば、そのなかに存在する興奮量をなるべく低下させ、恒常に保とうとする結果だとする。

働きに一般化できるかもしれないからである。それがシュレーディンガーが生命体の基礎的な同一性維持のために果たしているとしたメタボリズム機能であり、また、フリストンが述べたところの、細胞膜が果たしている機能は機械学習において働いているマルコフ・ブランケットと同じメカニズムだ、という考え方である。つまり、脳の働きには原理的に何ら特殊なことはないのだ、ということである。ハイエクは、現象的秩序はあくまでも環境を感知する機能を実現しているのであって、環境側の物理的秩序そのものの持つ客観的な特質とは別だとし、したがって、物理的秩序と現象的秩序との間に相似性はあっても同型性はないと議論しているが、実は環境の側においても神経系統の働き（あるいは現象的秩序も含めた働き）と同型のメカニズムが働いていると考えるべきなのではないか。つまり、物理的秩序があって、それが神経系統の働きを通じて現象的秩序に徐々に映し出されると考えるのではなく、神経系統が果たしている機能、すなわち外部から受け取ったインプットに対応して予測を行い、内部のエントロピーが拡大しないように整序しようとする働きが、そしてそれだけがあって、それが物理的秩序でも現象的秩序でも同様に働いている、つまりこれら三つは、同じ一つのチェーンリアクションのある箇所を切り取って取り上げたに過ぎないものなのではないか、ということである（この同型性の範囲がどこまで及ぶと考えるべきなのかについては、後述する）。

人工知能の開発は、人間が地球上において知性を有する最高存在として君臨してきた時代を終焉させるかもしれないということが語られるが、より大事なことは、このように見いだされる広範囲の同型性であり、それが再帰的に生み出す我々の認知構造の変化・進化である。

8.3 同型性のメカニズム(2)——エマージェンス

フリストンは、上記のマルコフ・ブランケットは細胞レベルに現れるだけではなく、さまざまなレベルに適用可能であり、動物（人間）というマルコフ・ブランケットのなかに器官というマルコフ・ブランケットがあり、器官というマルコフ・ブランケットのなかに細胞というマルコフ・ブランケットがあり、細胞というマルコフ・ブランケットのなかに原子核というマルコフ・ブランケットがある…というマトリョーシカ人形のような階層構造にあるようだ、とする。この階層構造こそ、アンダーソンのいう「モア・イズ・ディファレント」そのものであり、その階層性の繰り返しが同型性のもう一つの柱だと考える[6]。

それを根拠づけるのが、シュレーディンガーの生命体についての主張をさらに発展させている近年の取り組みである。本節では、主として物理学者のポール・デイヴィースの近著『機械のなかの悪魔』に拠りながらその動向を紹介することとしたい［Davies, 2019］。そのキーワードは「情報」である。

シュレーディンガーが、生物の世界では、ランダムなやり取りから秩序が生まれるのではなく、む

［6］ここでは分かりやすいたとえとしてマトリョーシカ人形を用いたが、我々が階層性と言うときそれは固定化された一つの包含関係からなるものを指すとは考えていない。

しろ「秩序から秩序が生まれる」パターンの方が主要な役割を果たしているという議論を染色体の例をもとに展開し、これがＤＮＡの二重らせん構造の発見につながったとされることについてはすでに触れた。その後ＤＮＡ構造の解明や遺伝子コードの解析は確かに一定の成果を生んだものの、当初の期待と異なり、有機体の特徴とそれを構成する遺伝子との間には単純な一対一の関係はない、つまりは、ミクロの細かな事象を見ただけでは全体のことは分からない、ということが近年明らかになっている。生命体の高次のレベル（たとえばある器官や生物個体）においては、それよりも下位のレベル（たとえば細胞や遺伝子）の状態を理解せずとも把握可能で、かつ明瞭な法則や特徴が立ち現れるというのである。同様にフリストンらは、生命体を「マルコフ・ブランケット群を内包するマルコフ・ブランケット」と表現したうえで、上位のより包括的なマルコフ・ブランケットは、そのなかに取り込まれている部品としてのマルコフ・ブランケットの間の相互依存性を捉えた特徴――複雑系理論でいうところの秩序変数――を示すことになり、下位（相対的にミクロ）の挙動はより上位のマルコフ・ブランケットの秩序変数によって統御されるのだ、とする［Kirchhoff *et al.*, 2018］。

まさに「モア・イズ・ディファレント」そのものである。我々が「立ち現れ」と呼ぶメカニズムが、生命体を通じて具体的に明らかになりつつあるのである。そして、その内容はディープラーニングのメカニズムそっくりなのだ。

繰り返しになるが、ゲノム解析プロジェクトで見いだされたさまざまなタンパク質のリストをいくら眺めても、それらを部品としてどのような器官が組み立てられるのかは分からない。なぜ肝臓は肝臓になるのかという、いわゆる形態形成が説明できないのだ。そこには別に何らかの「組み立て指示」が必要となる。この「組み立て指示」はエピジェネティックスと名付けられているが、このエピジェネティックな情報は、細胞内の特定の場所にあるのではなく、大域的にシェアされているというのだ。ノーベル医学・生理学賞受賞者でもあるポール・ナースは、生命体・細胞内でやり取りされるさまざまな情報の流れを、遺伝子・タンパク質というミクロのレベルのみならず細胞や有機体といったマクロのレベルでも把握し、また、化学反応のみならず電気的なシグナルや機械的なプロセスも総合的にカバーし、その全体を論理回路のかたちで翻訳すべきだ、と主張している。また、ナースは、そのときに見いだされる情報処理の仕方には、細胞から器官、個体、生態系と、複雑性が増すにつれて差はあるだろうが、同時に、共通点もあるのではないか、と言う［Nurse, 2008］。

これらの特徴は、ディープラーニングの示す特徴、つまり、立ち現れた「特徴量」を個々の隠れ層やこれを構成する個々のニューロンに還元帰着させることはできないこと、しかし、隠れ層が何層にも積み重ねられた容量の大きいモデルになっても、高い汎化性能（マクロのレベルでの明確な傾向）を示すことと重なっている。同様に、階層の異なる場合であっても、行われる情報処理の仕方には共通点があるというのは、ディープラーニングの世界でプライア（第2章2・3節参照）と呼んでいるものではないのか。

第1部で、ディープラーニングにとって深いことがなぜ必要なのかを説明する中で、世界には同じ構造が別のところでも使われる「再利用性」と、複数の構造を用いて新たな構造が生まれる「構成性」があるのではないか、と述べた。この（特に）「構成性」と呼んでいるものこそ、ここで生命体についで明らかになったエピジェネティックな働きと同型であると考えることができる。

エマージェンスの項を締めくくるにあたって、一つ付け加えるべきことがある。それは、エマージェンスという言葉が多用されたのは、**ネットワーク理論**においてである、ということである［Watts, 2003］。ネットワーク理論の起源は18世紀にまで遡ることができるらしいのだが、広まったのは1999年のアルバート・ラズロ・バラバシとレカ・アルバートによる論文［Barabási and Albert, 1999］の公開からあたりであろう。（内容の紹介は省くが）彼らの論文のタイトルは、"Emergence of Scaling in Random Networks"であり、ここでもエマージェンスという語が使用されている。ネットワーク理論が問うているのは、個々に独立した要素をネットワークでつなぐと、個別の要素を理解しただけでは把握できない複雑な現象が起こるのはなぜか、という問いである。それらの現象には、蛍の明滅のように、司令塔の役割を果たす者がいないにもかかわらず同期や秩序を生むような現象もあれば、バブルの崩壊のように小さな事象が破壊的な事態につながる現象もある。

ネットワーク理論と、ここで議論されている同型性のメカニズムにはいくつかの共通点がある。第一にそれは、システム（ネットワーク）を構成する個々の要素・プレイヤーには還元できないマクロの秩序が存在し、それが立ち現れるのはなぜかを追求している点である。第二に、その検討にあたって、ネットワーク理論も分野横断的なアプローチをとったことである。すなわち、上記の例以外にも、伝染病の拡散、コオロギの共鳴、大停電の発生から、スモールワールド理論（世界は知り合いを6人たどれば皆つながっているという説）に至るまでを、ネットワークの形成パターンという一つのアプローチで説明しようとした。

我々は、いまディープラーニングを契機に取り組まれていることは、ネットワーク理論が追求しようとしたものを、その延長線上にさらに深めることだと考えている。ネットワーク理論の限界は、個々のプレイヤーに還元されないマクロの秩序の立ち現れを説明するにあたって、プレイヤーどうしのつながりのパターンという次元だけで答えを見いだそうとしたことにあると考える。それは、個々のプレイヤーや要素だけに還元するアプローチと比べれば複眼的ではあるが、ディープラーニングと比較すれば「浅い」取り組みであった。その結果、ネットワーク理論は、世界は通常我々が想定しているような正規分布的なパターンよりも、分野を問わずスケールフリー的な分布が多いことなど、面白い発見を数々もたらしたのだが、それ以上に現実的に応用可能なソリューションをもたらし、実装されることはなかった。

我々は次のように考えている。インターネットの時代に対応して、ネットワークのパターンをベースに世界のさまざまな事象を説明しようという理論的な試みが、ネットワーク理論であった。我々はいま、それを参考にしながら、ディープラーニングの時代に、それをベースに世界を説明する理論を求めようとしているのだ。そしてインターネットとディープラーニングの大きな差は、ディープであること、「階層性」の追求である。

8.4 強い同型論

これまでの議論をもう一度まとめれば、我々のいう同型性とは、生命体にも、人間の脳にも、人工知能にも繰り返し現れる同じメカニズムがあるということを指している。それは、二つのメカニズムから構成される。

第一は、マルコフ・ブランケットのメカニズムである。それは、外部からの感覚データを受け取ってそれを内部の状態に反映し、さらに外部に働きかけて内部のエントロピーの増大を防ぐというメカニズムである。このインタラクションを通じてウチとソトとの区別が発生し、細胞などの単位が保持される。

第二は、よりミクロの単位から構成されると（一見）見えるマクロの単位には、ミクロの単位には還元できない特徴や因果関係が立ち現れるという、エマージェンス（「立ち現れ」）のメカニズムである。

これらの二つのメカニズムからなる同型のメカニズムが繰り返し現れるという我々の主張を「強い同型論」と呼ぶこととしたい。『感覚秩序』におけるハイエクの主張の根幹は神経秩序と現象的秩序との「同型性」であるが、本書ではそれよりも広範な同型性を主張することとなるからである。

第9章 強い同型論で知能を説明する

第8章では、我々が「知る」対象としているモアや複雑性を生み出すメカニズムそのものが、人間の知能や人工知能と同型のメカニズムであり、それはマルコフ・ブランケットとエマージェンスという二つのメカニズムからなることを示した。それでは、この「強い同型論」で人間の知能の全体を説明するとどうなるのか。

その作業が必要なのは、第8章での議論ではディープラーニングに関連するメカニズムだけに焦点をあてて説明したが、人間の知能にとって言語や記号が果たした役割が決定的であったことは疑いなく、それがなぜなのかを「強い同型論」は説明できるのか、という問いが次に来るからである。また、それを行って初めて、我々人間から見たときの「情報とは何か」「意味とは何か」について、「強い同型論」の下で整理できることになるはずである。

これらは理論上だけの問題ではない。第1部で議論されたように、人間の知能は「身体性のシステム」の上に「記号のシステム」を載せたものだと考えられるが、これまでディープラーニングが画像認識など「身体性のシステム」の側で成果を上げてきたことを受けて、人工知能の課題が「記号のシステム」をいかに取り込むかに焦点が移っており、記号の果たした役割を同一の地平で説明できるかは、実践的な意味を持つからである。

9.1 情報と人工物

ヒダルゴは、生命体をはじめとする物質には計算能力があり、その結果を非周期的結晶という固体に保存して複雑性を増す――エントロピーの増大を防ぐ――というメカニズムと同じメカニズムによって、経済やその成長が説明可能であるとする。その場合計算能力を持つのが端的には人間（の脳）であり、保存側を担うのは、人間が生み出す製品に代表される固体である。もちろん人間一人の計算能力には限界があるから、個々の人間の脳は企業や社会、国といった人のネットワークによって強化・補完される。

他方、ヒダルゴはこうした人のネットワークの計算能力に加えて、物質としての製品はそのもたらす効用やそれを作り出したノウハウを蓄積した想像力の結晶であり、想像力により秩序づけられた原子配列であることを強調する。情報はＤＮＡや言語のようなコード化された配列を指し、そこに単にランダムではないパターンがあることによって情報は豊かになるのだが、それがノウハウと相まって物質としての製品（physicality of products）に転化することが重要であることを強調する。なお、物質としての製品という場合には、映像のようなデジタル製品も含まれている。

人類とそれが作り出したモノは地球上において圧倒的な物質的量を誇っている。人類の身体の物質的な量は牛を除く他のすべてのほ乳類の物質的な量よりも多い上に、機械、道路、建物など人間が作り出した構築物の物質的な量は、ほどなく地球上の他のすべての物の物質的な量を追い抜くとされている［Tegmark, 2017］。このようなかたちをとったモノが膨大に作り出されることによって、言語とは異なる形で、効用やノウハウを言語よりも直接的な方法かつ文脈依存的な形で伝達・蓄積することができ、それらが新結合を通じて新たな知識の形成を促し、その意味で人間の計算能力をさらに拡張する役割を果たしているのだ、というのがヒダルゴの主張である。

このように見ると、ヒダルゴの主張は、我々の強い同型論を人間が言語や記号を利用して行う活動（つまり我々の言う「記号のシステム」）にまで拡張しているということになる。

ここでもう一度ハイエクの図式に戻ろう。ハイエクは、意識が果たしている機能を説明するなかで、意識的活動は、無意識的活動と異なり、記号・言語を利用することで、内容を記述し、他者に伝達することに特徴があるのだと述べている。しかしヒダルゴ的な見方に立てば、人間が営む意識的な活動、さらにはその延長線上にある芸術、経済などの活動は、生命体を含む物質が行っている活動、すなわち、計算活動とその結果を非周期的結晶という固体に保存する活動と、同型性があるということになる。人間は記号や言語を扱うことで情報を効率的に伝達・共有し、保存しているのだが、たとえば人間がブガッティのような高級車をデザインし、絵画を描くことは、想像力により秩序づけられたいわば結晶としての原子配列を作り出すことであるとヒダルゴは言う。そう考えれば、生命体がＤＮＡに保存された情報を使いながら、また外界からの刺激に反応しながら、細胞を形成し器官を形成することと同型なのだと言えるのではないか。

もちろん、ハラリの主張するように、ホモ・サピエンスはネアンデルタール人などそれまでの生命体と異なっていて、それまでなかったまったく新しいタイプの言語というコミュニケーション手段を獲得し、それによって最終的には、法人とか人権といった実在しない概念に関してもコミュニケーションが可能となり、さまざまな人間どうしの協力関係、さまざまな社会を構築することができるようになったのは事実であろう。しかし、こうした言語を経由して形成された共同主観的な実在しない概念も、ウチとソトを区別し、ソトからの刺激に対応して内部の秩序を変更するという意味での「計算」を行い、それらを固体に保存するという、同型のメカニズムにしたがっているのではないか。そしてそのことが、第1部で述べたように人間の知能が「身体性のシステム」の上に「記号のシステム」を載せることを可能とし、また生存戦略として有効にしているはずである。

上記に関するもっとも分かりやすい例が、第1部で説明した消費インテリジェンスであり、女性向けファッション誌の例である（第4章の図4・1参照）。そこでは、「赤文字系」「ギャル系」「アラサー系」などのファッションのカテゴリーがあることを示した。それらのカテゴリーがハラリの言うような共同主観的に共有化された概念であることは容易に理解できるであろう。同時に、これらのカテゴリーは、エントロピーの増大に抗するかたちで成立している。ハイエクが言うように、完全に個別化されており何の規則性もない事態は、タグ付け・分類ができず、認識することができない。同様に完全に個性的なファッションというものも成立しない。その意味でファッションは必ずパターンとカテゴリーを伴う。同時にこれらのカテゴリーどうしもいわばお互いに刺激をしあっている。「赤文字系」「ギャル系」があるのも、それを意識しているのがデザイナーか、消費者か、編集者かは別として、など他のカテゴリーを意識し、その刺激を受けるからである。その上で「赤文字系」というウチとソトを分ける「細胞膜」が形成される。また、「赤文字系」の特徴を言語で表現することはもちろん可能であろうが、当然のこととしてそれは具体的なファッションというかたちで、まさに文脈依存的なかたちで伝達・蓄積され、それらがさらにデザイナー、消費者、編集者を刺激するかたちで新結合を生み、「赤文字系」そのものを更新するとともに新たなカテゴリーの創造にもつながるのである。

そしてこうしたファッションなどのカテゴリーの形成を、たとえばアジア消費トレンドマップの解析を通じて、特徴量というかたちで人工知能が取り出すという取り組みが、まさに同型性を裏付けていることにもなる。

このような考えでこれまでの議論をいま一度整理すると、生命体も、それを構成する器官、細胞も、人間の脳と外界の関係も、脳の中で行われる意識・無意識を問わない分類も、ディープラーニングを通じて得られる特徴量の形成も、人間が意識下で行う概念の形成も、したがってファッションのトレンドも、すべてマルコフ・ブランケットの形成とエマージェンスという同じメカニズム、あるいは非周期的結晶に体化させた複雑性の保持、ヒダルゴ的な意味での情報の豊かさの保持という同じメカニズムで説明できることとなる。こうした意味において、我々は（後述するように一元論とは言えないにしても）第8章で述べた「強い同型論」の立場に立つことになるのである（生命体以外の物質一般に同型性を拡張しうるのか、という論点については、後に改めて議論することとする）。

外部からの感覚データを受け取ってそれによって内部の状態に反映させ、さらに外部に働きかけて内部のエントロピーの増大を防ぐというメカニズムが、人間の知性の行う活動に限定されないということは、唯名論ではなく実在論の立場に近づくということになる。なぜか。唯名論は、言葉は言葉の世界で独立しており、それが指し示すと通常は考えられている外界の物自体とは関わらないという主張である。しかし、我々のように同型論の立場に立つとするとそうはならない。いま私がゾウリムシを観察する事態を想定したとする。ゾウリムシは、マルコフ・ブランケットを活用して、その外部環境からサプライズショックを受けないように周辺環境に働きかけ、その働きかけを通じて周辺環境を感知することになる。同様に私がゾウリムシについて抱く概念は、将来的にその概念がサプライズショックを受けないように形成されるはずである。そのゾウリムシ側の働きと私の脳の中の働きのメカニズムに機能的な差はない、というのがマルコフ・ブランケットである。その「差がない」ということが、唯名論が想定するように「言葉は言葉の世界で独立している」のではなく、また、「事実は存在せず解釈だけが勝手に存在する」のではない、ことを示すからである。

唯一の知的存在である人間がそのいわば孤高の方法によって外部を認識するのだという考え方を前提とすれば、それとはまた別に存在するものと同じである保証があるはずがない。それが実在論に対する疑義であった。しかし、人工知能の登場を契機として、人間の知性の働きが相対化されることとなった。その結果、脳の働きは特別なものではなくなり、認識の対象となる生命体などの物質と同型だと考えることができるようになり、少なくとも先述のようなかたちで実在論に対する疑義は薄まるのである。

9.2 強い同型論をもとにハイエク・モデルを書き直す——同型論モデル

マルコフ・ブランケットとエマージェンスからなる同型性メカニズムをもとにして、かつ、「身体性のシステム」と「記号のシステム」の双方を明示的に取り込んだかたちでハイエク・モデルを修正するとどうなるのか。[7] 以下そのモデルを書いてみよう。以降、マルコフ・ブランケットとエマージェンスという二つのメカニズムをもとに、「身体性のシステム」と「記号のシステム」の両方をモデル化したものを「同型論モデル」と呼ぶこととする。

先んじて言えば、同型論モデルは次のような特徴を持つ。

①このモデルは「強い同型論」をもとにしている。
②それを通じてハイエクの図式では別物として扱われた「物理的秩序」と「現象的秩序」を一つの地平の上で取り扱う。

[7] ハイエクが現象的秩序と環境との関係について行っている説明そのものは、実はマルコフ・ブランケットとそっくりである。ただし同時に、ハイエクの現象的秩序の説明はあくまでも人間の精神活動をどう説明できるかに集中しており、また、物理的秩序は客観的に別物として存在していると主張しており、その点において我々の「強い同型論」とは異なるものだと考える。

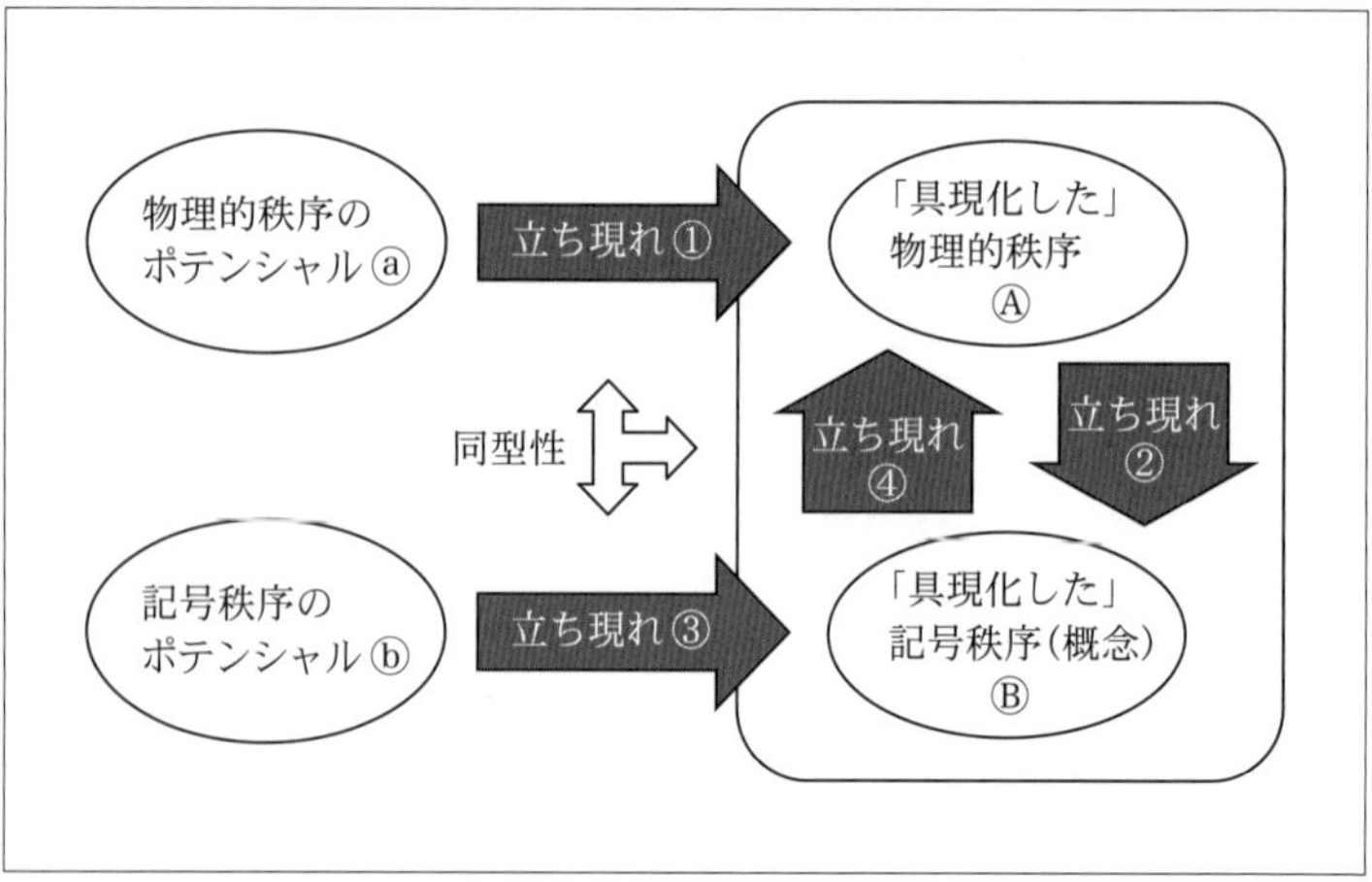

図 9.1　同型論モデル

③それは、これまでは分けられてきた「ある」ということと「知る」ということを、いわば一つのものとして扱うことを意味する。
④それはまた、「情報」や「意味」をどう捉えるかということと密接に関連している。
⑤人間の知能を特殊視しない同型論モデルは、人間の知のあり方（だけ）を問うているのではない。「知一般」について問いかけている。

同型論モデルを示したのが図9・1である。

まず、「物理的秩序」と「記号秩序」という二つの系列がある、と考える。もちろん相互に関係するという議論にいずれはなるのだが、いったん明確に区分すれば、前者は猫が「ある」「存在する」という系列であり、後者はこれを「猫」や〝ｃａｔ〟として名づけてコミュニケーションをする系列である。

まず物理的秩序の系列からはじめよう。物理的秩序の系列で起きていることは何か。それは、ボルツマンのまわりで起きていたこと、つまり、春になれば花は咲き、木々は芽生えることで、エントロピー増大則に反して、秩序が縮小するどころか、増大しているということである。そしてそのメカニズムとしては、これまで議論したように「モア・イズ・ディファレント」、ミクロ・下位のレベル（遺伝子・細胞）の上に、より高次のレベル（器官・個体）の秩序が前者には還元されないかたちで立ち現れるということである。この点を図9・1のなかでは、「物理的秩序のポテンシャル（ⓐ）のなかから具現化した物理的秩序（Ⓐ）が立ち現れる（①）」流れとして表現している。この物理的秩序が立ち現れるという現象が生命体に限られたものなのかどうかは議論があるところである。ではそもそもなぜ生命体ができたのかという議論になるからである。この点にはのちに立ち返るとして、ここでは生命体の事例でのみ議論することでお許しいただきたい。

次にそこに「ある」物理的秩序を我々はどう把握できるのか。それが具現化した物理的秩序（Ⓐ）に具現化した記号秩序（つまり概念。Ⓑとして表記）を対応させる流れ（②）になる。このⒶⒷの関係に集中したのがハイエクの『感覚秩序』での議論であり、彼はⒶから受け取る感覚的刺激を繰り返し分類して特徴量を取り出すことでそれに近似したリンケージがⒷとの間にできるのだ、とした。しかし、人間はひとりで生きているわけではなく、そうした特徴量の把握に役立つ概念を親をはじめとする他の人間とのコミュニケーションのなかでも習得している。また、ハラリが指摘するように人間は物理的秩序からは切り離された実在しない概念、たとえば国民とか法人とか人権といった概念を形成し、それを媒介として協力関係を作り上げてきた。これらの意味で概念の習得は個人が感覚的刺激を分類することだけで生まれたわけではない。そのことを示しているのが「記号秩序のポテンシャル

（ⓑ）のなかから具現化した記号秩序（Ⓑ）が立ち現れる（③）」流れとして表現したものである。

さらに、具現化した物理的秩序のかなりの部分を占めるのはいまや建物や自動車、スマートフォンのアプリといった人工物である。こうした活動はヒダルゴによれば人間が記号・言語を利用することで想像力により秩序づけられたものを創造し、保存している、ということになる。その具現化した記号秩序（Ⓑ）から具現化した物理的秩序（Ⓐ）に転写して保存する流れが④ということになる。

図9・1の最大のポイントは、①～④のメカニズムには同型性があり、それが第8章で示したマルコフ・ブランケットとエマージェンスからなるメカニズムだという点である。なぜそう言えるのか。

科学革命の下での世界の見方は、簡単化すればⒶとⒷだけの世界であった。人間が現実を観察しデータを収集することで人間の持つモデルが次第に現実に接近すると考えられた。その一つの極端な帰結が、還元主義である。つまり、人間が世界の最小単位を把握しその働きを理解するところに到達すれば、そこが「知の究極」であり、世界は隅々まで詳細に明らかになると考えられた。しかし、量子力学の発達などにより、人間が世界の隅々までを明らかにし、記号秩序の側に回収しつくすことはできなさそうだと考えられるようになった。それとともに生まれたのがアンダーソンの「モア・イズ・ディファレント」という発想である。

そうしたなかで人工知能の開発に転機が訪れた。すなわち、第2次ＡＩブームでは知識ベースシステムが中心になり、人間の知識（つまりは具現化された記号秩序）をどのようにＡＩに実装するのかが課題であったが、それが限界を迎え、一時期は異端扱いだったニューラルネットワークを活用してデータから学習させるというアプローチ（つまりディープラーニング）が大成功を収める。図9・1でいえば、人間の外側にある人工物が②のタスクを自力で行ってしまった、ということになる。そしてディープラーニングという手法では、隠れ層を積み重ねることを通じて深い関数を実現し、多様体の特徴を捉える（たとえばさまざまな要素からなる人間の顔を認識する）ことができるようになった。それは第1部での言い方でいえば、我々の世界に構成性と再利用性がある（ネコの画像は、耳や目、ひげから構成され、ひげは複数本の線から構成される）ことと表裏の関係にある。ここにおいて示されているのが①と②の同型性である。

ディープラーニングの発展と平行して起こった他の分野での動向も、同じ方向――すなわち①と②の同型性――を指し示している。たとえば、生物学の分野では、有機体の特徴とそれを構成する遺伝子ないし遺伝子群との間には単純な一対一の関係はないこと、また、高次のレベルではより下位のレベルとは別の法則や特徴が立ち現れることが知られるようになった。これは、隠れ層を積み重ねることで最終的には多様体の特徴量を把握することができるのだが、その立ち現れた特徴量を隠れ層やそこに属する個々のニューロンに還元することはできないというディープラーニングのメカニズムそっくりそのままである。第1部で述べた、再利用性と構成性という言葉について、これらの発見をもとにして丁寧に言えば、生命体においてタンパク質が部品としてここかしこに使われているという意味においてニューロンの再利用性はあるが、他方、細胞がタンパク質の単純な足し算にならないように、個々のニューロンの足し算に特徴量はならないのだという意味で、構成性という言葉は使われるべきであろう。

したがって、ここでまず分かることは、図9・1のなかの①と②の同型性である。では、③や④についてもそのようなことが言えるのか。この点については、すでに消費インテリジェンスを例に議論したが、さらに明確にするためには、「情報とは何か、意味とは何か」について整理することが必要である。

9.3 情報と意味

「情報がある」(あるいは「これが情報である」)とはどういうことなのか。まずは記号秩序をスタートラインとして考えてみよう。

「情報がある」という第一のレベルは、シャノンの言うように記号化されたメッセージが端的に存在しているということである。それは、数字の場合もあればアルファベットの場合もある。現代的には0、1で表記されるビットがその典型である。この場合、メッセージの量が多ければ多いほど(ビット数が多いほど)「情報量が多い」ということになる。

第二のレベルは、記号と記号との間に何らかの関係・パターン(相関関係)がある場合に、「情報がある」と考える。シャノンの事例では、たとえば3文字からなる英単語を伝達するとして、最初にTが送信され次にHが送信されれば3文字目のとりうる幅は狭まる(シャノンの意味でのエントロピーが減少する)。この場合「H」には3文字目を予測するうえで「情報がある」と考える。また、3文字目を予測するうえで不確実性が小さければ小さいほど、「情報量が多い」と考える。

第三のレベルは、日常的に「意味がある」と考えるレベルである。たとえば「彼の話は、就職先の選択に役立つので意味のある情報だった」といったような場合である。

しかし、第二のレベルと第三のレベルとの間には、かなり距離があるように感じられる。そもそもシャノンが混同を戒めたのだから当然なのだが、単に「文字列にパターン・相関関係がある」ということだけでは「意味」にはつながらないからだ。

ロベッリはこの懸隔を縮めようと試みている[Rovelli, 2013, 2016]。まず、ロベッリはシャノンの例での記号どうしの関係をシステムどうしの関係に置き換える。たとえば、隣り合う二つの部屋AとBがあり、ドアでつながっていたとする。この場合、部屋がシステムに対応している。ある夏の暑い日に部屋Aで冷房をかけたとする。するとAの部屋の気温は下がり、部屋Bの室温にも影響を与える。この場合、Aの部屋の気温はBの部屋の気温の予測についての幅を縮めることとなり、「情報がある」と考える。仮にこの二つの部屋が完全に隔離され独立していればこのようなことは起きず、「情報がない」ということになる。

この距離を縮めるにあたって、実はロベッリは第2部の基本的な主張に関わるあることを持ち込んでいる。つまり、AとBという二つの部屋を二つのシステムとみたときに、本来はそれぞれをミクロレベルで(たとえば分子の運動で)説明することも可能なのだが、「情報がある」というのは、これら二つのシステムを横切るマクロ的なことがら(素性、特徴量。この場合は温度)があるからこそなのだ、という点である。逆にいえば、システムの記述をミクロレベルに突き詰めてしまえば(この場合は二つの部屋についてそれぞれの分子レベルの挙動に着目してしまえば)、そこには「情報がない」ということになる。つまり「モア・イズ・ディファレント」の「モア」、すなわちミクロには還元できないエマージェンス（立ち現れ）という現象があることこそが、第二のレベルの情報を第三のレベルの情報につなげる鍵だ、ということである。

ロベッリは、さらに話を一歩進める。それはチャールズ・ダーウィンの適者生存の概念とこれを具体化したディヴィッド・ウォルパートとアーテミー・コルチンスキーのモデルによってである。このモデルの基本的な考え方は、生命体はその外部環境の変化を予測することで、生命体の中のエントロピーの拡大を防ぐことができた方が生存に有利だという考え方である。ある情報に関する外部環境とのリンクを切った場合に内部のエントロピー増大の可能性が高まる場合には（したがってリンクが保持されればエントロピー増大の可能性が低くなる場合には）、それは「意味のある」情報と定義されることになり、これに該当しない情報（あるいはそれをもたらすリンク）は生命体によって棄てられることとなる、とする。また、生命体はその情報が生存に直接的な効果があるか、間接的なのかという「程度」を区別し、予測が当たるかどうかで、その評価を定めるのだという。また、より根源的なことだが、上記のような情報処理は、ウチとソトの区別があることが前提となるので、ウチが「自分」だという「向き」の感覚（根源的な自己の感覚）が生まれるのだという。

ここまでくれば、ロベッリの取り組みが、相関関係をベースとしつつ、それと生存可能性を結び付けて「意味」（「情報がある」の第三のレベル）を説明したものであることが理解されるであろう。また、このウォルパートらによるモデルが、マルコフ・ブランケットのメカニズムとそっくりであることも、容易に気づかれるであろう。

以上を合わせてみれば、我々のいうところの同型性のメカニズム――マルコフ・ブランケットとエマージェンスの二つのメカニズム――こそが「意味」の源泉となっているのである。

ここまで整理したところで我々はもとの問いに立ち戻らなければならない。記号秩序そのものにも同型性があり、そのことがなぜ必要なのか。それが問われている点であった。

我々の「情報がある」の整理を見て分かることがある。それは、「意味がある」「情報がある」ということを整理しようとすると、2回「横切る」行為が必要だということである。

一つは、ロベッリが行ったように、物理的秩序のなかのシステムとシステムの間を横切る必要があると言うことである。上記の例では、二つの部屋というシステムを温度というマクロ的特徴（モア）に着目して横切ることがこれに当たる。それで初めて「意味」につながる。

しかし観察者としての人間をスタートラインに置くと、それ以前に行うべきことがある。それは、物理的秩序と記号秩序との間を横切るということである。計算生物学者のクリストフ・アダミは、「観察によってエントロピーが減少したときのその差分こそが情報だ」と主張する［Adami, 2016］。エントロピーそのものは客観的に計測できるものではなく、観察する側がどの観点に関心を持って計測するかに依存する。パターンそのものは無限にありうるので、観点抜きのエントロピーはこれもまた無限としかいいようがなくなるからである。観察者が観点を決定してはじめて、観察を行うことができ、その観察結果に基づいてエントロピーが減少する（対象についての不確実性が減少する）。

たとえばサイコロを振ったときに出る目を予測する事例を考える。それには、まず対象物を「サイコロ」（六面体）だと観察者側が認知し名付けることが必要である。次に必要なことは、繰り返し振ったときの各状態に共通する「モア」「パターン」として、「どの目が出るのか」(六面体のどの面が上にくるか)という観点を、意識的に言語の上で設定することである。その上でサイコロを繰り返し振り、実際にそれらの間に相関関係が確認できれば(どの目も均等だとか、一の目が出やすいとか)、「どの目が出るか」という観点からの観察者から見たときの不確実性が減少する。上記のロベッリの例だと、対象である部屋についての「温度」という「モア」にまず観察者が着目し名付けるのがスタートラインだということになる。

アダミが「観察による差分こそが情報」だというのは、我々の言い方に直せば、情報を得るには「2回横切る」ことが必要だ、と言っているのである。エントロピーは、我々が対象物について知りたいと思う何らかの観点からのパターンに依存する。したがって、まず観点が言語的に設定され、それを物理的秩序に当てはめるという「横切り」が必要である。かといって観察者が設定した観点からのパターンが必ず見いだされるわけでもない。観察の結果、対象物からパターンが発見されてはじめて、つまりシステムの間を横切る「モア」が実際に確認され、観察以前と比較して「差分」が得られてはじめて、情報が得られることになる。第3章3・4節で言葉や文の意味内容が分かるとはどういうことかを論じた。それは、他者から言葉(記号)を聞いた人がそれに対応する画像や「疑似体験」を生成することで、はじめて「分かった」となるというものである。これもまた、まず会話を通じて言葉(記号)が共有され、次にその言葉を聞いた側が自らの感覚的経験から得たパターンである画像に結びつける、という「2回の横切り」を経て意味に至ることを示したものである。

この2回の横切りを支えているものこそ、物理的秩序と記号秩序が共有する同型性のメカニズムだということになるはずである。「モア」を表現・発見・伝達できる機構――つまりはそれが「同型性」なのだが――が記号秩序の側になければならないからである。つまり、図9・1の③④にも同型性があるのが、「情報、意味」が成り立つことの条件となっているのである。

なお、アダミは端的に記号化したメッセージが存在していることは情報と呼ぶべきではなく、エントロピーとすべきだとする。我々が記号秩序のポテンシャルと呼んだことと同じ考え方であろう。

9.4 記号秩序の同型性

次に、記号から立ち現れる秩序の同型性をより直接的に検証してみよう。参考になるのがディープラーニングによる機械翻訳の取り組みである。翻訳を行うには、記号としての原文に現れるパターンを読み取り（エンコードし）、それを翻訳すべき相手方となる言語のパターンに置き換える（デコードする）ことが必要となるからである。

一概に言語のパターンと言ってもさまざまなレベルがある。一つの単純なやり方は、単語を、そしてそれだけを意味のある単位と見なして、一つひとつ翻訳するというやり方である。しかしこのやり方では、語順・構文が異なる言語の間では翻訳ができない。翻訳するには、単語の対応関係とは別に、それぞれの言語の語順パターンを学習する必要がある。また、前後の文を読んだうえでないと、意味がつかみ取れない場合がある。現代国語の問題で、「傍線部に『そうしたこと』とあるが、それは何を指すのか、25字以内で答えなさい」みたいな問いがよくあるが、その問いが成り立つのは、その前後を読むと、何が「そうしたこと」なのか判断できるからである。そして適切な翻訳を行うには、そうしたことが必要となるはずである（この段落を適切に英語に翻訳するには、傍線部の「そうしたこと」の意味するところについて、その前後を読んで理解することが必要なはずである）。

数年前までの機械翻訳は、単語ごとに翻訳するか、あるいは原文を固定的なベクトルに押し込むという手法をとっていた。その結果、実際の文にはさまざまな長さのものがあるなかで、全体の文脈に影響する要素とそうでない要素を仕分けすることができず、特に文が長くなればなるほど翻訳がうまくいかないという問題があった。これに対して、たとえばベンジオらは次のような解決策を講ずる［Bahdanau, Cho, and Bengio, 2014］（ディープラーニングの機械翻訳への応用については、第2章2・5節でも触れている）。

それは、原文から単語がエンコードされるたびに隠れ層からなる「文脈ベクトル」を生成する、ということである。新たな翻訳語にデコードする際には、それまでに生成された翻訳文と文脈ベクトルの両方を参照して、翻訳語を生成する。隠れ層からなる文脈ベクトルは、インプットされた原文の全体を表現するが、先に引用したベンジオらの取り組みでは、いままさにインプットされたばかりの単語の周辺により焦点を当てるよう調整される。また、人間が文を読むときに行きつ戻りつするのと似ているのだが、文脈ベクトルの生成にあたっても、双方向、つまり文を後ろから入力することも同時に試みられる。つまり、隠れ層からなる文脈ベクトルは、単語の集合から単語の集合を導出するという「翻訳」と同時に、文脈を読み込むためのある種の距離感（前であれ後であれ、周辺の単語の影響が強く、離れた単語の影響は弱い）を同時に学習することができるようになっているのである。

ここで行われていることは、原文を単に決まったフォーマットのベクトルにエンコードし、それから訳文をデコードするのではなく、個々の単語に還元されない（逐語訳には現れない）「文脈」を別途隠れ層で学習させるという、ある種の「奥行き」を作る作業である。その際、（「隠れ層」なので詳細は分からないのだが）採用されているモデルから考えれば、単語（群）の文章全体への影響の強弱、言い換えれば、単語（群）の影響の残存期間の長短を計測しているものと考えることができる。その結果、個々の単語そのものの属性ではなく（つまりたとえば「environment」という単語が出てくれば必ず影響が強い・弱いと判断するのではなく）、文章の構文を含めたまさに「文脈」を学習することとなっているはずである。

近年類似の考え方を用いて、記号論理を機械学習で学習させるということが試みられている［Hohenecker and Lukasiewicz, 2018］。この手法では、これまでのように記号論理のルールそのものを直接学習するのではなく、「主語、述語、目的語」からなる一つのセット（例：アラン・チューリングはケンブリッジ大学の卒業生である）を繰り返し学習させるということをまず行い、その後与えられた主語、目的語から関係性を推論する。そのポイントは、一つひとつのインプットを単語・テキストとして「記憶」するのではなく、その情報を別のベクトル表現にいったん転換するということにある。これは、構造的には、機械翻訳にあたって文脈ベクトルにいったん転換することと同じ取り組み、つまりエンコードとデコードとの間に「奥行き」を作っている作業であると考えられる[8]。

さて、ここで第7章7・2節でも紹介したロシアの数学者コルモゴロフの議論に戻りたい［Kolmogorov, 1965]。彼の議論は、記号秩序にも同型性があることを指し示していると、我々は考えるからである。

コルモゴロフ複雑性とは、あるメッセージが与えられたときにそのなかにどれだけのパターンを見いだすことができるか、ということに関する尺度である。一つのパターンだけでメッセージ全体を漏れなく記述できる場合が一方の極にあり、まったくパターンを見いだしえない場合（原メッセージそのものとしてしか表現しようがない場合）が他方の極にあり、さまざまなパターンが組み込まれている場合がその中間にある、ということである。

コルモゴロフの複雑性は、シャノンのエントロピーの概念と対比することができる。シャノンは、通信に関する工学的考察を行うという観点から、発信元からの信号の確率的な揺らぎを出発点として情報量の議論を展開した。揺らぎが多ければ多いほど受け取ったメッセージの情報量が少ない——エントロピーは大きい——という考え方である。このときに、ある既知のメッセージを伝達するときにノイズが与えるエラーを議論するのであれば、確率分布は一つとなる。しかし、この同じアプローチで何か未知のメッセージを受け取ったときのその情報量——あるいはエントロピー——を考えようとすると、あらゆるメッセージのなかから一つのメッセージを受け取る通信環境を想定するような話になる。つまり確率分布の確率分布のようなことを考えなければならない事態である。コルモゴロフは、情報に関するこうしたアプローチを否定する。コルモゴロフは、情報は、あくまでも特定の対象物aと特定の対象物bとの関係からしか理解できないのだ、ということを議論の出発点とする。簡単に言えば、メッセージの情報量は、ランダムに飛び交う文字のなかから形成されるものとして把握すべきではなく、文字列と文字列との間で共有される相関性――パターン――として把握すべきだ、という考え方である。これがロベッリの言うように、部屋と部屋の関係を見るときにはミクロの粒子の挙動ではなく温度というマクロの素性を見いだすことができてはじめて「意味」がある、ということと同じ機構であることが理解できるであろう。

同様に、コルモゴロフは、地図とそれが表現するリアルな世界の地形との対比の例を持ち出す。そして、その対比をミクロのレベルにまで突き詰めてしまうと、地図は鉛筆で書かれた点の集まりだということになってしまい、無意味となるのだと述べている。地図と現実の地理との関係――つまりは地図の情報量――は、あくまでもそれらに共有されるマクロのパターンとして見る必要があるのだという、別の例である。

次いでコルモゴロフは、自らの複雑性で情報量を説明する事例として、トルストイの小説『戦争と平和』の内容を予測するという例を挙げる。そして『戦争と平和』を情報量として記述するには（あるいはそのストーリー展開を予測するには）、ロシア語で書かれていること、19世紀前半のロシア貴族の生活が描かれていること、それまでのストーリー展開などというのが情報となるのだと言っている。

しかし、この『戦争と平和』の例は、最小記述長に関するものとは次元を異にしている。最小記述

[8] こうしたベクトル表現はEmbeddingsと呼ばれ、通常「埋め込み」と訳されるようだが、我々の感覚としては、ディープラーニングの「ディープ」と同様に、表層的な記号の配列とは別に「奥行き」を作っていると表現するのが近いと考える。

長の例では、与えられた記号列そのもののなかに何らかのパターンがあれば、それだけを学習し表現することで、記述の物理的な長さを短くすることができる。他方、『戦争と平和』の話はこれとは異なる。ここでコルモゴロフが言おうとしているのは、『戦争と平和』に書かれていることを玩味するには、そこに書かれている記号列（のパターン）だけではなく、背景にある知識を動員することが必要だ、ということである。つまり、「本を読む」という行為は、その本に書かれている記号だけを読み出して情報処理をしているのではなく、それと関係する知識をパターンとして読み出して統合的に処理しているのだ、ということである。同じことだが、文脈は、いままさに読解の対象となっている個々の記号配列だけに埋め込まれているのではなく、記号というかたちで記録・学習された人間の個人・社会の知識の体系に「奥行き」を持って多層的に埋め込まれていて、個々の文章を読むたびに、それが読み出されている、ということである。

最小記号長の話と『戦争と平和』の例には、もちろん共通する点もある。それは、予測という観点である。記号列のなかにあるパターンが理解できれば、その次に来る文字を予想しやすくなる。『戦争と平和』では、そこに書かれているストーリーと、関係する知識を動員すれば、ある程度その後のストーリー展開が予測可能になる。つまり、記号で表現されていることの理解には、目の前にある記号列に繰り返されるパターンをもっとも基層的なものとして、さらにその記号列そのものの中にはないが関連する多層的な「モア」が読み込まれ、活用されている、ということである。そして、多くの人間が『戦争と平和』を読み、読後感を語り合い、批評することができるのは、この「奥行き」を持った文脈を記号という表現を経由して共有しているからである。つまり、この「奥行き」という機構が、「モア」を表現・発見・伝達できる機構として働くことで、人間が何かを理解するときのプロセスの再現性が担保されているはずである。

これまでの議論をまとめると、記号を使って我々人間が行っていることには、①パターンの発見という意味での相関性を見いだすことであり、②ミクロではなくマクロでの素性を取り出して表現することであり、③記号表現された知識体系のなかにさまざまな「モア」を多層的に畳み込むことで共有し、④個々の記号表現を理解するときにそれを活用している、という特徴があることが分かる。

パターンを見いだす行為は、ハイエク的に言えば追加的な感覚的な経験がもたらす修正の必要性を減少させる行為、つまり同じ対象を感知すれば同じ記号表現に行き着くようにする行為である。これは環境からの「サプライズの減少」という意味で、マルコフ・ブランケットと同じメカニズムである。また、取り出されたパターンを組み合わせて知識を多層的に組みあげるということは、エマージェンスと同じ働きである。

以上のことから、図9・1の③④にもまたマルコフ・ブランケットとエマージェンスという同型性があるのだと我々は考える。

なお、上記の記号論理の機械学習に取り組んだオックスフォード大学の研究者らは、彼らの組み立てたディープラーニングの機構、すなわち特定の記号論理を固定的に蓄積・記憶するのではなく、インプットから得られる情報を分散的に保存し、更新し、その都度部分的に使用するという機構は、人間の脳を含めた生物学的な機構と共通である、ということを強調する。そういう言葉こそ使っていないが、我々の「強い同型論」と同じ考え方に立っていると考えられる。

9.5 「強い同型論」から見た今後の人工知能の開発アジェンダ

ここまで物理的秩序も記号秩序も「同型性のメカニズム」にしたがっているということを示した。人間が身体性のシステムの上に記号のシステムを載せたこと、つまりハラリの言う認知革命が成功したのは、この同型性を活かして学習を効率的にしたからだ、と我々は考える。

この議論は人工知能の今後の開発アジェンダとも関係している。未来学者のマーチン・フォードは、人工知能開発の第一線に立つ世界の23人にインタビューし『知能の立役者』という表題で出版した[Ford, 2018]。同書から浮かび上がる一つの論点は、ディープラーニングが人工知能開発に新たな地平を切り開いたことを前提として、ＡＧＩ（汎用人工知能）を目指すとした場合に、今後もその延長線上でまだまだ行けるのか、それとも異なる考え方を持ち込む必要があるのか、という論点である。あえて単純化すれば、「まだまだ行ける派」と「そろそろ潮時でしょ派」がある、と言ってもよいかもしれない。

「そろそろ潮時でしょ派」に属すると思われるカリフォルニア大学バークレー校教授のスチュアート・ラッセルは、ディープラーニングはたしかに画像認識などで成果を上げたが、それはたとえば工場を建設するといったような長期のスパンにわたる活動を組織化することはできないとする。同時にラッセルは、そうした長期的な計画立案に役立つ手法を人間は論理体系やプログラミング言語というかたちですでに手にしており、今後の人工知能の開発はその活用に向かうべきではないか、と主張する。他方、ディープラーニングを主導してきたベンジオは、ディープラーニングの階層を深くしていくことで、より抽象的なものも表現できるようになるはずだ、と主張する。

一見正反対のように見える主張にも共通点があり、その共通点を照らしているのが実は我々の言う同型論だと考えられる。「潮時派」のラッセルは、人間の行動自体がある種の階層性——低い抽象度からより高い抽象度へ向かう階層性——をなしており、人工知能の開発の課題は、この階層性を人工知能にビルトインすることで、より複雑な環境の下でまたより長期的な視野に立って活動できるようにすることであるとしている。また、ベンジオとともにディープラーニングを主導してきたルカンは、今後の人工知能の開発のためにはディープラーニングにある程度の構造を取り込むことについては合意があるとし、残る差は、その程度と、どのような構造を持ち込むかにあるとしている。

そのあたりの鍵になりそうなのが「プライア」(一般事前知識)という考え方である。第2章2・3節で触れたように、これは、人工知能が学習するときの「ズルのしかた」「コツ」のことである。ディープラーニングの実行にあたって考えるべき要素は、たとえば、①層の数をいくつにするか、②層と層との関係をどうするか、③ラーニングさせる対象(つまりエンド・トゥ・エンドのエンド)を現実界のどこに設定するか、ということになる。その上で、単純なディープラーニングの活用においては、層と層との関係は人工知能による学習の結果のみによって規定されるということになるはずだが、それをそうではなく、層と層との関係を賢く作るコツを別に与える、ないしそれ自体を学ばせてしまった結果現れるのが「プライア」に該当するものだということになる。換言すれば、人工知能が世界の表現を学習するときに、特定のタスクには帰属しない汎用的なポイントをいわば「特権的な・メタな階層」として括りだして学習させようということである。ベンジオらは、こうしたアプローチは特に学習する側がいくつかの特徴量を他から区別して選り分ける（disentangle する、もつれを紐解く）ことに役立つことを強調する [Bengio *et al.*, 2014]。

これをさらに発展させたのが第3章3・3節でも紹介した「意識プライア」という考え方であり、人間の意識と言語をモデル化する試みである [Bengio, 2017]。これは、他のプライアとともに抽象的なマクロレベルの特徴を選り分けるためのものであるが、次のような特色を持つ。

①少変数ベクトルで表現可能な抽象度の高い事柄だけに着目する。
②ごく限られた事柄だけにアテンションをあてて選り分ける。
③その限られた情報だけをもとに組み立てられた将来予測が当たるかどうかをサンプル的に試して、予測に役立つ情報をさらに絞り込む。
④これを言語として表現し、他者とコミュニケーションすることで、世界についての理解をさらに先鋭にする。

これらはまさに我々人間が意識下で言語や記号を使って行っている働きに着目して、それを（「意識とは何か」という問いには入り込まずに）人工知能の開発に役立てようというものである。

このことが示すのは次のようなことである。

第一に、人間は身体性のシステムを使って外界から受け取った感覚データを処理し、それをよりマクロの特徴量として取り出しているが、同時に、記号のシステムを活用して取り出した特徴量のさらに一部を、そしてそれだけを選り分けて、言語に置き換えて、他人と対話し、その結果を再度自身の知能へとインプットしている。それを通じて、たとえば感覚データをもとに「なんか寒くなってきたね」と発話して、相手が「そうだね」とか「いや、いま誰かがドアを開けたからだよ」と反応することをインプットすることを通じて、未来に関する予測精度の向上に役立てている、ということである（個人としても共同体としても）。

しかし、この章で行っている議論においてより重要なのは、次のようなことである。つまり、高次の特徴量の一部だけを選り分けて記号化・言語化し、コミュニケーションをすることが学習に効果的である、という点である。この点は「立ち現れ」という現象の理解と直接に関係している。

ここでデイヴィースが引用したエリック・ホエルの主張を紹介しよう［Hoel, 2017］。ホエルは、我々が他の人間などと交流するときに、相手を「目的」を有する「主体」（エージェント）だと捉え、因果関係を見いだそうとする点に着目する。なぜならば、意図と目的を持つように見える「主体」のように見えるものは、意図のない電子などミクロレベルの動きの集合体としても考えることができるからである。この二つの見方をどう調停できるのか、をホエルは論ずる。一つの見方は還元主義的な見方である。つまり、マクロに着目した理解は、単なる情報の縮約に過ぎず、そのようにするのは人間ならではの認知限界によるものだ（大量の情報を一遍に処理できないからだ）という見方である。ホエルによれば、近年発展している情報の統合理論は、そうではないことを示している。つまり、マクロレベルにはミクロレベルに還元できない因果作用が立ち現れ、そのことによって安定する、ということである。たとえば生物は、その個々の細胞が入れ替わってもマクロの状況は安定するというオートポイエーシスとも言われる特質を持つことが知られている。そうした特質を情報理論的に考えれば、マクロレベルが立ち現れるということは、結局符号化することと同じだ、というのが情報の統合理論のアプローチである。そのように考えると、シャノンが通信基礎理論で説明したこと、すなわちパターンを持つ符号化されたメッセージになれば、伝播するときにミクロの誤差があってもそれを修正することが可能となり、大意は伝わる、というメカニズムの応用で、なぜ生命体がマクロレベルで安定するかは説明可能だ、と言うのである[9]。

これもまた、我々の同型論を支持するものである。つまり、記号秩序を使って人間が行っていることとは、こうしてマクロレベルにのみ立ち現れる因果関係が物理的秩序の側にあることを前提として、それを記号として選り分けて有効に学習する仕組みであると考えることができるからである。つまり、「立ち現れ」という同型のメカニズムが繰り返される世界であるからこそ有効な戦略だということだ。第3章3・3節で人間に特有の言語能力は感覚情報を処理する知覚運動系RNN（動物OS）の「上に」乗っていると言っているのは、記号秩序がこのマクロレベルに立ち現れるパターンや因果関係のみを選り分けていることを指していると考えることができる。ただし、人間はその認知制約等から、マクロレベルに立ち現れるパターンの一部だけを把握していると考えられる。この点については改めて整理することとしたい。

しかし、汎用人工知能のようなことを考えた場合に、人間と同様に必ず二つのシステムが必要かどうかについては明確な答えはない。ベンジオは「意識プライア」を議論するにあたって、意識の働きはいくつかの要素にアテンションをあててそこに向けることに着目し、本書でいう身体性のシステムと記号のシステムの二つがあってそれらが交差するということが、意識活動のある部分を説明しているのではないか、と考えているようだ。ディープマインドの創業者デニス・ハサビスは、マーチン・フォードのインタビューに対して、意識と知性は分離することが可能で、知性の低い意識も意識のない知性もある、と述べている［Ford, 2018］。このように考えると、汎用人工知能にも身体性のシステムと記号のシステムの二つが必要かどうかという問いは、知性と意識を分離できるかという問いとも関連しているようだ。

9.6 人間は人工知能を理解できるのか

もし神経秩序を含む「物理的秩序」も「記号秩序」も同型性のメカニズムを共有しているのであれば、脳の構造を解析、スキャンして、それをコピーすることを考えると、ディープラーニングのような取り組みを行わずとも、超知能の開発基礎になるのではないか（結論から言えば、それは正しくないの

［9］ ただし、マクロレベルでの秩序が立ち現れるメカニズムそのものはミクロレベルの複雑なインタラクションであり、第5章の表現で言えば多数パラメータによってとらえることのできる領域である。

だが）。それが全脳模写（whole brain emulation）とかアップローディングと呼ばれる考え方である［Bostrom, 2014］。そのためには、脳から3次元スキャナーで脳の組織を読み取り、次にコンピュータの中にその3次元イメージを再構築し、それをプログラムとして走らせる……ということになる。

脳の組織を読み取ること、すなわちニューロン（神経細胞）などの間の結合関係を調べることである。このニューロン間の結合関係のことをコネクトームと呼ぶ。同じDNAを持って生まれた人間が環境によってなぜ異なる人間に育ち、また時間がたてば違った考え方をするようになるのか。それはこのコネクトーム、無数のニューロンどうしの結びつき方が変化するからである。その意味で、コネクトームを知ることは、すなわちその個人を正確に再現することになる［Baggini, 2012］。もちろんこれを実現するには、超精密なスキャン技術と超大容量のコンピュータを要するという大きな課題がある。しかしそれを乗り越えたとしても次に原理的な課題がある。

セバスチャン・スンの研究によれば、被験者にさまざまな女優の写真を見せたところ、「俳優」とか「女優」といったカテゴリーに反応するニューロンに加えて、個別の女優（スンの事例ではジェニファー・アニストンやジュリア・ロバーツになる）だけに対応するユニークなニューロンのパターンがあるのだ、という。したがって、それを知ればある特定のパターンを見いだすことによって、「この人はいまイングリッド・バーグマンのことを考えているのだ」などと特定することができるはずである。

問題はその先にある。それはある特定の被験者がジェニファー・アニストンの画像を見たときのニューロンのパターンを事前に解析していれば、それがその被験者に再現したときにジェニファー・アニストンであると特定することはできるが、だからといってそのパターンが別の人の脳に現れたときにそれがジェニファー・アニストンに対応しているとは限らない――というかその可能性はほぼない――のである。また、同じ被験者でも時間が経過すれば、ジェニファー・アニストンに対応するパターンはまた別のパターンに変化する可能性がある。つまり、個別のミクロで観察された現象を、第三者が知る個別の「意味」に対応させることはできない、ということである。つまり、「同型性」はあくまでもメカニズムとしての「同型性」であって、個別具体的なパターンが「同一」であることとは異なるのだ。先に触れたネットワーク理論が、必ずしも実践的なソリューションに結び付かなかったのも、隠れ層のような奥行を使わずにノードのリンクのパターンを直接的に把握しようとしたからかもしれない。

実は同じことは現在の人工知能の開発についても当てはまる［The Economist, 2018］。現在開発されている人工知能は、「2001年宇宙の旅」などさまざまなSF映画で描かれたような、万能で、しかし人間の意思に反して行動する人工知能とは良くも悪くもかけ離れているが、しかし、その段階にあってもある種の「薄気味悪さ」がつきまとう。ディープラーニングで用いられるニューラルネットワークにおいては、現実の脳の働き――コネクトーム――を模して、コンピュータプログラム上のノードどうしの関係の強弱を変えて調整させる。しかし、なぜそういうノード間の調整を起こしたのか、さらにいえばなぜそのような特徴量を見いだしたのかは、そのプログラムを設計した人間であっても分からないからである。

これに対してはさまざまな取り組みが行われている。たとえば、『エコノミスト』誌によれば、米国国防総省の研究機関であるDARPAは、「人工知能を説明可能にする」プロジェクトを実施しているという。それは、米国の偵察衛星はたとえば北朝鮮で警戒すべき動きがあるかどうかを監視し、そこから得られる大量のデータをプログラムによって処理しているが、そのプログラムから頻繁に警報が発せられるのはなぜなのかを、認識できないからである。

このような取り組みの一つのアプローチとして、いわば擬人化する、というものがある。たとえばカリフォルニア工科大学の研究者は、写真から鳥の種別を見分けるニューラルネットワークを作るのと並行してなぜそのように判断したのかを説明できる第二のニューラルネットワークを開発した。第二のネットワークは第一のネットワークがどのような特徴量を判断要素としたのか、どのようなニューロン間の結合をパターン化したかを、その写真を見た人間のさまざまな反応（言語化された反応）と結びつけることで、説明するのである。さらに、人間に用いられている認知心理学のコンセプトを人工知能に当てはめようとする試みもあるようだ。

しかし、これらのやり方は、当然にして、人間が言語化できるもの以外の特徴量、たとえば巨大な電力系統の状態を具体的に記述するといったことはできない。他方こうしたまさに名状しがたい判断（ベンジオは人工知能的直感 Artificial Intuition と呼ぶ）こそ、人工知能が行う貴重な判断のはずだ。

実はこのことは、グーグル・ディープマインドによって開発され、世界の強豪を次々に破ったアルファ碁と呼ばれるコンピュータ囲碁プログラムの開発とも関係する［The Economist, 2017］。

アルファ碁の開発には二つの段階があった。第一段階は、囲碁に熟達した人間どうしの対戦結果を学ぶことを通じてそこからルールと戦略を抽出し、その後自分自身との対局を幾度も繰り返すことで能力を高めるという段階である。この段階では、アルファ碁は人間の対戦結果という「教師データ」

をベースに開発され、これが2016年に韓国の世界的な囲碁プレーヤーを破った。これに対して、第二段階で開発されたアルファ碁ゼロは、教師データをまったく使わず、ゲームのルールと勝敗にしたがって与えられる報酬を最大化することだけをプログラムすることで開発された。アルファ碁ゼロは、最初はまったくランダムに方向感もなく打っていたが、1日で上級プロレベルになり、わずか2日後には世界的な囲碁プレーヤーを破ったプログラムを上回るまでになった、という。その間、人間が囲碁を学習するときと似たような行動もとったが、最後には人間がこれまでに見いだした定石とは異なる打ち手を編み出すようになった。これはまさにベンジオの言う人工知能的直感のなせる業であろう。

人間が人工知能を理解するための方法はあるのか。我々の仮説は、人間の側が新たな階層性を構築・発見するしかない、ということである。

9・3節「情報と意味」で説明したように、人間が「理解する」とは、ミクロレベルの素粒子の挙動そのものではなく、そこから立ち現れる「モア」を段階的に知識化しそれを積み重ねる行為を指す。「名状しがたい事態」とは、そのような手順がないままミクロの打ち手からいきなり結果が示されている状態である。おそらく我々に必要なのは、この大きな距離を一挙に飛び上がる代わりに、段階的に理解する階層性の構築である。同時に、階層性は定義上「階段状」である。したがって、モアの理解にはある程度の跳躍が必ず伴うことも押さえるべき点であろう。それはエマージェンスというメカニズムがある以上不可避の事態である。

すると我々に必要なのは、ある意味で階層性と跳躍の程度をマネジメントすることだということになる。宇宙ロケットやスマートシティなどの大規模なシステムを構築するときにアーキテクチャという手法が使われる。これは、システムの大目的から、プロジェクトに参画する関係者が持つ多様な関心、システムに外部から課せられた条件、最後のソフトウェアの詳細設計に至るまでを、段階的かつ整合的に具体化・実現するための手法である。また、コンピュータプログラムの開発には、コンピュータが直接実行可能だが人間には分かりにくい機械言語から、より抽象化されて人間にとって分かりやすい高級言語まで多段階の言語が利用されている。こうした階層性を積極的に生み出してマネジメントする手法から何か解決のヒントを得られるかもしれないというのが、我々のとりあえずの仮説である。

9.7 同型論モデルはどこまで拡張できるのか

同型論モデルでは、物理的秩序と記号秩序の同型性を議論してきた。しかしそれはあくまでも生命体と生命維持の周辺で見いだされる同型性であった。同型論モデルの射程を広げるとすると、それはどこまで拡張することが可能なのか、以下ではそのことを論じる。生命体ではない人工知能が同型性のある知的活動を行いつつある以上当然の取り組みであることと、この試みを通じて、マルコフ・ブランケットとエマージェンスで説明してきた同型性をさらに深いレベルで理解することができるのではないか、と考えるからである。

こうした検討に役立つと思われるのが近年における量子力学の発展である。以下では科学誌『ネイチャー』の編集人を務めたフィリップ・ボールの量子力学に関する近著［Ball, 2018］をもとにしながら、同型論の射程について議論することとしたい。

ボールは、過去10年ほどで量子力学についての理解は大きく変貌したとし、端的に言えば量子力学は情報理論あるいは「知るとは何か」についての理論だと理解すべきだとする。

たとえば、第7章でも紹介したように、量子力学では電子は人が観察・測定するとき（他の電子と干渉するとき）には空間の特定の場所に存在するが、それ以外の場合においてはどこにあるかは特定できず、単なる確率分布として数学的に記述できるに過ぎない。その際に用いられるのがシュレーディンガー方程式なのだが、ボールはシュレーディンガー方程式は波動関数であって波動ではないのであり、それはミクロの世界を表現しているのではなく、「個体・モノがある」という単位で見る古典的認識とは異なる、人間から見たときの別の抽象化の方法だ、と考えるべきだとする。そして、比喩的に言えば、古典的な世界では粒子と軌道があるのに対して量子力学の世界では波動関数があり、同様に確定的な予測の代わりに確率的予測が、ストーリーの代わりに数学があるのだ、と言う。

その上で、量子力学の実験で、観測すると特定の場所に存在するが、観測されない間は「重ね合わせ」（superposition）のかたちで存在しているように見えることについては、次のように考えるべきであるとする。すなわち、量子力学は客観的・不動の事実についての記述ではなく、計測すると何が見いだされるかという予測、あるいは予測の処方に関わるもの、換言すれば、我々のような意思決定主体が、宇宙の何かにアテンションをかけて関わろうとすると何が起こるのかという意味での予測に関するものだ、とする。このメカニズムが、ディープラーニングのそれ、つまり何かを予測しようとしてある限られた事柄にアテンションをかけると特徴量が選り分けられるというメカニズムと同型であること、そしてそれをより一般化すれば、意思決定主体が対象について「知る」ということと対象と関わることは一体であり、情報理論的に見た量子力学は、我々の同型論モデルと同様に、「ある」と「知る」とは区別できないということを含意することが、お分かりいただけるであろう。

そのようにしてみると、同型論モデルの下でミクロからマクロへとモアの階層性があるなかで、量子力学はその境界点を示していると言えるのではないか。つまり、ミクロとマクロは階層性をなしており、マクロはミクロには還元できない何者かがあるというのが「モア・イズ・ディファレント」なのだが、その先にはもはやもととなるミクロがない（知りえない・測りえない）段階がある、ということである。実際ボーアは重ね合わせに関わる二重スリット実験の意味をそのように理解したのだという。そのレベルになると、量子システムの内実は不可知だが、それが環境と干渉した結果を知ることで、その境界（環境に残した痕跡）だけは知ることができる、というわけである。これはいわばウチソトを区別するマルコフ・ブランケットの限界、つまりソトから見ればウチ（あるいはウチから見たソトなのかもしれない）があることは分かるが、そのウチの内実は不可知だという意味で、同型性の境界点だと言えるのではないか。

さらにボールは、量子コンピュータのメカニズムは誰にも分かっていないが、そのことが量子力学の情報理論的性格をあらわしているのだとする。なぜならば、量子コンピュータが計算できる（答えが「ある」）ということと、「知る」ことがイコールになってしまっていて、なぜ答えが「ある」（出る）のか、ということは問えないからである。

情報理論として量子力学を捉えるとそれは「ミクロ」を突き詰めるときの限界を示しているとして、逆に「モア」を積み重ねていくとどうなるのか。そこに発生するのが「目的」と「主体（エージェント）」であると論じているのがカール・フリストンである。フリストンは、マルコフ・ブランケットであっても「主体」を形成するものとそうではないものがある、とする。たとえば17世紀オランダの物理学者クリスティアーン・ホイヘンスは、壁にかかった二つの振り子が同期することを発見した。この振り子はお互いを構成する粒子の状況とは関係なく同期しているという意味で、マクロの相関関係を示している。しかし、片方の振り子の動きを止めてしまえば、同期もなくなる。フリストンは、生命体におけるマルコフ・ブランケットはこれとは違うのだ、という。それは、生命体におけるマルコフ・ブランケットは、第8章で論じたように、サプライズショックをなくすために積極的に周囲の環境を常に推論し、それを実現するような内部状態の実現と外部への働きかけを行っている。特に、生命体は、いくつかの潜在的な候補の中から最適な働きかけのオプションを選択するだけの、「深さ」のあるモデルを内蔵していると考えるべきだとする。つまり、「主体」の誕生には、「深さ」のある内部構造と、外部環境とのインタラクションが必要だというのである。

先述した情報の統合理論が、まさにこの主体の誕生と、「深さ」のある内部構造、外部環境とのインタラクションとの関係について、論じている［Davies, 2019］［Hoel, 2017］［Albantakis, 2016］。それによれば、あるシステムが「主体」となりうるかどうかの差は、その内部構造がどの程度統合され互いに結び付いているかにある。内部と外部のインターフェースにあるセンサ、アクチュエータ、さらには内部に隠れているさまざまなノードどうしが結び付きあいフィードバックが働くネットワークになっていればいるほど、外部環境の変化に対する即応性が高く、「主体」として「目的」を持つように見えるというのだ。そしてそういった「深さ」のないシステム、単にデータをフィードフォワードする仕組みも知的な処理はできるが、「主体」は形成しないのだという。ハサビスが意識と知性を分離することは可能だといったことの根拠の一つはここにあるのだと思われる。

他方、環境の必要性について強調したのがホエルである。ホエルは先述したようにマクロで「立ち現れる」現象はミクロレベルの情報の縮約ではなく、独立した因果関係を含むものだとするが、それが独立して安定的であるのは、マクロレベルの状況を実現できるミクロの構造は単一ではなく、取り換え可能だからだ、とする。そこに現れるのが「手段」(ミクロ)とは切り離された意味での「目的」(マクロ)だということになる。その上でホエルはロミオとジュリエットを引き合いに出す。そう、ロミオとジュリエットである。ロミオが「主体」として「目的」を持っているように見えるのは、あくまで外部環境(ジュリエット)とのインタラクションがあるからだとする。ロミオの行動は彼の脳の内部構造をいくら解析しても解明することはできない。あくまでもジュリエットへの愛という環境とのインタラクションがあって、目的があるように見えるのだ、ということである。マルコフ・ブランケットのウチソトの区別、そしてウォルパートとコルチンスキーによる「意味のある情報の選別」と同じメカニズムである。そしてこのメカニズムが純化していけば、最後にはマクロの目的だけが残り、ミクロの事柄は、ロミオの具体的な行動、そして彼自身を支える生命メカニズムさえもまた、完全に従属的で取り換え可能な存在となる。シェイクスピアの筋書きが指し示したとおりである。

以上を踏まえてもう一度同型論を整理しよう。マルコフ・ブランケットによる外部環境についての積極的な推論という考え方から明確に説明ができるのは、生命体であり、人間の知能の活動である。しかし、マルコフ・ブランケットとエマージェンスで説明してきた同型性のメカニズムを、上記のように射程を広げたうえでもう一度整理すると、次のように考えることもできる。

同型論のスタートラインは個体が「選り分けられる」瞬間である。量子力学で言うとそれが観測によって重ね合わせ状態ではなくなり古典力学的（個体が識別できる）状態になる（これを「デコヒレンス」という）瞬間である。この瞬間において、個体が「ある」ということとそれを「知る」ということは区別できない。次に起こるのは選り分けられたミクロからマクロの現象が「立ち現れる」段階である。それはマルコフ・ブランケットとその積み重ねによって生じ、ミクロには還元できないマクロが生ずる。ただし、マルコフ・ブランケットであっても「主体」を形成するものとそうではないものがある。「主体」の誕生には、「深さ」のある内部構造と、外部環境とのインタラクションが必要となる。また、このマクロの特徴量を選り分けて捉えることで、端的にそのレベルの因果関係を理解・予測できる。ただし、このときにおいても、細胞の内側が外部環境を「知ろう」とすることで内部が維持されるという関係にあるので、ここでも「知る」と「ある」を区別することはできない。そして最後に生ずるのが「主体」と「目的」である。この段階に至ると、マクロの目的とそれを具現化するミクロとのかい離が進み、ミクロの側は取り換え可能な存在となる。そして人類が言語化し符号化した「情報」は、鉛筆で書いてもディスプレイに表示しても叫んでも同じだという意味で、それを支えるミクロの媒体からは完全に独立した存在（substrate-independent）としてマクロの特徴だけを取り出すとのできるものである。それゆえに、ハラリが指摘したように、人類は法人や人権といった概念に関してコミュニケーションを行い、社会を形成することができるようになった、ということになる。

我々の同型性のメカニズムをこのように生命体とその周辺から拡張して見れば、電子レベルの個体の選り分けから「モア・イズ・ディファレント」へと進み、最後にミクロの個体から独立した情報が立ち現れるメカニズムのことだ、ということができるだろう。

9.8 強い同型論は還元主義になるのか

もし一つのメカニズムによって「すべて」が説明できるのだとしたら、たとえばすべての事柄はいくつかの素粒子の働きによって説明できるのだという主張と同様に、還元主義を意味することになるのか。そうではない、というのが我々の主張である。

理由は二つある。第一に、マルコフ・ブランケットのようなメカニズムは、ウチとソトを分け、ウチのエントロピー増大を防ぎ、秩序を維持することは説明するが、では、どのような秩序が立ち現れるのかについては説明しない。したがって、アンダーソンが主張したとおり、マルコフ・ブランケットというメカニズムだけからさまざまなパターンをすべて予測することはできない。

第二に、コルモゴロフ的な意味で情報量が多いということは、簡単に言えば発見されるパターンや特徴量の数が多いという状態を意味する。しかし、発見されるべきパターンすべてを計算し尽くすことはできない。なぜならば、仮に計算し尽くされたとする場合、そのパターンの組み合わせからまた新たなパターンを創造することができてしまうからである。

ここでもう一度デイヴィースにご登場願おう［Davies, 2019］。デイヴィースはヒルベルトから始まる数学と計算の歴史を紹介する。数学者ヒルベルトは1929年に公表された講義で、一定の述語論理と公理からなるアルゴリズムは、与えられた命題について必ず真偽を判定することができるか、という問題を提示した［10］。素人的言い方をお許しいただければ、矛盾せずまた回答不能にもならないような「完全万能な論理体系」はあるのか、ということになるであろう。すると翌1930年にはクルト・ゲーデルが不完全性定理を唱え、どのような公理体系を組んだとしても、その体系自体が無矛盾であることを自己言及的に証明することはできず、証明も反証もできない命題（つまり未決定となる命題）が常に存在することを示した。その意味するところは、数学は無尽蔵の新奇性にあふれていて、仮に無限定な知性（まさに「ホモ・デウス」であろう）がいたとしても「すべて」を知ることはできない、ということである。そしてこれらに基づき、今度は**アラン・チューリング**が、このヒルベルトとゲーデルの取り組みを万能コンピュータ（チューリング・マシン）の可能性の問題に結び付けた。そして、ヒルベルトの決定問題を解くアルゴリズムは永遠にありえない――ある命題を与えられたときにその真偽を判断できる場合は当然あるが、逆にある命題が最終的に「決定できない」ことを証明することはできない（「決定できる」可能性を排除できない）――ことを示した。またちょうど同じ頃ジョン・フ

［10］ Entscheidungsproblem（ヒルベルトの決定問題）と呼ばれる。

ォン・ノイマンは生物を参考にしながら万能製造機（すべてのものを、そして万能製造機自身を、作ることのできる機械）の可能性に取り組んでいた。

それらの紹介の後にデイヴィースは、このように続ける。生命体を情報理論的に見れば、自己複製を続け、また、外的環境と自らについての情報をより多く獲得しようとしている主体、論理体系の下に物理的世界のなかで活動を行う主体だということになる。他方、チューリングらの作業は、論理をコンピュータに実装して実世界のなかの物理的な存在にするとどうなるかという試みである。そうだとすると、完全万能な論理体系もどんな問題にも解答を出せる万能コンピュータはないということを示したチューリングらの作業は、情報理論的に見た生命体にもあてはまることとなり、結局、生命体の無限の多様性と複雑性とを示していることになるのである、とする。まさに「還元主義」の否定である。

第10章 我々の「世界の見方」はどこからきてどこに向かうのか

10.1 新しい認知構造

人工知能への挑戦を契機として、何かを「知る」とはどういうことか、そして何かが「ある」とはどういうことかについての、我々の理解は転換を迫られている。前章までで、その転換に中核的役割を果たす考え方を「強い同型論」として提示した。第10章では、今後我々が世界を見るときの見方がどう変わるかについての全体像を、新しい認知構造の特徴を示すかたちで論ずることとしたい。

特徴その1　人間を超える知性がありうること

新しい認知構造の第一の特徴はこの点であろう（誤解のないように付け加えれば、人間を超える知性が必ずできる、と我々は主張していない。それが「ありうる」という事態が重要なのである）。それは、脅威論も生むが、人間だけが特別ではないという感覚と同時に、人類が共通に当面する課題の存在を強く認識させることにもなる。そしてそうした未知でありかつ可能性と脅威の双方を秘めた存在を位置づけるために、人間の歴史や地球、宇宙の歴史を通観し再解釈する試み（本書もそのささやかな試みなのだが）が繰り返されるだろう。つまり、人工知能の開発に取り組むという実践的な課題と、一見「象牙の塔」に特有にも見える課題とが不即不離の関係にあるのが、この時代の特徴だということである。

また、人間を超える知性がありうるという事態は、「知とは何か」という問いを「人間の知性は何か」という問いと切り離すことを意味する。本書で取り上げたマルコフ・ブランケットのメカニズムは人類の誕生に先行したメカニズムである。それは細胞が周辺環境の変化を予測しよう（知ろう）というメカニズムであり、人間の知能だけに限定されない共通のメカニズムであることを繰り返し述べた。いま問われているのは、「人間の知性とは何か」というよりも、「知る」「予測する」とは何かという「知一般」についての問いである。

特徴その2　ディープである（階層性がある）こと

人工知能が取り組もうとしているのは、複雑性を保持したままの現実の多面性をそのまま特徴量として把握することである。このように多様かつ非線形の対象を、線形モデルと活性化関数とのさまざまな組み合わせで学習しようとすると、第2章2・2節で述べたように表現力の高いモデルが必要となり、それには「深さ」が要求される。多面性を捉えようとすれば、一回の分類・スクリーニングでは不可能であり、多層的な分類・スクリーニングが必要となるからである。そのことはハイエクも指摘した点であり、まさにディープラーニングの隠れ層が果たしている機能である。

また、「強い同型論」が示していることは、このような「深さ」を作ることが必要なのは、世界が

「モア・イズ・ディファレント」という特徴、すなわちミクロからマクロへの「立ち現れ」が繰り返されるという階層的な構造を有しているからでもある。

この階層性、深さ、奥行きを意識するということが、新しい認知構造の特徴の一つとなるであろう。

特徴その3　概念とストーリーの回帰──「丸めること」ができること

階層性を意識したディープラーニングでは、よい特徴量が見つかれば見つかるほど、簡単な演算（線形の計算）で処理できることも明らかになっている。パラメータ数の多い容量の大きなモデルを使っても汎化機能が落ちないということである。このいわば「丸めることができる」という特徴は、ディープであることとセットになっている。

近代以降、まず経験科学が追求された後に、人間が直接感覚によって捉えることができなくとも、何らかの管理された実験を人間が観察することを通じて、最終的なミクロの物理的秩序を発見しようとする取り組みが行われてきた。それがいま、ミクロ的な構造の徹底追求というアプローチから、マクロ的な特徴・パターンの認知への反転が起こりつつある。そのパターンを記号的に表現するのが概念でありストーリーである。キャロルが「ストーリーのある自然主義」と言ったのはまさに象徴的である。

コンサルタントの池田純一は、情報化の急速な進展のもたらす人間の思考の体系の変化について指摘している［池田、2012］。池田によれば、デジタルなコンピュータが登場した結果まずパラメータ的な発想で対象を連続的に捉えられるようになった（身近な例で言えば、スマホで撮影した写真の明るさや範囲を連続的に変更できるようなことを指す）が、その結果、（すべての連続的な点を選択することはできないので）むしろその連続的な線分のなかから一つの点をパラメータとして選択し、複数のパラメータを組み合わせるという態度が醸成されたのだという。このような「どの程度かというほどよいチューニング」に焦点が当たるような事態は、通常デジタルという言葉から連想される事態ではなく、むしろ逆である。池田の指摘もまた、ミクロの追求から生じたマクロのパターンの発見への反転を示している。

さらに言えば、これは過去の認知構造への回帰という面を持つ。日本の近代文学と江戸時代までの文学に現れる認知構造の差がその参考になる［柄谷、2008］。批評家の柄谷行人は、小説家の国木田独歩の『武蔵野』に描かれた近代的な風景が現れるには、もちろん物理的な植生は江戸時代と変わっていないのだから、それを見る我々の側で知覚の様態が変わらなければならなかったのだ、とする。松尾芭蕉はさまざまな場所を訪れて、そこで見たものを題材に俳句を詠んだ。しかし、芭蕉が見たものは独歩の描いた近代的な「風景」とはまったく別物であり、芭蕉にとっての風景とは、その場所をかつて描いた過去の文学と結びついた言葉やストーリーの集積だったのだとする。それは、和歌であれば枕詞や縁語をある種のパスワードとして使うことで、日本人がその時代において好んで共有していた自然観や感情を、あたかもデータベースを参照するように読み出して再生できる、という認知構造に立脚した風景である［松岡、2008］。これに対して独歩の見た風景は、そうした概念で彩られた風景からは切り離された、新たな認知構造としての風景、「素顔としての風景」の発見なのだと、柄谷は言う。

ディープラーニングを経て捉えられるものは、パターンによって特徴づけられた画像であり、むしろ近代以前の捉え方に近い、ということになる。

特徴その4 「図と地」の関係の逆転

近代の認識を規定してきたものの一つは、その空間認識のあり方である。スコトゥスが「天使は場所のうちにあるのか」という問いに答えるなかで実体と場所との関係を転換させたことについてはすでに触れた（第7章7・4節参照）。ここでは、エルヴィン・パノフスキーが論じた西洋近代における中心遠近法の成立を引用しつつ、その点をさらに論ずることとする［パノフスキー、2003］［大澤、2010］。

中心遠近法とは、3次元の世界を2次元に投影するための手法であり、我々が学校で習うように、絵画を描くときには同じ大きさのものであっても視点から遠くにあれば小さく描き、全体を消失点と呼ばれる1点から整序するあの描き方である。実はこのように描くということは、遠近を表現する唯一の方法ではない。にもかかわらず、こうした描き方に慣れ親しむことによって、そのようにしか「見えなく」なり、また、具体的な風景を離れて、我々が世界を見る見方が規定されることになる。

パノフスキーによれば、中心遠近法には二つの暗黙の前提がある。第一は、我々は動くことのないただ一つの眼、つまり眼球という球体ではなく「点」で見ているということである。もう一つは、その眼をまさに頂点としてピラミッドを描いたときに現れる平らな切断面、つまりは中心遠近法によって描かれた絵が、我々の視覚を適切に再現しているのだとみなされてよい、という前提である。その結果、我々が見る空間は、視点を起点とする完全に均質な空間、すなわち連続的で無限で等質的な空間として認識されるようになる。さらに、その等質的な空間に位置づけられるすべての要素、つまりは絵に描かれているすべての点は、それらが占めている「位置」として表現できるようになってしまい、そのこと以外には固有の自立的な内容を持たない、という考え方につながるのだという。我々なりに換言すれば、これは空間という座標軸がまずあって、そのなかにモノが位置づけられるという考え方であり、人間の認識構造に内包されている座標軸がそこに映し出される実体に先行する、すなわち「地がまず先にあってから、その上に図を描く」のだという考え方である。

パノフスキーによれば、遠近を何らかの方法で表現するということそのものは近代の発明ではない。古典古代にはその時代なりの遠近法があった。しかし、それは近代の中心遠近法とはまったく異なる構造を有していたのだという。古代遠近法は、近代遠近法が眼を「点」としたのと異なり、眼を「球」として捉えた。その結果、古代遠近法は球面を経由して対象を見ていることを意識したものとなる。たとえば「見上げる」という場合に見た像と、「まっすぐ見る」という場合に見る像を別々のものとして捉えた上で、それらを一つの画面に集約する方法をとったのである。この方法による場合、視野の角度ごとに別々の消失点が生じ、それらをつなぎ合わせると「消失軸」が現れる。その意味するところは何か。パノフスキーは、その結果、古典古代の芸術は純粋な立体芸術となったのだ、という。社会学者の大澤真幸の示唆にしたがえば、それは次のようなことを意味している。つまり、古代遠近法では、その角度で見る視野ごとに捉えようとしている立体（神殿のような構築物や彫像）がまず先にあるのだ。そして、それらの視野角をつなぎ合わせたものとして、事後的に消失軸が出現する。

中心遠近法のように、唯一の消失点からはじまる等質的空間が先にあってそのなかに物体が位置を与えられるのとは逆である。中心遠近法は地があってその上に図が描かれるのに対して、古代遠近法は、個々の物体からなる図があり、その後に地が現れる関係にあるのだ。したがって、パノフスキーが述べるように、古代において認識される世界の全体は、つねに根本的に非連続なものであった。つまり、単に「見える」というだけではなく、人間が眼球を向けることによってあたかもその先にある対象をつかみ取るような感覚で捉えうるものだけを、芸術的現実と認めるものであった。

これがいま再逆転しつつあるのではないか、というのが我々の考えである。

劇作家の山崎正和らの参加した座談会のなかで〔三浦，2016〕、インターネット時代の現実感覚の変化が議論されている。そして、中心遠近法的な3次元的発想というのはある学問的な抽象の産物であり、むしろアニメやコスプレが登場するインターネット時代においては、かつての京劇や文楽と同様に、人間的現実の仕組みを赤裸々に示すような現実感覚が回帰しているのではないか、ということが指摘されている。「地があって図がある」から「図があって地がある」方向への反転を示していると考えられるだろう。

実は第3章3・2節で紹介した人工知能開発の課題である「状態空間」の作り方は、このことと関係している。なぜならば、これまでは、まさに近代の認知構造どおりに、画像を与えてそれを抽象化したものとして状態空間を定義した（まず地＝状態空間を与えてその上に図を描くように考えた）が、むしろ有効なのは、古典古代的に「人工知能自体が行動しているうちに状態空間の作り方自体が洗練されてくる（まず図があってそれから地が出来上がる）」というアプローチだ、と考えられるようになりつつあるからである。[11]

特徴その5　結果だけが示されてしまうこと

「モア」を探索する仕方において、人間と人工知能には差がある（第5章参照）。人間が知性を行使する場合、それまで人類が積み上げてきた学習の歴史（囲碁の定石がそれである）を前提とせざるを得ず、また、少なくとも短期的にリスクの少ない方策を中心に探索を行う癖がある。いわば目の前にある常識化された「モア」だけを利用するということである。

人工知能の場合には、そうした制約を受けることがない。これまでの人類の蓄積のみにはこだわらずに、「モア」すなわち複雑性の探索・生成を一挙に、したがって過去の蓄積に拘束されることなく超歴史的に行うのがディープラーニングだと考えることができるだろう。ディープラーニングを特徴づけるのが、エンド・トゥ・エンド学習であるとされる（第2章2・6節参照）。それ以前の機械学習の研究では、さまざまな特徴量をまず人間が定義し、それを使ってさらに高次な特徴量を定義し……というように段階を追って行われ、それが各々研究領域をなしていた。それが、ディープラーニングでは、予断なく途中をすべてニューラルネットワークの入力と出力につないでしまう。このため、人間と人工知能はともに同型性のメカニズムにしたがっており、人工知能は結果において単純かつ丸めたことを選び出しているのだが、その内実を人間がただちに実感できない（AIはブラックボックスだ）という事態が起きる。

ただし、ここで大事なのは、同型性のメカニズムが示していることとは、世界は常にミクロからマクロへのある種の非連続な飛躍を孕んでいる、ということである。これは還元主義で成り立っていない世界には不可避な事態である。我々人間にとっても（そして人工知能にとっても）この飛躍があることを前提にそれをどう対処するかが課題だといえよう。したがって、人工知能のもたらした結果を人間が理解することが可能だとしたら、それは、新たな階層性を構築・発見するほかないのではないか、というのが先に述べた我々の仮説である。

特徴その6　合理性についての考え方の転換——知識組替え

これまでの人間の合理性を巡る議論では、明確かつ一貫した判断基準の下に行動することを「合理的」と捉え、これと比較して生身の人間は限定的な合理性しか有していないとされてきた。たとえば、心理学者で2002年にノーベル経済学賞を受賞したダニエル・カーネマンが合理性を体現する「エコン」に「ヒューマン」を対置させたことがこれに当たる（208ページのコラム参照）［カーネマン、2012］。

ディープラーニングの発達をふまえると、これまで「合理性」の基準として考えられてきたもの、

[11] 本書で触れる余裕はなかったが、実はディープラーニングが行っているような奥行き・階層性のある現実把握と表現を行っているのは、抽象芸術かもしれない。批評家の岡崎乾二郎によれば、視覚を含めた個々の感覚器官がもたらすまとまりのない情報と、人間の対象の認識は別物であり、それをたとえば我々が見慣れた肖像画のような形で切り取って表現しても、それでは代表し尽くすことができない広い潜在的な領域がある。岡崎はそれを表現しようとしているのが抽象芸術だとする［岡崎、2018］。

すなわちカーネマンの言うシステム2的な思考モードを準則とするという発想は見直しが必要である、と考える。むしろ、カーネマンの主張とは逆に、システム2がタスクをある範囲に限定しようというのに対して、それにシステム1が連想力を発揮して抗うというのが、知性のあり方の表現としては「正しい」のだと考える。コラムで述べたように、アルファ碁と「古き良き人工知能」の補完関係が、システム1とシステム2のこのような相互補完的な関係を指し示している。

こうした時代には、これまで一見関係のなかった事柄がシステム1的な連想によって結び付けられるという意味において、既存の学問領域の線引きが見直されざるをえない。筆者の一人はかつて産業構造の変化の方向を「知識組替え」と表現したが［経済産業省、2008］、今起ころうとしていることはまさにそれである。

コラム

意識の機能——システム1とシステム2

ここでは、意識の果たす機能に関して、心理学者で2002年にノーベル経済学賞を受賞したダニエル・カーネマンの議論を批判的に紹介する。

カーネマンは、「システム1」と「システム2」、「経験する自己」と「記憶する自己」、そして「ヒューマン」と「エコン」という三つの対概念を用いる。

このうち、特に重要なのがシステム1とシステム2という対である。これらは、我々が思考を行うときの二つのモードである。システム1は、直観的なもので、印象や感覚、傾向を形成する。たとえば、他人の顔を見たとき、我々はその表情で上機嫌か不機嫌かを瞬時に判断する。そうした思考モードはシステム1と呼ばれる。カーネマンによれば、システム1は生命体が進化の過程で何か危険な兆候は見いだせるか、逆に絶好のチャンスはあるかといった事態に対応するために発達したという。システム1は、人間にとって自動的かつ高速に、つまり何の苦もなく機能する。システム2は逆に、複雑な計算を処理しなければならないときなどに働く熟考型の思考のモードである。意識の定義は難しいが、少なくともシステム2の思考モードはすべて意識下で行われ、システム1の思考は意識と無意識の境界に関係なく行われていると言っていいだろう。

「経験する自己」と「記憶する自己」は、経済学でいう効用と関係する。経験する自己とは、その瞬間瞬間に経験していることに対してその当事者が感じているはずの効用（自分にどれだけプラスだったか）の高さを足し合わせたものである。たとえばあなたが部活の合宿に参加したとして、その瞬間瞬間に感じた快不快を通算したうえで表される効用が経験する自己である。これに対して記憶する自己とは、過去経験した事柄を記憶というスクリーンを介して判断する効用の高さであり、いまの合宿の例で言えば、参加した合宿を後で思い出したときに生ずる快不快の感情がそれに当たる。

そして、「エコン」とは、経済学者が通常想定するような人間像、すなわち一貫した判断軸の下に行動する個人であり、「ヒューマン」とは実際の――カーネマンによれば判断に一貫性がなくバイアスがある――人間像ということになる。

その上で、エコンを基準としてみたときに、システム1はさまざまなバイアスをもたらすもので一貫した判断の障害になる、とカーネマンは言う。たとえば、ある人の善し悪しを判断する場面において、システム1は、初めに好ましいと感じたとしたら、その印象で、他の無関係な事柄についても良い方向に判断してしまうのだという。そして、システム2は、このようなシステム1を監視・制御し、万全ではないがその誤りを防ぐ役割があるのだという。

システム1とシステム2という思考モードの区別は、第3章3・3節で紹介した知覚運動系と記号系RNNとに対応しており、考え方として意義があると我々は考える。しかし、(バランスをとろうとはしているものの)カーネマンが採用している基本的な枠組み、つまりシステム2がシステム1の誤りを制御するという枠組みには偏りがある、と我々は考える。

カーネマンが述べるように、システム2に備わっている決定的な能力は、いわゆる「タスク設定」ができることである。たとえば、システム2は「この本に人工知能という言葉が何回出てくるか数えなさい」という作業に対応できるように、我々をプログラムすることができる。その結果、人はそのタスクに集中して処理ができるようになる。逆にシステム1は、いわば集中力を欠き、タスクが望む以上、必要とする以上の情報処理をしてしまうのだという。

しかしここには議論の飛躍があるように思う。つまり、人間が日々判断や意思決定を迫られる事態（つまりはエコンとヒューマンを対比させるような事態）をこうした例がよく表しているのか、ということである。たとえば、あなたの家で娘さんから今度の休みに富士五湖に行きたいという提案があり、どの旅館に泊まるか、という相談があったとしよう。単純にタスクを設定してしまえば、旅館の候補を選び、値段を調べ、評価サイトをみて……ということになる。しかし、おそらく実際には、いやそんな時期に娘は遊びに行って良いものか、この頃甘やかしすぎじゃないかとか、そういえば今度の職場のゴルフで山には行くからどうせ行くなら海が良いなとか、いやそういえば前回その方面に行ったときには渋滞でひどい目に遭ったから違う方面が良いのでは、とか、そもそも最近は疲れ気味だから運転はしたくない、するなら少し仕事を誰かに代わってもらわなきゃとか、そのようなことが次々に連想されるだろう。しかし意思決定とはそもそもそういうものではないのか。つまり、システム2がタスクをある範囲に限定しようというのに対して、それにシステム1が抗うというのが「正しい」あり方ではないか。

これはディープラーニングの発展を通じて見いだされていることとも関係する。つまり、人間が当面する物体や事象について、ある記述に還元し尽くすことはできないということである。物体も事象も課題も常に多面的であって、その多面性を情報処理するように脳の働きもできている。もちろんこのことは、問題を解く際に実践的には関心範囲を限定せざるを得ないことを否定するものではない。ただしそれはあくまでも実践的なやむを得ざる捨象なのであって、連想するシステム1をシステム2が制御すると考えるのは、一面的な見方だと言わざるを得ない。

むしろシステム1の方がどちらかと言えば上位にあるということを示しつつあるのが、アルファ碁の事例ではないのか。つまり、まずアルファ碁がディープラーニングを通じてゼロベースで盤面を多面的に考察し、各々のポジションにおける勝率と次の打ち手の候補の絞り込みをまず行う。そうしてタスクを絞り込んだ後に、ディープラーニング以前からある人工知能（古き良き人工知能）によって、もっとも勝率を高める手を悉皆的に探索するのだという。アルファ碁はシステム1と、古き良き人工知能はシステム2と対応していると言えるのではないか。

特徴その7　還元されないこと、多様であること

本書では、さまざまな分野での議論を紹介し、何かの基礎的なメカニズムに還元され尽くすことを通じて世界の隅々までが明らかになる可能性を否定してきた。つまり、次々に立ち現れる「モア」を何かに還元し、あるいは計算し尽くすことはできないのだ、ということである。

人工知能が実現しようとしているのは、マクロのレベルの特徴量の発掘・把握であり、まさに「モア・イズ・ディファレント」の「モア」の選り分けである。したがって、人工知能がどんなに発達し「ホモ・デウス」が出現したとしても、このモア、特徴量が計算し尽くされ、（同じことだが）何かに還元されてしまうということはありえない。多様性は多様性のまま保持される。

人工知能脅威論が起こる背景の一つには、人工知能が人間性を無視した一元的支配の確立を意味するように見られることにあると考えられる。しかし、人工知能は、原理的には、多様なものを多様なままにとらえる世界内存在である、ということは明確に押さえておいたほうがよいだろう。その意味において、少なくとも原理的には、人工知能は単純な自然主義や一元的な科学的世界観の延長線上にはないと考えるべきではないか。もちろんあらゆるものがそうであるように、それが悪用されることはないとか、脅威にはなりえないということは、また別の問題であるが。

こうして本来的に多様性を保持しつつそれを発展するという機能を持つ人工知能と、国家、社会、市場とがどのような関係性を築くことができるのかについては、第3部で議論されることになる。

特徴その8　脱唯名論としての強い同型論

実在論と唯名論を巡る普遍論争については、すでに紹介した（第7章7・4節参照）。しかし、チャールズ・S・パースによると、普遍論争の経緯は、通常オッカム以降の近代派によって誤って（すなわち実在論に不利に）紹介されているのだという（次の段落での説明は、大澤真幸の孫引用からの再引用である）［大澤、2011］。

それによれば、普遍論争と呼ばれる論争は、個体と普遍を巡るものではなく、個体そのものの本来的な性格に関するものであったという。つまり、実在論とは、「確定されないもの」を、事実的にも論理的にもより原初的で優先的なものと見なす立場であり、逆に「確定されたもの」を、事実的・論理的に第一義とするのが唯名論だということになる。そうすると、（スコトゥスの）実在論は、「人間

表 10.1　新たな認知構造

これまでの認知構造	人工知能への挑戦	新たな認知構造
人間は唯一の知的存在	人工知能の発達	同型論 「知一般」への問い
現象的秩序対物理的秩序 「知る」と「ある」は別	人工知能も光合成もメカニズムは同じだ	「知る」と「ある」は同じ 情報理論的世界観
還元主義 ミクロの基礎的法則重視	特徴量による対象の認識	モア・イズ・ディファレント　階層性 概念とストーリー重視
システム 2 がシステム 1 を制御するのが合理的	アルファ碁が「古き良き AI」を使いこなす	システム 1 がシステム 2 を制御する場合もある
3 次元空間でイメージできるか 地があって図がある	深い隠れ層の活用 状態空間を AI が学習	多段階・奥行き重視 図があって地ができる

一般」がどこかに実在しているという説ではなく、個体は本来的に非確定的であり、規定し尽くされないのであって、それゆえに普遍性へと通じている（分有している）という考え方だ、というのである。これに対してオッカム流の唯名論は、個体は一義的に確定することができ、世界は、そうした一義的に確定された個体をアトム的な構成要素とした集合として描くことができると考える。

これを踏まえて考えれば、何かに還元し尽くされないという意味において、新たな認知構造は、スコトゥスの意味での実在論に回帰しているとも評価することができる。

他方、量子力学を情報理論的に捉えるということは、実は唯名論そのものではないかという見方もあるかもしれない。実際、現在の量子力学についてそれを現象論的に捉えるか存在論的に捉えるのかという論争があるようだ。我々は、いま見いだされつつあることと過去との本質的な差は、人間だけが孤高に知的活動を行っていてその外側に物理的秩序があるのではなく、個体が環境と干渉して「存在」することと同型のメカニズムによって人間の知的活動も行われている、ということである、と考えている。また、その同型のメカニズムの内実を見ることで、概念だけが独立して存在しているのではないことも理解できる、と考えている。そうした意味では我々は脱唯名論の立場に立つものである。ただし、唯名論とか実在論と言っても「どの程度か」という問題があり、議論の混乱を招きやすいことと、事の本質は同型性のメカニズムにあると考えるので、本書では「同型論」という言葉を採用したのである（次のコラム参照）。

最後に現在の認知構造と新たな認知構造とを対比し、その転換を人工知能への挑戦がなぜもたらすのかを示す表を掲げる（表10・1）。

コラム

新しい実在論？

ドイツの若手哲学者マルクス・ガブリエルは、「新しい実在論」を提唱している［ガブリエル、2018］。我々の考え方とガブリエルの考え方には、同じ部分と異なる部分がある。それを紹介することで我々の考え方をさらに明らかにしたい。

ガブリエルによれば、新しい実在論は次の二つのテーゼからなる。一つは、我々人類は物及び事実それ自体を認識できるということである。もう一つは、物及び事実それ自体は唯一の対象領域に属するのではなく、複数の対象領域に属するのだという。そしてわたしたちが認識する一切のもの、つまり、物質的対象も論理法則も存在し、それらは何らかの「意味の場」で現象するのだ、という。たとえば、カルボナーラスパゲティの例を考えてみよう。それはもちろんそれを構成するパンチェッタとか卵とかの材料の集合という観点から捉えることもできるが、糖質制限をしている人にとっては高糖質ということになろう。あるいはローマを観光している人にとっては、ローマでの必須経験ということになるのかもしれないし、多少歴史を知っている人であれば、第二次世界大戦中の米軍がイタリアの社会に及ぼした影響の一つということかもしれない。それらは各々別の意味の場である。カルボナーラスパゲティはこのように複数の対象領域に関わり、それぞれの意味の場に応じて現象するのだということになる。

「新しい実在論」を主張するにあたって、ガブリエルは二つの立場を否定するというアプローチをとる。第一は、唯物論的一元論の否定である。唯物論的一元論とは、宇宙を存在する唯一の対象領域とみなし、これを物質的なものの全体と同一視し、その物質的なものは自然法則によってのみ説明できるのだとする立場だという。しかしここまで行けば、アンダーソンもキャロルも否定している立場だといえよう。さらに、ガブリエルは、宇宙というのは物理学が取り扱う対象領域であり、他の対象領域と同列の一つであるとして、宇宙の謎の解明を他の領域の基礎に置くようなヒエラルキー性を完全に否定する。

ガブリエルが否定する第二の立場は構築主義である。構築主義とはニーチェが「事実は存在せず、解釈だけが存在する」と述べたように、我々は事実それ自体を確認することができず、我々が事実を構築しているという立場であるとする。ガブリエルは、構築主義を否定した上で、事実が存在するかどうかという問題にとって、我々が当の事実をどの程度まで認識できるのか、とは関係ないのだとする。これもその限りであれば、ハイエクが『感覚秩序』で言っていることと差はないように思う。

我々は、人工知能への挑戦を一つの契機として、唯名論的な考え方から実在論的な考え方へと認知構造が転換しつつあると考える。その意味においてガブリエルと同様の立場に立つ。ただし、上記に議論したように、唯名論とか実在論と言っても「どの程度か」という問題があり、議論の混乱を招きやすいので、我々の立場を「同型論」と呼ぶことにする。

また、我々が同型論の立場をとるのは、唯物論的還元論と構築主義が否定されるからではない。それはある意味ですでに否定されていたし、我々も否定する。我々が同型論を選択するのは、先ほど述べたように、人工知能への挑戦を通じて、物理的秩序と特徴量の把握と記号秩序における概念の発生という、かつては二元的に取り扱われていた分野を横断する——マルコフ・ブランケットのような——同型のメカニズムが働いていることを見いだしつつあるからである。

さらに、ガブリエルの「宇宙は一つの対象領域に過ぎない」という主張や科学的理解の取扱いについても、我々は異なる立場をとる。我々は、ものの存在のあり方においても認識のあり方においても、それをミクロのレベルで完全に表現・記述し尽くそうというモードと、それをマクロのレベルで特徴量の交差点として表現・記述するモードが両立しているのだ、と考える。これらはどちらがどちらの基底をなしているという還元的な関係にはない、というのが我々の考えである。これに関してガブリエルも、絶対的区別と相対的区別という考え方を導入している。そして、絶対的区別はある対象とほかのすべての対象との区別だとしたうえで、それには情報的価値がないという。他方、相対的区別とはある対象とほかのいくつかの対象との区別のことだと述べる。そして相対的区別を支えるのが意味の場に現れる区別だとする。我々は、ガブリエルの言うところの絶対的区別とは、ある意味でミクロレベルの解明が最終的に目指している記述のモードなのではないかと考える。そのことに成功するとがラプラスの悪魔の実現である。そうした絶対的区別は情報的価値を持たないとガブリエルが述べるとき、ボルツマンが気づいたのと同様に、秩序の増大を説明できるのは絶対的区別ではなく相対的区別だというのであれば、理解できる。しかし、絶対的区別の追求すなわち相対的区別では回収できない情報のあり方が「ない」というのは、丁寧さを欠く主張であると思う。

ここで、第5章5・2節の多数パラメータに関する議論も踏まえて、我々の考え方を整理しておくこととしたい。

科学革命以降の「知の極限」に関する一つの有力な考え方として、あらゆる現象を素粒子の振る舞いなどのミクロの法則に還元して説明しようという考え方があった。これを追求した一つの帰結が標準モデルである。標準モデルに代表される自然科学のモデルは、少数のパラメータで表すことが基本であった。

これに対してディープラーニングは、多数のパラメータを用いた深い関数と大量のデータを利用することで、ミクロの法則には還元できない多面的で複雑な現実を捉えることに成功しつつある。そのことがアンダーソンの主張したモア・イズ・ディファレントという考え方と軌を一にしており、ディープラーニングが見いだす特徴量はエマージェンスから生まれる「モア」のことであるということを、繰り返し述べた。他方、「良い」特徴量は、少数パラメータで扱うことができ、高い汎化機能を示す。つまり、エマージェンスとは、多数パラメータでないと扱えない複雑なインタラクションとそのなかから立ち現れて少数パラメータで示すことができるモアが、多層的に入り混じったメカニズムであると考えられる。このこと自体は、エントロピーの増大に抗うすべての物事、すなわち光合成、生命体の誕生に至る化学反応、概念の形成にも当てはまる同型のメカニズムであり、人間の認識に特有のものではなく、存在一般、知一般に共通のものである。その意味において、認識も生命体も物質も実在する。

他方、人間が扱えるパラメータの数には限りがあり、また、第5章で議論されたような人間のもつ制約から、人間が見いだすことのできる「モア」すなわちパターンあるいは多面体の「面」は、一部に過ぎないと考えられる。逆に人間には見いだせないが、多数パラメータを扱うことのできる人工知能には見いだすことができる「モア」も多いはずである。この点においてもまさに「モア・イズ・ディファレント」なのであり、ベンジオが人工知能的直感と呼ぶものがもたらされるのは、このような理由によるものだと考えられる。

話を元に戻そう。ミクロの世界を追求したときに現れたのが量子力学である。それはボールが述べたように、ミクロの世界を表現しているのではなく、「個体・モノがある」という単位でみる古典的認識とは異なる、別の抽象化の方法だ、と考えるべきなのだろう。量子力学によってアプローチしようとしていることは、人間が現在持っている認知構造や言語表現では乗り越えられないような事柄であるかもしれないし、また、カルロ・ロヴェッリが述べるように、人間を含む宇宙の局所的な存在一般、知一般のあり方と関わっている事柄なのかもしれない。いずれにしても、「個体・モノがある」という相対的区別では回収できない情報のあり方が「ない」というガブリエルの主張は、丁寧さを欠く主張であると考える。

10.2
強い同型論には「先例」がある

前節で我々は、人工知能への挑戦のなかで、現在までの認知構造が更新されるとした場合に、新たな認知構造はどのようなものかについて検討してきた。その過程で、そもそも現在の認知構造——科学革命以降の認知構造——は、それ以前の認知構造がどのように変化し成立したのかにも触れ、また、遠近法のように、かつての認知構造にむしろ回帰する可能性を示す事例にも触れた。

これらを踏まえて、第2部の最後に、今後の我々の世界の見方の行方を模索する際にヒントを与えると考えられる過去の思想体系を取り上げることとしたい。以下では、我々のいう強い同型論に親和性が高いと考えられるものとして、東洋思想と、近代で主流にはならなかった（というと言い過ぎだろうか）思想として、**ライプニッツ**の思想を紹介する。

▼東洋思想

本項は、イスラム学者で東洋思想研究者の井筒俊彦による『意識と本質』に全面的に依拠している［井筒、1991］。『意識と本質』において井筒は東洋思想の「共時的構造化」を目指している。すなわち、イスラム教、仏教、儒教からユダヤ教、ヒンドゥー教に至るまでの幅広い東洋思想について、かつ時代を問わずに、そこに見いだされる共通の構造を探ろうという試みである。その結果井筒が見いだした東洋思想の特徴には、本書で「強い同型論」として展開した事柄や、新たな認知構造と共通するものが多いことが分かる。

まず第一に、東洋には本質の実在を主張する有力な思想潮流があるのだという。その際、本質といっても、次の二つを区別する必要があるとする。一つは、個々の事物それぞれの自体性そのもの、一切の言語化と概念化を拒むような具体的なXの即物的リアリティー、つまり、目の前にあるモノが端的にあるという事態そのものである。もう一つは、「これは何か」という問いに対して与えられる答えXをXたらしめるX性であり、目の前にあるものが「猫」であるということを支える根拠である。この二つの混同を戒める伝統がイスラム哲学にはあり、前者をフウィーヤ、後者をマーヒーヤと呼ぶのだという。

本書の主張に主として関係するのは、後者のマーヒーヤであり、モアとして立ち現れる「猫」の根拠は何かという問いである。井筒は、東洋思想にはこれを実在として扱うヒンドゥー哲学的立場と、非実在として捉える仏教哲学的立場（禅）があるとしつつ、特に本質の実在を肯定する立場に着目して議論を進める。

その一つの型として取り上げられるのが、宋学[12]である。宋学は、格物窮理という語に表されるように、「本質」を把握することは深層意識的現象であるとみなし、それによって事物の深層構造をみるアプローチをとる。井筒は、東洋哲学一般の一大特徴は、意識を表層意識だけの一重構造としないで、深層に向かって幾重にも延びる多層構造として捉え、それらを構成する各層を体験的に拓きながら、段階ごとに移り変わっていく存在構造を追っていくというところにある、とする。まさに、本質の実在と「ディープ」「階層性」が東洋思想においてはセットになっている。

格物窮理の基礎にあるのは「未発」と「已発」の概念だという。未発とは、心の未発動状態、意識のゼロポイントであり、已発は意識が何らかの方向に発動した状態における心を指す。通常は、意識は表層意識のことを指し、常に感覚、知覚が外界に対象を追う連続した状態のように見える。しかし本当は、意識は断続の状態にあり、感情が生起する緊張と弛緩の繰り返しにあると宋学では考えるのだという。そして弛緩している間を指す未発の状態は、ただ何もないというのではなく、意識の深層に向かって深まっている状態なのだという。この未発と已発の状態の連続という考え方は、我々の言う「物理的秩序・記号秩序のポテンシャル」と「具現化した物理的秩序・記号秩序」と考えられないだろうか（第9章図9・1参照）。

また、井筒によれば、宋学を含む東洋哲学の大部分に共通する顕著な特徴は、意識と存在は密接な相関関係にあり、究極的にはまったく一つである、というものである。つまり、究極において「知る」と「ある」は区別できないということであり、これも我々の「強い同型論」と軌を一にしている。
さらに、「禅」について井筒は、全体的に一つのダイナミックな認識論的・存在論的過程として捉えるべきだとする。禅について「無」ということを強調すると絶対無分節（「花」「猫」などの本質はない）だけに重点がかかるが、本来は、それが同時に自己分節して経験的世界を構成するというダイナミックな全体こそが禅の実在の真相だ、とする。その上で、なぜ人間にとっては、対象が「猫」だという意識が疑問なく成立するかといえば、それは本質が文化的に措定され、言語に収録されているからであるという。そして人がある一つの文化共同体に生まれ育ち、その共同体の言語を学べば、それと自覚することなしに、その文化の定める本質体系を摂取し、それを通じて存在をいかに分節するかを学ぶこととなる。それは文化的無意識の領域に沈殿して現実認識を規制するので、人が普通その存在に気づかないのだという。この文化的無意識を言語アヤラ識と呼ぶ。この言語アヤラ識とは、我々が認知構造と言っているものではないか。さらに井筒は、鎌倉時代の禅僧道元の主張をもとに、我々人間がその感覚器官の構造とコトバの文化的制約とに束縛されながら行う存在分節は、無限に可能な分節様式の中の一つに過ぎないのだ、と述べる。これは、人間が見いだす「モア」や多面体の「面」は一部に過ぎないという我々の議論と、同じ話である。

［12］朱熹（朱子）が集大成したので朱子学ともいう。

他にも、ユダヤ教の一派カッバーラーによる人間の意識の構造図（セフィーロート）の一つが、第2章2・2節で紹介した普遍性定理が指し示す3層のニューラルネットワークそっくりであることなど、面白い点はあるのだが、やはり重要なのは、東洋思想の根底に、本質を捉えようとすれば、深層に向かって幾重にも延びる多層構造として考えざるを得ないという考え方があるという点であろう。

人間は通常表層でしか考えられないので、実在性と概念性は非常に近いところにあり、表層意識だけで考えようとすると、本質についてしばしば存在論と概念論とを混同するのだと井筒は述べる。量子力学を情報理論的に捉えるということは、実は唯名論そのものではないかという見方もあるかもしれないということを前節で論じた。同型論のような階層構造を用いた考え方ではそれは唯名論にならない、ということについての井筒の回答が、ここにあるのだろう。

▼近代「異端」から見いだせること

最後に、科学革命以降の人物ではあるが、主流とはならなかった思想、いわば近代「異端」として、ゴットフリート・ライプニッツ（1646-1716）の思想を取り上げることとしたい［内井、2016］［Arthur, 2014］［ライプニッツ、2005］。

モナドロジー

ライプニッツは近代の「正統」的な考え方の何を否定したのか。内井によれば、一つはデカルトによる物体の定義、すなわち物体には長さ、表面積、体積があって、空間中に広がっており、それが物体の本質だということ、もう一つはニュートンが前提として仮定した絶対空間と絶対時間である（つまり「地があって図がある」ということを否定したのである）。また、アーサーによれば、後期ライプニッツは物質的な最終単位としての原子の存在を否定した。

その上でライプニッツが提唱したのは「モナドロジー」という考え方である。ライプニッツによれば、モナドとは単一の実体であり、部分がない。そのような意味においては原子と同じ面を有している。しかし、ライプニッツがモナドとしてイメージしているのは、「魂は不滅である」と言ったときの魂であり、物理的なものではない。ライプニッツは、モナドのなかにはまったく同一なものはなく、個々のモナドは外界からの影響からは完全に独立しているとしつつ、それは内部の原理にしたがって表象を変え（それを欲求と呼ぶ）、また、他のすべてのモナドすなわち宇宙の様相を映し出すとする。その結果、同じ町でも違った方向から見ると別の町に見えるように、宇宙は単一であるが、各モナドは宇宙全体を別々の角度で表出することによって、「できるかぎり多くの変化が、しかもできるかぎりりっぱな秩序とともに、手にはいる」のだという［ライプニッツ、2005］。ライプニッツはボルツマンと同様に、宇宙は単一であるのになぜ多様性が維持されているのかについて考え、工夫をこらして説明しようとしたのだ、と言えるだろう。

また、ライプニッツは唯名論を支持したが、構築主義は否定した。概念（たとえば「人間」）は普遍ではないが、個別の説明として主語に述語されれば（たとえば「彼は人間だ」という説明として用いられれば）実在するという立場であった。そしてアーサーによれば、モナドというものをライプニッツが想定したのは、現象の実在性を根拠付け、単なる「見かけ」として取り扱わないようにするためだとされる。我々の強い同型論と方向は同じなのではないか。

ライプニッツは、このモナドを魂などとして物体を構成すると生物（有機体）になるとし、これを自然の自動体（オートマトン）と呼ぶ。内井はこのオートマトンという語彙が持つ情報理論的な含意に着目する。つまり、モナドが組織化した生物という有機体を時空間内に現象として造り出すというメカニズムは、フォン・ノイマンが万能製造機を作り出すときに構想したこと、つまり小さな細胞オートマトンが空間に並び、互いに入力と出力を繰り返すという細胞空間の考え方と同じだと述べる。また、ライプニッツは脳を膜としてイメージしたらしい。このようにしてみれば、ライプニッツのモナドは、本書の同型性のメカニズム、つまり、マルコフ・ブランケットのメカニズムが細胞、器官などを通じて繰り返し発現するというメカニズムと同じことを表現したのではないのか。ただし、ライプニッツ自身は、有機体ではない機械が単一的な実体となること、つまり人工知能の完成、は明確に否定した。

メタ言語

モナドロジーを唱えるより以前、ライプニッツは普遍言語（universal language）の創造に挑戦した。それは、複雑な思考をいくつかの単純な概念の組み合わせに分解することで、今度は単純な概念の組み合わせを通じて新しい思考が自動的に生まれ、また真偽の証明も自動的に行えるようなものであった。また、ライプニッツは普遍言語の創造と平行して、最先端の科学的知識の蒐集を百科事典の編纂というかたちで追求した。特にそれはアリストテレス以来の伝統と異なり、自然界に存在する種だけではなく、人間が作り出したものや「コト」も対象とするものであったという。こうした取り組みは、自然言語の限界を突破できる新たな言語を開発することにより、自動的に特徴量が発見・形成できる状態を目指す取り組みだったと言えるのではないか。

また、ライプニッツはこうした取り組みの中で、概念の組み合わせを正しく行うことができれば、基礎となる概念の詳細を理解せずとも正しく思考できるということを主張する。これは、たとえば我々が積分の概念を正確に理解できなくとも、計算結果を正しく導き出してしまうようなことを指しているのであろう。さらに、ライプニッツはそうしたことは数学的な概念操作に限定されるのではなく、我々の日常的な思考においても遍在するパターンだという。アーサーによれば、そうした考え方は、自然言語で発語する前にその言語を見いだす過程において意識下で使われているlanguage of thoughtがあるという、現代言語哲学の考え方と同じである、という。そして、それをライプニッツはまさに「隠れ思考（blind thought）」と呼んでいる。ディープラーニングの取り組みの中で、仮に隠れ層そのものを表出させることがあるとすれば、それが「隠れ思考」であり、東洋思想的には言語アヤラ識のことではないか。

ライプニッツ・メソッド

先述したように、ライプニッツは人工知能の可能性は否定した。しかし、彼が取り組んださまざまな事柄を通観してみると、人工知能への挑戦を契機としていま起こりつつある認知構造の転換、あるいは我々のいう同型論モデルと通底するものが多いと考える。

前期の普遍言語への取り組みと後期のモナドロジーに共通しているのは、表出しているもの、つまり、自然言語や有機体、空間といったものの奥には、各々隠れ思考やモナドがあるのだという階層性の主張である。また、生命体のなかに器官があり、細胞があるというような意味において、ライプニッツは「世界の中に世界がある」(worlds within worlds)ということも繰り返し述べている。マルコフ・ブランケットを構成するマルコフ・ブランケット群と同じ話である。それらを踏まえて、普遍言語とモナドの二つの発想をつなぎ合わせてしまえば（ライプニッツ本人がそのように主張した証拠もないのに断言するのは憚られるが）、我々の「強い同型論」、つまり物理的秩序と記号秩序に共有される同型性があるという主張と同じことになるのではないのか。

10.3 第2部の結びにあたって

人工知能への挑戦が行われるなかで、「ホモ・サピエンスと人工知能」という対比が惹起されることを含めて、我々人間の存在や知性の意味についての問いかけを避けて通ることはできない。その意味で、我々は「歴史の終わり」ではなく、「歴史の再出発」の地点にたって、ホモ・サピエンスの将来を文字通り人類共通の課題として議論する時代を迎えている。

第2部冒頭でハラリの『ホモ・デウス』とその短所について触れた。『ホモ・デウス』はある意味で「人工知能脅威論」を述べた書である。本書がそれを補うことができたかどうかは、読者の判断に委ねるしかないが、我々としては、議論を深めることを通じて、次のような意味でいわば根源的なプラスの側面に光を当てたつもりである。

第一に、ハラリが言うように「人間はアルゴリズムに過ぎない」のかもしれないが、ディープラーニングの進展を素材にアルゴリズムの内実を明らかにすることで、我々人間が唯名論に言うような物理的世界と隔絶した孤高の存在ではなく、現実世界にしっかりと根を下ろした同型性のメカニズムを共有する存在であることもまた確認できるということである。第二に、本書で繰り返し述べたことは、人工知能はビッグブラザー的に解釈されることも多いが、ディープラーニングのメカニズムを見る限りにおいては、それは原理的には多面性・複雑性をそのまま多面的・複雑なものとして把握する仕組みであり、一つの法則に還元されることはなく、また、その複雑性をあらかじめ計算し尽くすことはできないものである、ということである。「ホモ・デウス」の時代になったとしても、世界は引き続き新奇性と驚きにあふれているのである。

さらに第2部で我々は、（ハラリがもともと重視していた）人間の認知構造について、人工知能が参照点となって社会課題が認識・整理される時代に、それはどのように変わるのかということを論じ、我々なりの仮説を示した。

我々は、人工知能への挑戦が行われる現代において参照すべき思想家としてライプニッツを取り上げた。ライプニッツはその人生において哲学者としてのみならず実践家としても活動した。何人かの王侯貴族に仕え、外交、宗教的課題、医療制度などの政策に関して助言を行った。また、地理学、動力学、光学などさまざまな分野において実践的な成果を生んだ。そうした彼の経歴は、先述したモナドロジーのような彼のきわめて抽象度の高い基礎理論と鋭い対照をなす。しかし、アーサーは、それらは一貫したものであったという。すなわち、ライプニッツは生涯を通じて他者との積極的な対話のなかで学問を追求し、またキリスト教やスコラ哲学と科学革命によってもたらされた新たな知との調和に努めた。そして彼の基礎理論はあくまでもよりよい実践的な成果を生み出すための基盤として追求されたのだ、という。その意味において、ライプニッツは調停的な思想家であった。第2部の末尾にライプニッツを取り上げた本当の理由はここにある。

ライプニッツに影響を与えた思想家にスピノザがいる。スピノザはある意味で徹底した思想家であった。スピノザはライプニッツによって「平行論」と名づけられた考え方を主張した［國分、2011］。つまり、「神は無限に多くの属性を有する実体であり、存在するのはこの実体とその変状だけであり、この変状と延長の属性において考えられれば事物、思惟の属性において考えられれば観念といわれる」という考え方である。徹底した一元論である。つまり我々の構図に戻れば、記号秩序と物理的秩序の別やそれらの関係を思考するのはそもそも迷妄であって、たった一つの実在が概念や事物として表出されているだけだ、とするのである。いわば「最強の」同型論と言ってもよいであろう。

しかし、我々が社会をみて人生を考えるとき、つまりボルツマン的に言えば、なぜ花は咲き、木々は芽生え、産業は変転するのかを考えるとき、知性の働きは「完全に言い切ってしまう」ことの一歩手前でとどまらざるを得ないのではないか。そして人工知能と共存する時代に必要な態度とは、そのようなものではないか。我々が同型論で唱えようとしているのはそのようなことである。

「完全に言い切ってしまう」ことの手前でとどまるという態度は、すなわち自らが誤りうるという認識を持つことに他ならない。この「可謬性」をキーワードとしつつ、第2部で論じた「新しい認知構造」の下で人工知能が発展するこれからの社会において、人々が共有できる公共哲学をどう構想することができるか、それが第3部で論じられるテーマである。

ルクレティウスは、ローマ期の詩人・哲学者である。その「事物の本性について」という詩の写本が15世紀初頭にポッジョ・ブラッチョリーニによって修道院の奥深く眠っていたところから再発見されたことが、ルネサンス期の思想に大きな影響を与えたとされる［グリーンブラット、2012］［大澤、2017］。それは簡単に言えば神の存在を抜きにして世界を考える原子論であった。そのいわば反キリスト教的な考え方は、人々にとってそれまでの根拠を失わせるものであったが、結果的には人々を解放し、広義の「快楽」と人生の意味の発見に向かわせることになった、とされる。それから600年余が経過し、我々は再びこれまでの根拠——人間が最高の知性であるということ——を失うかもしれないという挑戦を受けている。その先に我々が希望を持ちうる社会のヴィジョンを構想できるのかが、いま問われているのだということを述べて、第3部へとバトンを渡すこととしたい。

第2部のキーワード

第2部では、人文科学、社会科学、自然科学の多様な分野における思想、取り組みの間をかなり自由に横断するかたちで、考察を進めた。以下でキーワードを整理するにあたっては、文献探索等の便宜から、本来の「島」ごとに示すこととする。

科学哲学の島

エマージェンス・立ち現れ　システム全体の特徴が、そのシステムを構成するミクロの要素とその振る舞いに還元できないときに、そうした特徴はマクロのレベルではじめて「立ち現れる」と考えることを指す。たとえば、絵画はそれを構成する原子に分解することが可能だが、その絵画の与える印象・メッセージは個々の原子の振る舞いには還元できないことなどを指す。近年のネットワーク理論の発達を契機として、組織、社会、生物、インターネットなどのさまざまなシステムをネットワークとして捉える試みが進むなかで、ネットワークを構成する個々の要素に還元できない特徴を「立ち現れ」として考察することが広く行われている。
科学革命　1500年頃に起こった人類の世界に対する見方の一大転換。古典古代の思想や教会の教えを理解することで真理に至るのではなく、人間が自然を観察し、実験を行い、データを収集し、それを数学のようなツールで統合することで、新たな知識を得ることができるという考え方への転換。

ガリレオ・ガリレイがピサの斜塔から重さの異なる球体を落下させ、それが同時に落下することを示すことでアリストテレスの説を反証したという「伝説」も、こうした転換期を表現するものとして誕生したと考えられる。
還元主義　広義にはあるレベルの理論や現象はより基礎的な理論や現象に還元可能だという考え方。本書では、あらゆる現象を物理学のいくつかの法則（典型的には標準モデルによって与えられる素粒子とその振る舞いに関する法則）に還元できるという考え方を指すものとして、「還元主義」という言葉を用いている。
自然主義　自然界を支配する法則だけで世界を説明することが可能であり、それ以外の超自然的あるいは精神的な現象や説明を否定する考え方。また、この自然界を支配する法則は科学的な探究によって解明できると考える。本文中で紹介したキャロルが提唱する「ストーリーのある自然主義」は、世界の基底をなす自然法則はあるとしつつも、世界を把握する際にはそれ以外の適切な語り口・語彙もあると考える。
認知革命　現生人類（ホモ・サピエンス）を旧人類（ネアンデルタール人など）と分けたとされる認知能力の変化のこと。これを経て現生人類は言語の使用を行うようになり、複雑な社会の形成が可能になったとされる。その後、人類の歴史を通じて言語の使用を前提に世界をどのように人間が認識するかは時代ごとに変化を遂げてきており、その認知構造の変化が新しいタイプの社会の形成の基盤となってきたとされる。
ハラリ、ユヴァル・ノア　（Harari, Yuval Noah, 1976–）イスラエルの歴史学者。エルサレムのヘブライ大学で教鞭をとる。『サピエンス全史』と『ホモ・デウス』の2冊の世界的ベストセラーで知られる。『サピエンス全史』でハラリは、現生人類（ホモ・サピエンス）を他の先行する人類や動物と画するのは、その認知能力、すなわち、言語という手段を使って、学習し、記憶し、コミュニケーションをする能力が進化したことにある、とする。そして人類は農業革命、科学革命を契機に認知の構造を更新することで新たな技術を使いこなし、それが地球上で最高の存在となるに至る「進歩」をもたらしたのだとする。『サピエンス全史』は、ホモ・サピエンスが自らの肉体や脳を人工的に改良することを通じて、「神」にすら迫ろうとしていることを告げて終わる。続刊の『ホモ・デウス』は、タイトル上はその延長線上にあるが、内容はかなり異なる。むしろすべてをデータに基づくアルゴリズムの判断にゆだねるデータ至上主義（データイズム）に社会が向かいつつあるとした上で、そのことが、近代以降前提とされてきたヒューマニズム、すなわち人間こそが世界に意味を付与できる存在であるという考え方を突き崩すこととなるのではないか、という脅威について議論する。

哲学の島

オッカム、ウィリアム（William of Ockham, 1280年代前半-1347）　イングランド生まれのフランシスコ会修道士で神学者・哲学者。オッカムは、知性は対象となる個物をあくまでも個物として認識し、認識のなかで個物を比較対照している過程で普遍概念を持つという立場に立ち、普遍概念は外界とは完全に切り離されるという、唯名論の立場に立つ。彼の名を冠した「オッカムの剃刀」にはさまざまな解釈があるが、感覚経験を通じたデータで説明可能な概念だけが意味があり、それ以外の説明

（たとえば「神の意思によって」）は、不要であれば切り捨てるべきだという意味としても捉えられる。

実在論　何らかの普遍を示す言葉（たとえば「ネコ」「人間」）は、何者かが明らかでない個物に、「ネコ」という形相を与えるものであり、それではじめて「個物としてのネコ」が成立するという考え方で、普遍概念が実在するという立場に立つ。そしてその普遍概念の成立を保証しているのが神だというのが中世の普遍論争における実在論の立場である。

スコトゥス、ドゥンス（Scotus, Duns, 1265–1308）　中世ヨーロッパの神学者・哲学者でスコットランド人。ケンブリッジ、オックスフォード、パリの各大学で教鞭をとる。スコトゥスは、たとえば「ネコ」のような概念を考える際に、外界の事物を知覚して心のうちで概念を作るという意味においては事物と概念を区別はするが、その「ネコ」という概念はあくまでも外界から由来したものであり、知性の中でのみ形成されるような概念とは異なるという理解をすることで、実在論の立場に立つ。

唯名論　何らかの普遍を示す言葉（たとえば「ネコ」「人間」）は、名前として存在するのであり、「存在」そのものとは関わらない、存在するのはあくまでも個々のネコ、個々の人間のみだ、という立場。

ライプニッツ、ゴットフリート（Leibniz, Gottfried, 1646–1716）　ドイツの哲学者・数学者。ニュートンと同時期に独自に微積分を確立する。また、0と1を使った二進法を編み出す。世界を構成する実体の単位はモナドであるとする、モナドロジーという考え方を提唱する。またさまざまな王侯貴族に対して、外交内政に関する献策を行った。

物理学の島

シュレーディンガー、エルヴィン（Schrödinger, Erwin, 1887-1961）　オーストリアの理論物理学者で量子力学に大きな貢献をした。電子の動きを波動として説明する波動方程式を導出し、シュレーディンガー方程式と名付けられる。1933年にナチスのユダヤ人迫害に反対して英国オックスフォードにわたり、同年ノーベル物理学賞を受賞する。1944年、前年にダブリンのトリニティー・カレッジで行った講演をもとに『生命とは何か』を著し、分子生物学への道を開いた。シュレーディンガーは、同書のはしがきで、自分は生物学の専門家ではないし自分が書こうとする領域すべてを理解している学者はいないだろうが、誰かがその幅広い領域を総合する仕事に思い切って取り組むべきであると考えているということを述べている。

標準モデル　原子を構成する素粒子や場、その間に働く相互作用によって、宇宙の成り立ちを説明する理論モデル。1950年代から70年代までの素粒子物理学の探求をもとに1970年代に完成した。2013年のヒッグス粒子の発見によってその有効性が再確認された。

モア・イズ・ディファレント　米国の物理学者アンダーソンが1972年に『サイエンス』誌に発表した論文で示した考え方。端的には「量が多いことは質の違いを生む」という意味である。アンダーソンは、物理的世界で起こっているさまざまな現象は、同じ基礎的な法則にしたがっており、極端な条件下における場合を除き、その法則について物理学者は相当程度理解しており、還元主義仮説は基本的に受け入れられている、とする。その上で、還元主義仮説が正しいとしても、それを逆転させて、その基礎的な法則から宇宙のさまざまな事象を再現することはできないとし、より大規模かつ複雑な素粒子の集合体の振る舞いを研究するには、複雑性のそれぞれの段階に応じて出現するまったく新たな特性についての本質的な研究が必要なのだ、とした。我々はアンダーソンの言う「段階に応じて出現する新たな特性」のことを「モア」と呼んだ。
量子力学　分子や原子あるいはそれを構成する素粒子やその間の力学、エネルギーの相互作用を扱う学問領域。一般相対性理論とともに現代物理学を支える二つの柱の一つとされる。1900年にマックス・プランクが行った実験により、エネルギーが非連続な塊（quanta）の整数倍になっていることを見いだしたことが、量子力学の始まりとされる。量子は波動でも粒子でもありうる二重性を持っていること、量子は同時に二つ以上の場所に存在しうる（重ね合わせ）こと、など古典力学的な世界についての理解とは相容れない世界像を示すことから、しばしば不可解とされる。1965年に量子力学への貢献でノーベル物理学賞を受賞したリチャード・ファインマンは、その年に「量子力学を理解している人は誰もいないと言って差し支えないと思う」と述べたとされる。

情報理論の島

シャノン、クロード（Shannon, Claude, 1916–2001）　米国の電気工学者、数学者。1937年の修士論文で電気回路、電子回路が論理演算に対応しており、スイッチング回路で実行できることを示した。コンピュータの実現に向けた業績とされる。ベル研究所在勤中の論文「通信の数学的理論」において、情報について定量的に扱えるよう定義し、情報理論という新たな数学的理論を創始した。

チューリング、アラン（Turing, Alan, 1912-1954）　英国の数学者で、人工知能の父であり、コンピュータ科学の創始者の一人とされる。1936年の論文でさまざまな指示をテープから読み込むことによって処理する「万能計算機」の設計を提案した。後にデータのみならずプログラムそのものをメモリーに蓄積したコンピュータの開発に取り組む。また、人間と同等の知能とは何かという問いに対して、人間の質問に人工知能が応答し質問者がその答えを聞いて人間か否かを見分けることができるかどうかを判断基準とするという、いわゆる「チューリング・テスト」の考案者としても知られる。

ネットワーク理論　複数の個体がつながっている状態をネットワークとして一般化し、ネットワーク内に存在する個体同士の相互の影響やネットワーク（つながり方）自身のダイナミックな変化を考察することで、生命体から、社会組織までのさまざまな事象に関する洞察を得ようとする理論。1736年に数学者のレオンハルト・オイラーがケーニヒスベルクの町にかかる七つの橋を一筆書きで（同じ橋を二度渡らずに）すべて渡れるかという問題を解くにあたって、これをグラフとして（頂点と辺というかたちで）抽象化すれば解くことができると示したことが始まりとされる。近年インターネットの発達などと平行して世界をネットワークとして捉える考え方が広がったことに伴い、さまざまな研究が行われている。

フリストン、カール（Friston, Karl, 1959-）　英国の神経科学者。脳機能イメージングの専門家。世界でもっとも論文が引用される学者の一人。生命活動や生物の自己組織化の基礎について考察するなかで、局所的な事象と隔離された事象では相互の影響を及ぼす度合いに差があるという条件を満たす動態的なシステムがあれば、そこにウチとソトを区別するマルコフ・ブランケットという仕切りが生じ、生命活動が生まれるということを主張。ディープラーニングを主導した研究者の一人であるジェフリー・ヒントンと交流がある。脳の働きについて、周辺環境を感知し確率論的に予測しながら、予測誤差を最小化するベイズ確率マシンのようなものだと捉えるべきだというアイディアを、ヒントンから得たとされる。

第3部

人工知能と社会

可謬性の哲学

第11章 人工知能と人間社会

第3部では、人工知能の発展と普及が続く現在から近未来にかけて、我々はどのように生きていくべきなのか、という問題を考えたい。言い換えれば、我々は、これからの人間社会をどのようなヴィジョンでとらえ、どのような公共哲学を持つことができるのだろうか。

11.1 合理的期待均衡としての「新しい認知構造」

まず、第2部までの議論をまとめておきたい。強い同型論は、人間の知の発展も、人工知能による新しい知の拡大も、同じメカニズムで起きているとみなす。それは、知の運動法則が宇宙に内在している、とみることを意味する。近代の世界観（科学的世界観）は、人間の理性は、世界の外にあって、世界の仕組みを理解しようとする存在と定式化されていた。19世紀ごろの機械論的世界観でも、世界も人間も機械仕掛けの構造物とイメージされていたが、その機械仕掛けを理解し、操作する「理性」は世界の外にいた。物理学者（理性）は実験室（宇宙）の外にいて、実験室の中の様子を外から調べる、というイメージである。ところが、人工知能の出現は、そのような理性も宇宙の中の存在である、という当たり前の事実を我々に突きつける[1]。

人間の知の発展（そして人工知能による知の拡張）も、「宇宙で生起する秩序形成の運動」の一つであると捉える新しい世界観を我々は「強い同型論」と呼んだのである。理性は宇宙を外から眺めている、という近代的世界観の暗黙の前提が掘り崩されている。

第2部に書かれたことをまとめると図11・1のようになる。

まず人工知能が現れる前は、世界の認知構造は上図のように表現される。人間は世界を（外から）観察する万物の霊長であった。単独の「人間理性」が万物を観察し制御するという還元主義の世界観であり、マルコフ・ブランケットの構造は（世界の内部に現れたとしても）、人間理性を規定する認識枠組みとはなっていなかった。

人間理性を超える人工知能が出現したことで、模式的には世界の構造は下図のようになる。人間の理性が認識する世界は、人工知能が認識する世界の部分集合となるので、世界を認識する枠組みとし

[1] 物理学の世界では、20世紀初頭の量子力学の出現によって、観測者が物理系の内部にいることが明示的に意識されるようになった。量子力学の成立直後から、観測者が物理系の内部にいることについての解釈をめぐって観測問題と呼ばれる哲学的な論争が物理学者や哲学者などの専門家の間で論じられてきた（本書の第2部でもその一端が紹介されている）。しかし、量子力学の観測問題はあくまで専門家の関心にとどまり、これまでは一般社会のあり方や一般の人々の考え方にまで影響を及ぼすものではなかった。人工知能の出現は、専門家集団の枠を超えて、広く一般社会にこの問題を意識させたという意味で大きなインパクトを持つのである。

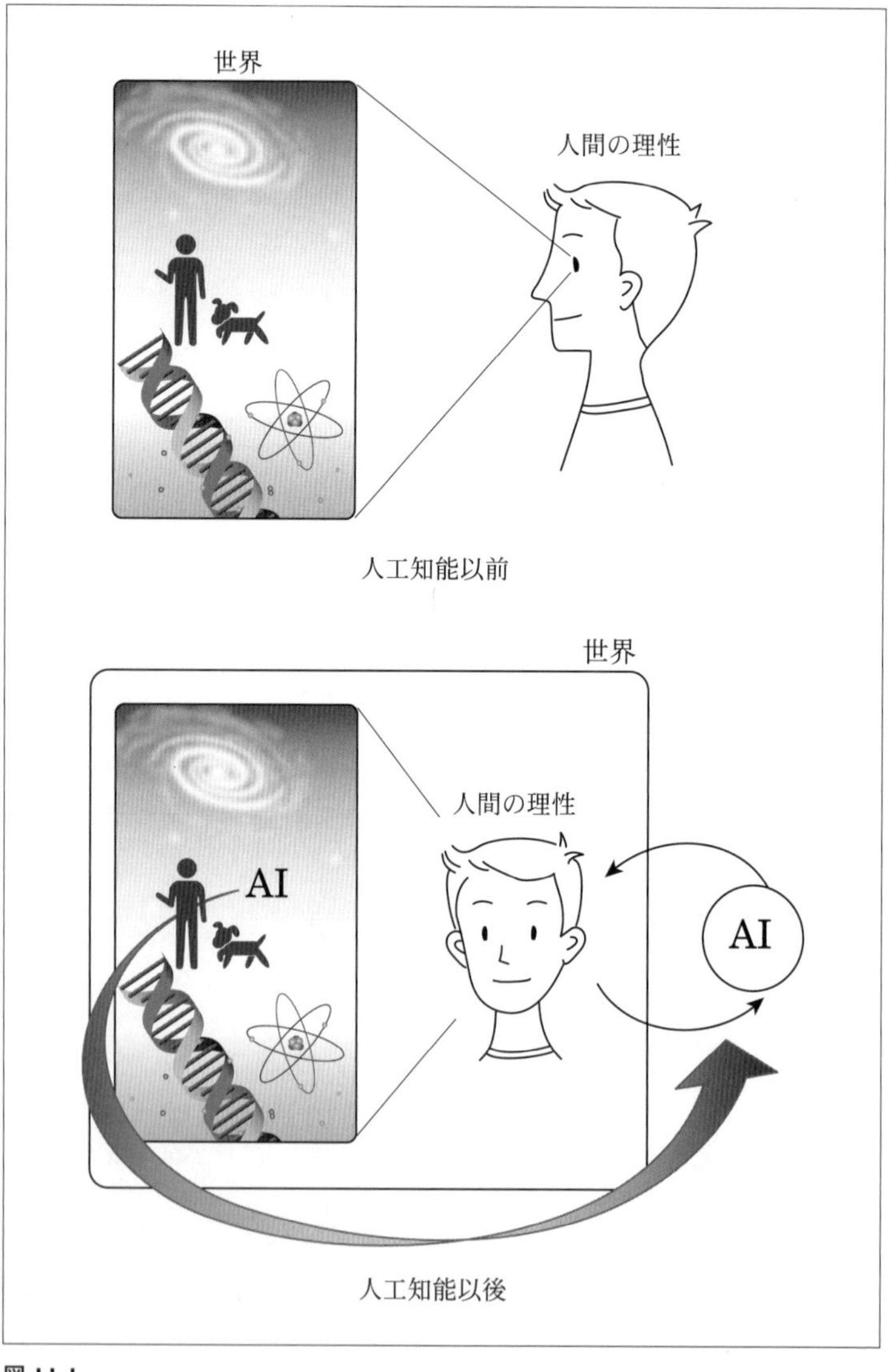

図 11.1

て、人工知能による認識が外、人間による認識が内、というマルコフ・ブランケットの構造が生じるのである。人間理性の「外」に、人間の理解を超えたブラックボックスである人工知能が実在し、そこから「内（人間の理性）」に向かってさまざまな知見がブラックボックス的に入力される。人間は外に向かって応答を返すことで、自己自身についての理解を深め、内部のエントロピーを引き下げ、自己の生存確率と持続性を高めようとする。

したがって新しい認知構造への進化は、人工知能の出現が必然的にもたらす帰結なのである。

ここで、強い同型論について補足をしておきたい。それは、強い同型論という「新しい認知構造」は一種の「合理的期待均衡」と理解できるということであり、世界を認識する枠組みとして、必ずしも唯一のものとは限らないということである。第2部で論じたように、マルコフ・ブランケットとは、内と外の境界があり、外から内への入力に対して、内の恒常性を保つように内から外への出力が定まる、という秩序のあり方である。このようなマルコフ・ブランケットの構造が世界のあらゆる秩序形成において出現（すなわち創発・エマージ）する、というのが強い同型論であった。

この強い同型論がもたらす新しい認知構造を、我々は一種の合理的期待均衡として理解することができる。合理的期待均衡とは、現代経済学の中心概念であるが、まずそれについて概説し、その後に、合理的期待均衡と強い同型論との関連性を論じる。

過去100年間の経済学は、数学や自然科学（なかでも物理学や最適制御理論などの工学）に範をとり、正直なところ自然科学の方法論の後追いばかりしてきたという印象は否めない。しかし筆者のみるところ、少なくともこれだけは自然科学のマネではなく経済学の独創である、と胸を張れそうなことが合理的期待均衡[2]の概念である。

合理的期待均衡とは、まさに図11・1の下図が示す世界認識のあり方を示している。つまり、人間は世界の中にあって、中から世界全体を認識している（さらに「自分は世界の中にあって、中から世界全体を認識しているのだ」ということを人間自身が認識している）、という世界観である。これは、まさに人工知能後の認知構造を先取りしているといえる。人工知能がもたらす新しい認知構造（図11・1の下図）は、現代の経済学が考えてきた合理的期待均衡というものの一種と言えそうだ、ということである。それはつまり、人工知能の出現によって、自然科学を含んだ「知」一般の枠組みが「経済学化」するということを意味しているかもしれないのである。

先走りすぎたので、経済学における合理的期待均衡に戻る。例としてある国の経済というシステムを考えよう。ある国の経済システムの状態についての何らかの期待（たとえば、資本ストックの総量が明日Kになるだろうという期待）を抱きながら、人間は行動を決める（たとえば、自分の資本保有量kを決める）が、その行動の結果がシステムの状態を決める（$K=Nk$：ただしNはその国の人口である）。そのこと（$K=Nk$となること）を行動する人間自身が、事前に理解しているので、期待Kと実現する状態Kは一致する。経済学では、「事前の期待」と「事後に実現する状態」が一致するときに、その期待は「合理的」であると呼ばれる。したがって、このようにして決まる経済システムの均衡状態Kのことを合理的期待均衡と呼ぶのである。

ここには、図11・1の下図と同じく、一種の自己言及的なループが形成されている。つまり、システムの状態について人々が抱く期待Kが、人々の行動kに影響し、この行動kが集計されてシステムの状態K'(＝Nk)になる。期待が合理的なら、事前の期待Kと事後の状態K'は一致するので、$K=K'$となる。こうしてシステムのKが人間のkを決め、人間のkがシステムのKを決める、というループが形成されるのである。

このような人間とシステムの間のループは、(量子力学を除いて)自然科学には存在しない。通常の自然科学は図11・1の上図の認知構造を有しているからである。つまり、通常の自然科学では、人間(すなわち観測者)はシステムの外にいて、システムに影響を与えることなく、外からシステムを観察しているのである。

さて、このような合理的期待均衡は複数存在するかもしれない。たとえば、人々がAという期待を持てば経済システムはAという合理的期待均衡に到達するが、一方、人々がBという期待を持てば、人々の行動が変化して、経済システムはBという合理的期待均衡に到達する、ということが起こり得る。典型例は銀行システムである。人々が「銀行は倒産しない」という期待を持てば、預金者は安心して銀行にお金を預けるので、実際に銀行は倒産しない状態が続く。逆に「銀行が倒産する」という

[2] 合理的期待均衡とは、「経済システム内の人々が、『合理的期待』を持っているような均衡状態」のことを指すが、人々の持つ期待(将来予想)が「合理的」であるという仮定は強すぎる、という批判がある。経済学の独創は「システムの中にいる人間がシステム全体について期待(予想)を持ち、システムの状態を認識する、という世界認識の枠組み」のモデルを作ったことだ、というのが本書の主張である。したがって人々の期待が合理的であるという仮定を緩めても、人々の期待とシステム全体の状態になんらかの関連があれば本書の主張は依然として有効である。したがって、「人々の期待は合理的だという仮定は強すぎる」という批判に対して、本書の議論は耐性があるという点は強調しておきたい。

期待（予想）が広がれば、すべての預金者が慌てて預金を引き出そうとするので、本当は健全だったとしても銀行は資金繰りに窮して倒産してしまう。

このことから言えるのは、「強い同型論」の認知構造が一種の合理的期待均衡だとすると、それは必ずしも唯一無二の認知構造ではないかもしれない、ということである。

それは、「強い同型論」に次のような留保条件がつくということを意味する。人間という生物の基礎的構造がマルコフ・ブランケットであるため、自己の生存という「目的」を達成するために世界を認識しようとする人間にとっては、世界の秩序形成の原理として、マルコフ・ブランケットの構造があるように見える。この認知構造（期待）は、人間が現にマルコフ・ブランケットの構造を持つことによって、そして、そのような人間が生き残ることによって、「合理的な期待」であると正当化される。言い換えれば、マルコフ・ブランケットという構造を持たない認識主体（人間以外のもの）が仮に存在したとして、その存在が、マルコフ・ブランケット以外の秩序を世界に見いだすことはあり得るのかもしれない。

本書で「強い同型論」がもたらすとした認知構造は、人間という特定の認識主体の生存と繁栄と持続性を目標とする目的論に立って、世界を認識しようとするときに可能となる一つの「世界の見方」というべきであって、他にもまったく別の「世界の見方」があるのかもしれない。そのことを我々は否定するものではない。「知性の働きは『完全に言い切ってしまう』ことの一歩手前でとどまらざるを得ないのではないか（231ページ）」というのはそういう意味である。人工知能という人間の理性を超える存在を、人間が（自己の生存と持続性という目的をもって）見たときの認識枠組みが「強い同型論」なのである。

11.2 人工知能のディストピア的展望

人工知能が人間の理性を超えることを前提とする世界観は、我々が当然のこととして慣れ親しんできた「人類＝万物の霊長」という概念を覆す。人類の知的活動が宇宙の運動の一部に過ぎないならば、そして人類を超える人工知能が出てくるならば、人類の社会はどうなってしまうのか。

歴史学者ユヴァル・ノア・ハラリは『サピエンス全史』〔ハラリ、２０１６〕の続編『ホモ・デウス』〔ハラリ、２０１８〕で、人工知能やバイオテクノロジーなどの著しい発展によってもたらされるディストピアのヴィジョンを描いて警鐘を鳴らしている。数的には人類のごく一部にすぎない支配層（超富裕層）は、人工知能の助けを借りて知的能力を現生人類が理解できないレベルにまで増強するようになるだろう。さらに、そうした人々は、バイオテクノロジーや新薬の助けを借りて、不老長寿をも手に入れる。テクノロジーによって人工的に進化した一部の人類のことを、ハラリは、「ホモ・デウス（神人）」と呼ぶ。多くの仕事は人工知能と機械によって実行されるようになり、現生人類のままで取り残された「その他大勢」の人々は、社会の中で何の役割も果たせない「無用者階級」に転落してしまう。そして、ホモ・デウスが無用者階級を支配し、最終的には、「淘汰」してしまうかもしれない、とハラリは言う。ホモ・サピエンスが、マンモスなどの大型哺乳類を乱獲によって絶滅させ、ネアンデルタール人を自然淘汰の圧力によって絶滅に追い込んだのとちょうど同じように。現生人類は進化の波にのまれ、消え去ってしまうのではないか。ハラリが描くこのような人類の将来像は深刻な不安を掻き立てる。

しかし、ハラリの人間社会についての洞察は、必ずしも目新しくはないかもしれない。資本主義の社会、あるいは、自由主義的な経済社会において、技術の進歩と際限のない競争が人々の生活を破壊するというディストピアの議論は、昔から繰り返されてきた。こうした議論の特徴は、「強者と弱者の間の格差が広がる傾向が一方的に続き、最後は強者が弱者を淘汰する」という力がはたらくこと（淘汰の原理）を暗黙に前提としていることである。SF小説の父であるH. G. ウェルズが1895年に発表した『タイム・マシン』には、80万年後の人間社会の様子が描かれているが、それは19世紀末にウェルズの目の前に実在した資本家階級と労働者階級の格差の拡大が、無限に続いたなら起きるであろう未来の姿であった。80万年後の地球では、人類は二種類の生物に進化しており、資本家階級の末裔は知能も肉体も退化したひ弱で穏やかな種族（イーロイ）となり、労働者階級の末裔は、地下に住んでイーロイを捕食する獰猛な食人種となっている。まさに、19世紀の格差拡大が一方向に続けばこうなるだろうという「淘汰の原理」がもたらす未来像である。この淘汰の原理というロジックは、ハラリの『ホモ・デウス』の議論にも受け継がれている。

19世紀の格差拡大が、一方向に続かなかったように、現代の（人工知能やバイオテクノロジーなどによる）新しい格差拡大も、必ずしも一方的には続かないかもしれない、という点に注意しなければならない。したがって、このようなディストピアの言説に対する一つのあり得る批判は、「格差の拡大はいずれ反転縮小する（かもしれない）」という「方向付けられた技術進歩」の理論である。

マサチューセッツ工科大学の経済学者ダロン・アセモグルが主張するように、産業技術の変化は、稀少な生産要素を節約し、豊富な生産要素を多用する方向に進む。これは「方向付けられた技術変化」の理論と呼ばれる［Acemoglu, 2002］。たとえば、19世紀、労働力が豊富で土地が希少だった英国では労働集約的な技術進歩が起き、労働力が希少で土地が豊富だった米国では資本集約的な技術進歩が起きた。人工知能の進歩などによって、さまざまな業種で人間の労働が無用になることが予想されているが、ハラリの言う無用者階級すなわち低賃金の未熟練労働者が増えれば、その人たちを生産要素として活用しようとする方向に、新たな技術進歩が起きる。これが方向付けられた技術進歩の理論の予想である。すると、人間の労働に対する需要が高まり、賃金が上昇し、格差が縮小していく。

19世紀に極端な格差拡大が起きたあと、20世紀前半に（大量生産方式などの新しい技術進歩によって）中間層が大量に生まれ、格差は縮小して大衆社会が到来した。「淘汰の原理」でなく、このような市場の復元力を信じるならば、人間社会の将来予想は必ずしもディストピア的なものにはならないだろう。

『ホモ・デウス』のディストピア論を額面通りに心配する必要はないかもしれないが、ハラリの議論が提起するこれからの人間社会についての重要な不安あるいは疑問点は、次の2点に要約できる。
①無用者階級となるリスクにさらされた我々ふつうの人間はどのように生きれば良いのか。
②人工知能（あるいは人工知能で増強された超人類）が、本当に人間を淘汰するリスクはあるのだろ

うか。

これら二つの論点のうち、②は、人工知能（あるいは人工知能によって知能を増強された超人類）が、世界をどのように認識し、世界に働きかけるのか、という問題であるので後で議論したい。
①の論点は、人工知能の発展によってこれまでの社会的役割を失った人間がどのような価値観を持てば、社会の中で自己を適正に位置づけて生きていくことができるのか、という問題である。その価値観とは、社会とその中での個人の関係を規定するものであり、いわゆる政治哲学である。政治哲学は、社会制度、経済制度、政治制度について、どのようなあり方が望ましいのかを論じ、その判断基準を与える思想体系である。人間社会のあり方についての哲学は、翻ってそのような社会環境の中で個人はどのように生きるべきかという方向性も指し示す。
つまり、①は、「ＡＩ時代の新たな政治哲学をどのように構想できるのか」という課題と言い換えることができる。このことを考えるために、まず次章で現代の自由主義の政治哲学をレヴューする。

第12章 自由主義の政治哲学が直面する課題

21世紀前半の先進諸国において共有されている政治哲学は、個人の自由をできるかぎり拡大しようとする個人主義的自由主義の思想である。自由主義の思想は、自由を実現するための政治体制である代表民主政を安定的に維持し、発展させる正しい方法やその正しさの基準となる考え方を論じる。

現代の自由主義にはさまざまなタイプの哲学が併存し、論争を繰り広げているが、それらの論争の土台となり、その枠組み（パラダイム）を決定したのが、政治哲学者ジョン・ロールズが1971年に著した主著『正義論』〔ロールズ、2010〕だった。ロールズは、『正義論』において、功利主義を批判し、より平等性に配慮したリベラリズムの思想を理論化した。ここでは、まずロールズの思想を『正義論』と最晩年の講義ノートを編集してまとめられた『公正としての正義　再説』〔ロールズ、2004〕をもとに概説し、ロールズの自由主義哲学が直面する問題点を明らかにする。

12.1 ロールズの政治哲学

ロールズは、そもそも政治哲学の究極の目的を、政治共同体としての社会を安定的かつ長期的に維持することにおいている。ロールズが『公正としての正義　再説』の冒頭で掲げる政治哲学の目的の中には、さまざまな欲望や情熱を持ち異なった目標を持つ人々が社会を一つの全体として考えるよう方向づけることが挙げられている。政治哲学は、あらゆる可能な目的の中で、正義と道理にかなったものは何か、またそれらがどのようにして整合的でありうるのかを示すことによって、「人々が自分たちの政治的・社会的諸制度を一つの全体として考え、また、それらの制度の基本的な目的や目標を、個人あるいは家族や結社の構成員の目的や目標としてではなく、歴史をもった一つの社会——国家《ネーション》——のそれとして考える」ように促す役割を果たすのだという。ロールズが念頭に置くアメリカのような社会では、人々の間には宗教、文化などさまざまな意見対立があり、それらは根本的に両立不可能である。そのような両立不可能な意見対立が存在することを人々が受け入れ、自らの意見と異なる意見を持つ人々に対する憤怒を和らげ、人々が自分たちの社会的世界を肯定するように促すことが、政治哲学の役割なのである。言い換えれば、多種多様な人々が社会と融和し、肯定的に生きていくことを促すこと、そのために実現すべき政治経済制度の「正しいあり方」を論じるのが政治哲学である。

多様な背景や意見を持つ人々の融和と共存を促すという政治哲学の目的から、ロールズが想定する政治哲学は「さまざまな宗教や文化や哲学などの違いを持った人々が共有できる思想であること」が要請される。つまり、**ロールズの政治哲学**は、さまざまな思想や意見の最大公約数（ロールズの表現を使えば「重なり合うコンセンサス」）として成り立つものでなければならない。ロールズがそのようなものとして提起した政治哲学が、『正義論』で論じられた正義の二原理である。正義の二原理は人間社会の「正しいあり方」を規定する原理であり、次の第一原理と第二原理から成り立っている。

第一原理は、他人も同じ権利を持つことと両立するかぎりにおいて、個人は基本的な自由（思想信条、言論、職業選択等の自由）を持つと主張する。

第二原理は、社会的・経済的不平等の存在が容認できる条件を定めている。その条件は、「機会の公正な平等」と「格差原理」である。「機会の公正な平等」の原理は、社会的・経済的に恵まれた地位に就くチャンスが、すべての人に公正に与えられていることを要請する。不平等の存在が容認できるのは、そのような機会の公正な平等が事前に確保されていた場合だけである。「格差原理」は、社会的・経済的不平等が、社会の中でもっとも不利な立場にある構成員（ここでは「最弱者」と呼ぶ）にとって最大の利益になっていることを要請する。つまり、そのような社会的・経済的不平等があるときのほうが、それがないときよりも、最弱者の利得が大きくなるという条件が充たされている場合に限って、そのような不平等の存在が正義にかなうものとして容認されるのである。

ロールズは有名な「無知のヴェール」の理論で、この格差原理を導き出す。ロールズは原初状態における社会契約として格差原理が人々に合意される、と次のように説明する。原初状態において人々は、社会における自分自身の属性（知力、体力、自分が生まれ出る家族の社会階層や経済的地位など）を知らない、とされた。これをロールズは、無知のヴェールに覆われた状態と呼ぶ。無知のヴェールに覆われた原初状態の人々は、ただ人間社会についての共通知識は持った状態で、正義の原理（すなわち社会の正しいあり方）について合意を模索する。これは仮想的な歴史の始原というより、むしろ代議制民主主義における政策決定のモデルとみることができる。

　ロールズの理論では人間は合理的かつ利己的な主体であると想定されているが、このような無知のヴェールに覆われた原初状態に置かれると、人は、自分が社会の最弱者になった場合に利得がどうなるかをもっとも心配する。その結果、最弱者の利得を最大にするように社会的・経済的な不平等は配置されるべきである、とする格差原理が合意されるのである。

　このとき、「無知のヴェールの下では人は最弱者になった場合の利得をもっとも心配する」ことは、単に仮定されている。どうしてそう仮定するのかについてロールズは詳しくは説明していない。一つの有力な説明（この説明にロールズ自身は不同意だったと言われているが）は、次のような**ナイトの不確実性**を使った経済学的な説明である。

　経済学では、不確実な事象について、確率分布が分かっているものを「リスク」と呼ぶが、世の中にはそれよりも深い不確実性として確率分布すら分からない不確実性がある。この二つの不確実性の違いを強調した経済学者フランク・K・ナイトの名前から、確率分布が分からない深い不確実性のことを「ナイトの不確実性」と呼ぶ［Knight, 1921］。

　なるべくナイトの不確実性を回避したいという性向を持つ人が、ナイトの不確実性に直面しているとしよう。その人が利己的かつ合理的に自分の効用を最大化するならば、ナイトの不確実性の下で考えうる最悪の事態が起きた場合の利得が最大になるような選択肢を選ぶ、ということが数学的に証明されている。

我々は、ロールズの原初状態の議論において、無知のヴェールで覆われた人々が直面するのが確率分布も分からないほどの深度の不確実性（すなわちナイトの不確実性）だと解釈する。確率分布が分かっているようなランダムな事象とは、ふつうの景気循環のように、政治制度や市場制度が決まったあとに起きる物事である。社会制度をどうするか、を論じようとする原初状態の人々は、確率分布すら分からないナイトの不確実性に直面していると考えてよいからである。

このとき、原初状態の人々が合理的で利己的に意思決定する限り、自分が最弱者になった場合の利得が最大になるような社会的な不平等の配置に合意する。これは人間がナイトの不確実性を回避したいという性向を持っているという仮定の下では、厳密に示されることである。つまり、格差原理は、合理的な人々が、ナイトの不確実性に直面した状況において利己的な効用最大化を行った結果として合意される不平等容認の原理といえるのである。

12.2 善は正義と独立に存立しえない

これら正義の二原理は、さまざまな異なる宗教や文化的価値観の「重なり合うコンセンサス」あるいは最大公約数として抽出できる原理であるから、社会におけるすべての人々が共有できるものだ、とロールズは言う。人々が、正義の二原理という社会の目的を共有できれば、社会の中に存在する宗教や文化などの根本的に両立不可能な意見対立（ロールズはこれを「穏健な多元性」と呼ぶ）を容認し、それらの存在と宥和することができる。したがって、個人の多様な価値観と両立できるこの「正義の二原理」は、すべての人々に共有されるべきである。

　これがロールズの政治哲学の概要である。以下では、ロールズのこの政治哲学を批判的に検討することによって、自由主義の政治哲学が持つ難点を提示したい。その難点とは、ロールズの哲学は個人の人生の目標を積極的に是認することがない、という点に関連している。

　ロールズの哲学は、多様な意見を持った人々の共存を目指す自由主義であるから個人の価値観に踏み込まない。それはロールズ自身が設定した政治哲学の目的から見ても当然のことといえる。一方、世の中にある他の哲学や宗教などでは、社会の目的と個人の人生の目的とが包括的に首尾一貫した教説として説明される。ロールズはこれらの教説と自身の思想との違いを表すために**「包括的な教説」**と**「政治的構想」**という概念を導入する。

　包括的な教説とは、文字通り、社会全体の目的（すなわち正義）と個人の人生の目的（すなわち善）とを包括的に首尾一貫して説明する教説（理論、イデオロギー）であり、既存の宗教などが代表例である。それに対して、政治的構想とは、世の中にある多数の異なる包括的教説の共通部分（重なり合うコンセンサスまたは最大公約数）であり、異なる立場の人々が、受け入れることができるルールである。政治的構想それ自体は、正義と善とを首尾一貫して説明できるものにはなっていない。

　ロールズは、自身の思想を政治的構想であって、包括的な教説ではない、と強調する。人は、社会の正義に関してロールズの構想（前述の正義の二原理）を受け入れさえすれば、その限りにおいては、どのような包括的教説を信じていても構わない、ということである。ある個人が信じる包括的教説がその人にとっての善（人生の目的）を決めるから、個々人にとっての善は、ロールズの正義の二原理と整合的である限り、一人ひとり異なっていてよい。この意味で、ロールズの正義は、人々の善のあり方と独立に決まる。

ただ、人々が持つ善や人々が信じる包括的教説は無制限に何でもよいというわけではなく、正義の二原理と整合的でなければならないという制約を受ける。この意味で、「正義は善に優先する」ことをロールズの思想は主張する。個人の価値観から中立的な正義のシステムが社会の中で先に決まる。そのあとで、個人は自分にとっての善を、正義のシステムに整合的な包括的教説の選択肢の中から選ぶ。これが、ロールズの考え方である。

このようなロールズの正義論に対しては、二つの方向から批判することができる。

批判1：社会の正義は、個人の善に根拠づけられるべきだという立場からの批判
批判2：個人の善も、社会の正義に根拠づけられるべきだという立場からの批判

このうち、批判1については、**マイケル・サンデル**など**コミュニタリアン**（共同体論者）と呼ばれる人々が問題提起し、「リベラル・コミュニタリアン論争」と呼ばれる大論争を引き起こした。サンデルは「正義は善に優先する」は成り立たないと主張した。サンデルは、そもそも個人の価値観から中

立的な正義のシステムは存立できない、という。価値中立的な正義のシステムをロールズの正義の二原理として合意するためには、原初状態の人々は共同体のあらゆるしがらみ（血縁、地縁などの生まれ持った境遇による負荷）から自由な「負荷なき自己」を持たなければならないが、人間は負荷なき自己にはなり得ない、とサンデルは主張する。人間の自我の形成に先立って、その人は生まれ落ちた環境からの負荷を受ける。その負荷の下で自己が形成されるので、正義についてのその人の判断は、個人的な価値観（すなわちその人にとっての善）に依存してしまう。ロールズは、人々の多様な価値観の「重なり合うコンセンサス」として正義の二原理が確定できるとしたが、サンデルにいわせれば、そのような重なり合うコンセンサスは空集合になる（存在できない）、ということである。

その一つの例として、サンデルは、南北戦争当時の南軍の指導者ロバート・E・リー将軍の葛藤を挙げる［サンデル、2010、2011］。開戦前、リーは南部諸州の連邦離脱に反対だったが、戦争が切迫すると、合衆国に対する責務よりも、自分の故郷であるヴァージニア州への連帯の責務を優先せざるを得ないと決意し、南軍を率いて戦った。このエピソードは、ロールズの政治哲学の想定とは違って、人生には自分の自由意思では動かしがたい政治的責務というものが存在することを証明している。人工中絶の権利をめぐる論争でも、ロールズが想定するような価値中立的な正義の基準をあてはめることはできない、とサンデルはいう。人工中絶の是非の判断は、胎児を人間とみなすか否かという判断に依存する。胎児が人間であるならば人工中絶は殺人に他ならないから、胎児を人間とみなす者は人工中絶に反対する。胎児を人間とみなさない者（だけ）が人工中絶に賛成することになる。

このとき、ロールズ的な論者の典型的な議論は「胎児を人間とみなすか否かは個人の価値観なので、政府はその判断に介入すべきではない」というものだ。しかしこの議論は、「胎児は人間ではない」という可能性を言外に是認している。これは「胎児は人間である」と信じる人から見れば、（胎児が人間でない可能性を是認しているので）自分の価値観を真っ向から否定する議論である。政府が個人の価値観に介入しないならば、その政府の不介入は価値中立的ではなく、「胎児は人間である」と信じる人の価値観を否定する行為になる。人工中絶の権利について、価値中立的な正義の立場は存在できないのである。

以上は、正義が善に優先する（正義が価値中立的に存在できる）というリベラルの主張に対するコミュニタリアンの批判であった。コミュニタリアンの主張は、善が正義に優先する（まず個人の価値観があって、それをベースにして、正義のシステムが成立する）という意見に要約できる。これが前述の「批判1」の立場である。

我々は「批判2」の立場、すなわち、「善も正義に優先できないのではないか」という立場から議論を提起したい。「個人の価値観も、社会の正義のシステムから是認されることによってはじめて成立する」というのがここでの論点である。

コミュニティが強く残っていた時代は、（コミュニタリアンが主張するように）まず個人の価値観がコミュニティの「負荷」の下で形成され、そのあとに広く社会全体の正義のシステムが形成されるという筋道で物事が進んだかもしれないが、20世紀以降、そのコミュニティが壊れ、個人の価値観が成立する前提が崩れた。そのとき現代人は、お互いの連帯を失って、ばらばらの孤立した個人になる。

そのような現代人の自己認識はどのようなものになるのだろうか。後述するとおり、ハンナ・アーレントは現代人の基本的な経験は「見捨てられていること」だという〔アーレント、2017〕。伝統的な宗教や共同体が個人を支える力を失った現代において、人は、「自分は見捨てられ、社会の中で無用な存在であり、居場所を持たない」と感じる。この現代人の孤独から逃れるために、ときとして人は全体主義の虚偽のイデオロギーの無謬性に自己の存在の根拠を見いだそうとする。そして、イデオロギーの命じる目的を、それが他人や自分の死を意味するものであっても、自己の目的（善）として喜んで受け入れる。20世紀に起きた全体主義という病理現象は、個人の善が社会の正義のシステムによって根拠づけられ、是認されることを必要としている、という事実を示している。

共同体に根差した個人の価値観や善の構想が先に成立する、という状況が失われた現代において、この状況を再生しようとするのがコミュニタリアンの哲学（批判1の立場）である。それに対して、我々の議論（批判2の立場）は、共同体の喪失を前提条件として受け入れ、「個人の善の根拠を社会的な正義のシステムが与える」ことを、これからの政治哲学が実現しなければならないのではないか、と考える。

ロールズに代表されるリベラルの政治哲学は、「個人の善に根拠を与える」という役割は果たしていない。ロールズにとって、政治哲学はそもそものような役割を果たすべきものと想定されていないし、政治哲学が個人の善の構想に根拠を与える必要があるという認識がロールズにはなかった。なぜロールズがその必要性を感じていなかったか、という問題を大胆に推測すると、おそらくロールズ自身が包括的教説としてのリベラリズム（包括的リベラリズム）を信じていたからではないかと思われる。

前述のとおり、ロールズは政治的構想と包括的教説を区別した。「政治的リベラリズム」は社会の正義のシステムを正義の二原理として規定するが、個人の善を根拠づけることは自制する。一方、「**包括的リベラリズム**」は社会にとってだけではなく、すべての個人にとって自由の実現に至上価値がある、という信念（「自由＝個人の善」という信念）である。

ロールズの政治哲学の世界、すなわち、人々の多様な価値観の最大公約数として正義の二原理が合意された社会では、一人ひとりの個人の人生の目的を社会の正義のシステムが積極的に是認することはない。個人が欲望や情熱のままに選んだ人牛の目的は、正義のシステムと整合的である限りにおいて、否定されないというだけである。ある人生の目的を追求している個人は、「他の目的でもよかったのではないか」という偶然性の疑念に悩まされ、「この目的を他でもない自分が追求しなければならない」という必然性の確信が持てない。自分が社会から（この目的を追求するという理由で）必要とされている、という感覚が持てない。これが、アーレントのいう「見捨てられている」という感覚である。ロールズが構想するリベラルな社会では、見捨てられているという感覚から人々が脱することは難しい。

このようなロールズの世界で、ただ一人、自分が選んだ目的追求に確信が持てる者、そして、自分の存在が社会の正義のシステムによって積極的に肯定されている、と感じられる者がいる。それは、自由の実現に絶対的価値があると信じる包括的リベラリズムの信奉者である。彼らは、自分が選んだ人生の目的そのものに価値があるのではなく、「人生の目的を自分が自由に選択すること」に価値があると感じる。自分が選ぶ善の構想は恣意的であっても偶然的であっても構わないのであり、選ぶこと自体が「自由」という絶対的価値の実践としての意義があるのである。このような包括的リベラリズムの信奉者にとって、自分の人生の真の目的である「自由の実践」は、社会の正義のシステムによって是認され、社会にとって自分（の自由の実践）は必要とされているという確信を持つことができる。包括的リベラリズム信奉者の個人としての善（すなわち自由の実践）は、ロールズの世界の「正義のシステム」によって、積極的に是認されているのである。

逆にいえば、包括的リベラリズムを信じる者以外の者からみれば、ロールズの世界において、自分の人生の目的は、社会の正義のシステムにとってあってもなくてもいい存在である。そのため人は、自分の人生は偶然的で恣意的な存在にすぎない、自分は社会から必要とされていない、という感覚に悩まされることになる。

個人の人生の無意味さを否定し、人生を意味あるものとして肯定する力を個人に与えることが、（包括的な）政治哲学の役割であるとすると、近代においてその祖型となったのが、ゲオルグ・ヴィルヘルム・フリードリッヒ・ヘーゲルの歴史哲学である。**ヘーゲルの哲学**は、人間社会についての理念（理性の進歩）が個人の人生に意味を与える、と論じ、近代の人間中心主義の一つのかたちを作った。

12.3 ヘーゲルの哲学——理性の進化としての歴史

ヘーゲルは『歴史哲学講義』［ヘーゲル、1994］において「理性が世界を支配し、したがって、世界の歴史も理性的に進行する」と述べる。世界史は、世界精神の理性的かつ必然的なあゆみである、という。理性すなわち世界精神とは、ヘーゲルにとって、感情が決めた目的を達成するための合理的思考という狭い意味での理性（デイヴィッド・ヒュームなどの経験主義がいう理性）とは異なり、個々人の精神を超えた人類共通のイデアである。ヘーゲルは、世界精神の実体は「自由」であるといい、自由の実現が歴史の目的であるとする。

世界史とは、精神が自由という本来のあり方を完成するために進歩していく、複雑多岐にわたるプロセスとして理解することができる。非常におおまかにいえば、古代中国においては皇帝一人だけが自由であり、その後に現れた古代ギリシャでは市民が自由を実現したが奴隷や外国人には自由はなかった。しかし、ヘーゲルの時代の近代ヨーロッパではすべての国民に自由がいきわたる。このように世界史は、ヘーゲルの観点からは、自由が実現していく過程なのである。

ここで、ヘーゲルは、アダム・スミスの「神の見えざる手」に類似した「理性の策略（理性の狡知）」の議論を展開する。世界史の中に現れる個々人は、各々の欲望や情熱にしたがって、各々の「特殊な利害」を利己的に追求するのであって、「一般理念の実現」（世界精神の自由の実現）などは念頭にない。しかし、個人の活動は、意図せずして、理性の目標たる自由の実現に貢献するのである。「特殊なもの（著者注：利害）がたがいにしのぎをけずり、その一部が没落していく。……一般理念が情熱の活動を拱手傍観し、一般理念の実現に寄与するものが損害や被害をうけても平然としているさまは、理性の策略とよぶにふさわしい。」

個々人の特殊な利害に基づく行動は、その当人に幸福をもたらさないかもしれないが、結果的に歴史を推し進め、理性の進歩（自由の実現）を達成する、というのである。これは、個々人の利己的な行動が社会の公益を増進する行動になっているというアダム・スミスやバーナード・マンデヴィルの市場経済観と類似の世界観である。スミスやマンデヴィルの議論によって、利益追求という経済活動は、結果的に社会の公益に役立っているのだから、卑しいものではない、という認識が広がり、経済学の地位が高まった。それと同じように、各々の特殊な目標を追求する個人の利己的な行動が結果として世界精神の進歩（自由の実現）に役立っている、というヘーゲルの「理性の策略」論も、個人の特殊な目標追求を社会全体の観点から是認するという機能を持っている。個人が欲望や情熱のままに行う利己的な行動は、理性の進歩を前進させるから、社会全体にとって意義がある、とヘーゲルの歴史哲学は含意している。人々の個人としての個別的な人生の目的（善）を肯定するものは、ヘーゲル哲学においては、ロールズが論じた「正義の二原理」のような慎ましい正義のシステムではなく、「理性＝世界精神」という壮大なイデオロギーである。これは理性を信仰する近代的な宗教といってもよい。

このような理性の進歩に対する信仰は、大陸欧州的であり、英米の経験主義哲学には見られないものである。ディヴィッド・ヒュームやアダム・スミスの哲学では、理性はあくまで手段である。欲望や情念が決めた目標を、もっとも効率的に達成する手立てを考案することが理性の働きであり、「理性が目的である」という観念は彼らの思想からは出てこない。人間の欲望や感情は、社会的正義のシステムができる前に（人間の生物学的本性などに規定されて）確固として存在している。これが英米思想の根本的前提である。ヘーゲルのように、個人の欲望や情念を、意図せざる理性への貢献として正当化する必要性を英米思想は認めていない。この前提（社会の正義の構想よりも前に、個人の善の構想は確固として存在している）は、ロールズの政治哲学にも、サンデルらによるロールズへの批判にも、引き継がれている。しかし、我々はこの前提を疑うのであり、その意味で、ヘーゲルの哲学に意義を見いだすのである。個人の善は社会の究極目標（理性の進歩）によって根拠づけられる、というヘーゲル哲学の構造は、まさに我々の批判2（259ページ）に応えるものになっている。

しかし、ヘーゲルのような大陸欧州的な進歩史観は、20世紀には大きく動揺することになった。ナチズムや共産主義などの全体主義運動という理性の病理現象が多くの国の政治を動かし、人類の理性の進歩という素朴な信仰を打ち砕いたからである。

12.4 理性の病理としての全体主義

アーレントはスターリン独裁下のソ連秘密警察の粛清裁判の描写から全体主義体制下における理性の奇怪な病理のメカニズムを分析している［アーレント、2017］。スターリン時代のソ連では、まったく無実の罪で、少なくとも百万人近くの人々が粛清（処刑）された。その中には、取り締り側の共産党幹部や秘密警察幹部も数多く含まれていた。定期的な粛清によって党や秘密警察の幹部ポストを空けることは、若い世代に出世の道を約束するためのスターリン政権の普通のやり口になっていた、とアーレントはいう。

党から罪を告発され、自白を要求された多くの党員は、自分が無実であっても抵抗することなく、(虚偽の)自白を行って処刑される道を自ら選んだ。自ら進んで虚偽の自白をして死を選ぶ、という党幹部の奇怪な自己犠牲は、自己の存在(アイデンティティ)が「論理の一貫性」を最後の拠り所としているという事実から発していた、とアーレントは指摘する。「党は決して過ちを犯すことはない」という無謬性を信じる以上、そう信じる者は、虚偽の自白を行わざるを得ない境遇に「論理の一貫性」の力によって追い込まれるのである。アーレントによれば、党の告発者は、無実の党員から自白を引き出そうとするときに次のようなことをいう。党が間違いを犯すことはない、とおまえは認めている。いま党はある政治犯罪の犯人はおまえだと言っている。もしおまえが罪を犯したのなら処罰されなければならない。もしおまえが罪を犯しておらず無罪を主張するなら、無罪を主張することによっておまえは「党は間違いを犯さない」という事実を否定するという罪を犯すことになる。

党の「無謬性」を自己の全存在の基盤として受け入れている党員は、党が自分に対して行った犯罪の告発を否定すれば自分の存在基盤を否定することになる。逆に、無実の犯罪をあえて認めることは、党に対していま自分ができる最大の英雄的貢献である、と考えるようになる。こうして虚偽の自白が大量に生まれ、多くの党員がその自白を根拠に処刑された。これらの党員にとって、党の無謬性を否定するということは、自己の生命をなげうっても避けなければならないほどの事態だと認識されていたわけである。「この論法の強制力は『おまえは自分自身と矛盾してはならない』というところにある。そして矛盾律のこの奇妙な利用法の強制力は、矛盾はすべてを無意味にする、意味と整合性は同じものであるという仮定にある」［アーレント、2017］。

全体主義体制の人間が、論理一貫性を自分の命よりも優先する理由は、全体主義が20世紀前半の欧州で広まった理由そのものでもある。「全体主義的支配の中で政治的に体得される人間共存の基本的経験は、見捨てられていることの経験なのである。（改行）イデオロギーの強制的・強要的な演繹とこの見捨てられていること《フェアラッセンハイト》との奇妙な結びつきは、政治的には明らかに全体主義的支配機構によってはじめて発見され、その目的のために利用された」〔同前〕。

見捨てられていること、とは現代人の孤独または無用性の経験である。近現代になって伝統的な宗教信仰やコミュニティが崩壊し、自分の居場所を失った多くの人々は、基本的な経験として常に「自分は見捨てられ、社会の中で役に立たず、居場所を持たない」という孤独を感じる。自己のアイデンティティの拠り所を伝統的なコミュニティや宗教に持てなくなった孤独で見捨てられた大衆は、「論理の一貫性」という1点にのみ自己の根拠を見いだす。現代の人間のこの性質が全体主義的支配の実現を可能にするということを、『全体主義の起原』でアーレントは発見した。自己矛盾がないこと、すなわち論理の一貫性そのものが人間の存在の拠り所になるとは、驚くべきことかもしれない。見捨てられ根無し草となった人間は、自分を支えてくれるものはこれだという確信を何事に対しても持てず、何でもいいから確信を持てる対象を見つけたいと願う。確かなものが何もない現代において、最後に人が頼れる確かなものとして、「1＋1＝2」のような「演繹的論理の一貫性」だけが残るのである。だから現代人は、なかんずく全体主義体制下の人間は、「非・自己矛盾」「論理一貫性」「無謬性」をあらゆるものに優先する行動指針として受け入れる。それが、確かなものが何もない現実から逃避し、「確実」な世界に安住するためのただ一つの道だからである。見捨てられたと感じる人々にとっては、「論理一貫性」それ自体が自分の存在根拠なのであって、その論理の前提となるイデオロギーは実は何でもよい。全体主義体制が人種間の闘争や階級闘争というイデオロギーを出発点として与えれば、見捨てられた人々は、その出発点から純粋に演繹的論理によって、何が起きるか（＝何が起きなければならないか）を定め、それを実行する。人種間の闘争が出発点として与えられるなら、演繹的論理は「劣等人種は淘汰されなければならない」という結論を導き出す。その論理一貫性を守り通すために、全体主義下の人々は、現実に劣等人種を計画的に絶滅させる、という政策を実行せざるを得なくなる。

全体主義の本質は、人々が確かなものは何もない現実から逃避し、「論理一貫性」に支配された「確実」な世界に安住するために、演繹的論理の結論に合わせて現実そのものを改造する、ということなのである。ベッドの大きさに合わせて足を切るというプロクルステスの寝台のような理性の暴走が起きていたのである。

12.5 大きな物語の凋落

こうして、ヘーゲルに代表される19世紀の理性信仰は、全体主義の経験によって大きく動揺した。理性は単線的に進歩するものではないことは歴史によって証明された。全体主義は特殊な時代の特殊な例外だったかもしれないが、理性への信頼喪失の感覚は20世紀を通じて広がっていったように思われる。

この感覚を明確に表現したのが「**大きな物語の凋落**」というジャン＝フランソワ・リオタールの指摘である。リオタールは、近代（モダン）とは「大きな物語」が信じられた時代であったのに対し、ポスト・モダンの現代では大きな物語が凋落した、という〔リオタール、1989〕。

大きな物語とは、我々の文脈では、「科学（＝人間の理性）の無限の発展によってあらゆる問題がいずれ解決する」という進歩史観である。大きな物語の凋落とは、近年広がる進歩史観への疑念、すなわち、科学技術がいくら発展しても人間が直面する問題を解決できないのではないかという疑念のことである。科学研究を支える前提は、「人間の理性によって究極的には宇宙は理解可能であり、究極の理解に向かって人間の理性をはたらかせ続けることが科学の進歩だ」という理性至上主義（あるいは人間中心主義）である。人間中心主義には、理性の進歩によって人間社会が直面するさまざまな社会問題や政治経済問題も解決することができる、という信念も含まれている。

しかし、近年、基礎科学では長期間にわたって大躍進は見られず、また、科学技術の進歩にもかかわらず、格差や貧困や戦争などの人間社会の諸問題は解決できない。むしろ科学技術の発展によって、地球温暖化、化学物質やマイクロプラスティックによる汚染などの環境問題が生み出され、人間は、自然や人間社会の持続性を維持できるかという新しい政策課題に直面するようになった。問題がより深刻化する中で、人間社会が理性の働きによってこれらの問題を解決できるのかどうかははっきりしない。

つまり大きな物語の凋落とは、現代において人間の理性の万能性が信じられなくなったことである。

人間中心主義の世界観では、人間の理性よりも優れたものは存在しないから、理性に限界がある以上、その限界を超えて人間を救うものはない。

このことが政治哲学の領域で含意することは、ヘーゲルの歴史哲学のような、個人の人生の目的（善）を社会全体の目的（理性、神など）の中に位置づける理論が維持できなくなったということである。ヘーゲルの思想では、歴史は世界精神（理性）が自己を実現していく進歩の過程であり、個々人の利己的な活動（個人にとっての善）は、意図せざる結果として理性の進歩に貢献する。個人の人生の目標は歴史から是認され、社会的に意義のあるものとなる。ところが、20世紀に分かったことは、理性には限界があるかもしれないということだった。

近代の理性信仰の社会で理性の進歩が信じられなくなると、なにが社会の目的かも分からなくなり、個人の活動を社会の中で意義あるものとして位置づけられなくなる。個人の善が社会の中で位置づけられないことは、アーレントがいう「見捨てられた」経験を現代人にもたらす。それはドナルド・J・トランプ大統領が２０１６年の選挙戦で訴えた「忘れられた人々」のことでもある。大陸欧州での国家主義的な政治勢力の台頭、英国の国民投票によるEU離脱の決定、アメリカのトランプ政権の出現など、２０１６年頃からの欧米社会では、リベラルな政治思想やそれに支えられた自由でグローバルな市場経済を否定するポピュリズムの潮流が強まっている。そうした動きの背景にあるのは、グローバルな競争とIT技術の進歩から取り残され、居場所を失った「見捨てられた人々」、「忘れられた人々」が先進諸国の国内政治の場で大きな勢力となり、世界の現状を拒否していることである。

注意すべき点は、そのような人々が貧困などの目に見えるかたちでの社会的弱者とは限らないとい

$$q_t = \alpha p_t \tag{1}$$
$$p_t = \beta q_{t+1} \tag{2}$$
$$q_t = \alpha \times \beta \times q_{t+1} = \gamma q_{t+1} \tag{3}$$
$$(\text{ただし，} 0 < \alpha < 1,\ 0 < \beta < 1,\ \gamma = \alpha \times \beta)$$

うことである。貧困層などの社会的弱者は「少数」であるが、現代において社会の大多数の人々が「自分は見捨てられている」と感じる可能性は十分にある。

「理性の限界」がもたらした大きな物語の凋落は、現代人の多くをこのような見捨てられた人々にする。しかし人工知能の出現が、思想の閉塞状況から我々が脱するカギとなるかもしれない。次章で考えたいのはそのことである。

12.6 議論のまとめ——記号を使って考える

本章の議論をまとめておきたいが、単に言葉で繰り返すより、数学的な記号を使う方が明確に伝わることもある。ここでは記号を使ってこれまでの議論を表現してみよう。あらかじめまとめておくと、これまでの議論は、上に記した(1)～(3)の三つの式に要約できる（各記号の意味は、後述する）。(3)式は、(1)式と(2)式から得られる。

これらの式は、次のことを表している。

個人の欲望や情熱のままに行う人生の活動（個人の善）をc_tと表現する。記号cは個人の活動を表す記号で、下付き添え字のtは、時期を表す。さしあたり、c_tはある個人の第t年における活動だとしよう。そして、c_tの道徳的な価値をp_tと表現する。p_tは個人が自分の人生の目標や活動にどれほどの意義を感じているか、というその度合いを表している。

さらに、その人の信じる包括的教説における人間社会の目標をその社会がどの程度達成しているかを表す「社会のシステムの状態」をk_tと表現しよう。人間社会の目標とは、ヘーゲルにおける「世界精神の実現」、共産主義における「階級のない社会」、キリスト教における「神の国」、などのことである。k_tは人間社会の目標を実現するための政治社会制度などの社会システム全体の状態を表している。システムk_tの道徳的価値をq_tとする。

まず、(1)式が表現しているのは「システムは個人の生活に貢献するから価値がある」という関係性である。社会のシステムは、それぞれの人生目標を追い求める個人の生活のしやすさ、を高めるから価値がある。たとえば宗教共同体に入れば、共同体の中の隣人たちとの協力関係を容易に築くことができ、お互いに助け合えるので、生きることは容易になる。個人の人生の価値p_tが与えられているときに、システムk_tが個人の活動(c_t)をαの度合いだけ改善するとすると、システムの価値q_tは、(1)式で与えられる。ここでαは1より小さい正数である。

次に、(2)式が表現しているのは、「個人の善は、システムに貢献するから価値がある」という関係性である。ヘーゲルの「理性の策略」の議論がこれにあたる。個人の活動(c_t)は、それぞれの欲望と情熱のままに営まれているが、それは知らずしらずのうちに、理性の進歩、すなわち、自由の実現に貢献している。だからこそ個人の人生には価値がある、という議論である。自由の実現とは、社会のシステムをよりよいものに変えていくことである。記号で書くと、システムの価値q_tが与えられているときに、個人の活動がシステムの状態k_tをβの度合いだけ改善していくとすると、個人の活動c_t

の道徳的価値p_tは、(2)式で与えられる。今年（t年）のシステムの状態k_tはすでに決まっているので、個人の今年の活動（c_t）は、来年（$t+1$年）のシステムの状態k_{t+1}をβの度合いだけ改善する、という時間性が入ってくることに注意してほしい。来年のシステムの価値q_{t+1}が今年の個人の活動の価値p_tを決めるのである。ここでβは1より小さい正数である。

これら(1)式と(2)式を使って、本章で論じた政治哲学を整理すると、まず、ロールズの哲学は(1)を認めるが、(2)の関係性を認めない。ロールズの哲学では、個人の善の価値p_tは天与のものとして存在していて、それが社会のシステムに認められる必要はなかった。そして社会のシステム（ロールズの「正義の二原理」を実現した社会制度）の価値q_tは、そのシステムが個人の自由を最大限に高め、個人の善の追求を容易にすることから与えられるのであった。だからロールズの哲学では(1)式は成り立つが、(2)式は成り立たない。

我々の批判（259ページの「批判2」）は、p_tの根拠が与えられる必要があるのではないか、その根拠は社会のシステムから与えられるのではないか、すなわち、(2)式のような関係性が必要なのではないか、というものであった。

ロールズが言う「包括的教説」とは(1)式と(2)式の両方を兼ね備えた政治哲学のことをいい、彼がいう「政治的構想」とは(2)式の関係性を作り出すことをあえて控え、(1)式のみに集中した政治哲学であるということができる。ヘーゲルの哲学は、個人の人生の価値が世界精神の進歩によって根拠づけられるという(2)式の関係性を認める包括的教説といえる。既存の宗教も、20世紀の全体主義思想（共産主義やナチズムなど）も同じように包括的教説である。

$$q_t = \gamma q_{t+1} = \gamma^2 q_{t+2} = \gamma^3 q_{t+3} = \cdots = \gamma^N \times q_{t+N} \tag{4}$$
$$q_t < q_{t+1} < q_{t+2} < q_{t+3} < \cdots < q_{t+N} < q_{t+N+1} < \cdots \tag{5}$$

現代の世界で、ロールズ的なリベラルな政治哲学だけでは個人の人生の価値p_tを与えることはできない。これまで暗黙の前提として我々は包括的な教説を持っていたのであり、それがリオタールの言う「大きな物語」すなわちヘーゲル哲学にも強く関連する理性信仰であった。理性の無限の進歩を信じる理性信仰は、人間中心主義（ヒューマニズム）のことでもある。理性信仰またはヒューマニズムの思想において、理性は永遠に進歩を続けると想定されている。そして、理性の進歩に限界があるという見方が広がったときに、ヒューマニズムは危機を迎えた。

それはなぜだろうか。

この疑問は、(1)式に(2)式を代入して得られる(3)式から理解できる。この(3)式が表しているのは次の関係性である。システムの状態k_tの今年（t年）における価値q_tは、来年（$t+1$年）においてそのシステムが持つ価値q_{t+1}を根拠として、それをγの度合いで割り引いたものとして与えられる。

つまり、(1)式より、今年のシステムの価値q_tは、個人の善の価値p_tから$q_t=\alpha p_t$で与えられ、(2)式より、個人の善の価値p_tは、来年のシステムの価値q_{t+1}から$p_t=\beta q_{t+1}$によって与えられる。つなぎ合わせると、今年のq_tは、来年のq_{t+1}から、$q_t=\gamma q_{t+1}$すなわち(3)式で与えられるのである。
(3)式は、来年も再来年も成り立つから、(3)式を未来に延伸していくと、(4)式となり、繰り返していけば$t+N$年は無限遠の未来になる。つまり、システムの今年の価値q_tは来年の価値q_{t+1}によって決まり、来年の価値は再来年の価値q_{t+2}によって決まり、再来年の価値はその翌年の価値q_{t+3}によって決まる…という連鎖が、無限の未来に向かって続く。すると、今年のシステムの価値q_tは、究極的には無限遠の未来におけるシステムの価値q_∞を根拠として決まるのである。さらに、$0<\gamma<1$の場合は、(3)式は$q_t<q_{t+1}$を意味する。これは、システムの価値が、時間とともに成長し続けなければならないことを示している（(5)式）。
(4)式、(5)式から分かる通り、このことは、社会のシステム（理性の進歩のような理念とそれに基づく制度）がプラスの価値q_tを持つことは、そのシステムの価値が永遠にプラスであり成長を続けることを意味している。したがって、なんらかの包括的教説が唱道する理念の価値は、永久に存続する必要があり、しかもその価値は、時間とともに大きくなっていく必要があるのである。
リオタールの「大きな物語」に即していえば、我々が「理性の進歩」に価値q_tがあると考えるのは理性の進歩が永遠の将来においても価値を持ち続けると信じるからであり、その価値q_tは時間とともに大きくなっていくと信じているからである。理性の進歩が途中で止まったり、あるいは将来のいつかの時点で理性の進歩の価値がゼロになったりすると（$q_{t+v}=0$）、(4)式と(5)式が成り立たなくなるので、今日においても、理性の進歩の価値はゼロになってしまう（$q_t=0$）のである。

「大きな物語の凋落」が意味しているのは、そういう事態である。一般化していえば、社会について包括的な理念（イデオロギー）の永続と成長が信じられなくなると、その理念は今すぐに価値を失ってしまうのである。20世紀に、理性の限界に直面し、我々が「理性の進歩」の永続を信じられなくなると、ただちにヒューマニズムの価値が揺らぐ危機が訪れたのはそのような理由による。

第13章 人工知能とイノベーションの正義論

人間の理性への信仰が凋落した現代において、理性の永続的な進歩を再び信じられるようになる契機を我々に与えているのが、人工知能（ＡＩ）の出現である。人工知能の出現によって、「世界認識の主体として人間を超える知性」が人間と身近に共存する世界が来るかもしれないということを、我々は、はじめて実現可能な将来としてイメージできるようになった。

13.1 人工知能によって拡張される理性

人工知能の構築にはさまざまなアプローチがあるが、近年は、人間の脳の構造を模した多層の神経細胞ネットワーク（ニューラルネットワーク）のプログラムをコンピュータ内に構築し、そのニューラルネットワークを学習させたもの（深層学習させたもの）を人工知能と呼ぶことが多い。もちろん、他にもさまざまな異なるメカニズムで作動する人工知能は存在するが、ここでは、人工知能とはディープラーニングで学習したコンピュータ内の多層ニューラルネットワークのことを指すものとする。

ディープラーニングが開発された結果、それによって学習した人工知能が高いパフォーマンスを実現することが示され、近年、人工知能の研究開発は爆発的な勢いで進んでいる。もっとも、まだ、画像認識や囲碁や将棋などの限られた領域で人間を超えただけで、AIが全般的に人間の脳を超えたわけではないが、数十年以内に、あらゆる知的活動で、AIが人間の脳を超える事態（シンギュラリティ）が起きるという予想もある。

いずれにせよ、人間の脳（の一部の機能）をコンピュータ内に再現し、さらに、それを人間以上に進化させることができる、ということは現実に実証された。

コンピュータ上のニューラルネットワークとしては、いくらでも複雑なネットワーク構造を作ることができる。いずれは人間の脳のニューラルネットワークよりも進んだ複雑な構造のネットワークシステムをコンピュータ上に構築できるので、たとえば自然科学のような領域においても、人間の脳ではまったく理解できない観念の連合をAIが作り出し、人間には理解不能な新しい「科学」を生み出す可能性もゼロとはいえなくなった。これまでは世界を認識し操作する主体として人間が万物の頂点に立ち、人間より上は神しかない、という世界観を我々は持っていた。

ところがAIによって、「理性の働きにおいて（神ではないが）人間を超える存在」が実在できることが証明されたわけである。いまIBMやグーグルが開発しているAIが今後、現実に人間の理性を超えるかどうかが大事なのではない。個別具体的なAIの発展がどうなるかよりも、人間の社会の中で、人間理性を超える「理性的存在」が実在し得る、ということが実現可能な未来として示されたことが重要なのである。人間を超える人工知能によって人間の理性が拡張されれば、その「拡張された理性」の進歩には、当面、限界はこないかもしれない。つまり、理性は万能であるという理性信仰は凋落したが、人工知能によって「拡張された理性」は限界なく進歩するという新しい進歩史観の信念体系を再生できるかもしれない。それは、人工知能の持つ限界が、我々人間に了解可能な領域にあるのかどうか、という問題に関わっている。

人工知能も、コンピュータ上のシステムであるからには物理法則による限界はあるだろう。が、人間の神経細胞ネットワークよりも進化した複雑な神経ネットワークをコンピュータ上に作ることはできる。人間の脳よりも複雑な神経ネットワークといっても、神経細胞（素子）の数が多くなり、つながり方が複雑になったという量的な違いだけで、神経細胞がシナプスでつながっている、というネットワークの基本構造は同じである。その神経ネットワークの量的な違いは、世界認識の質的な違いをもたらす。まさに、フィリップ・アンダーソンが言う「モア・イズ・ディファレント」である。

たとえば人間とニワトリの脳の比較を考えてみる。ニワトリの脳も人間と同じ神経ネットワークでできており、人間より神経細胞の数が少なく、つながり方が単純であるという違いがあるだけだ。しかし、ニワトリの世界認識は人間のそれとは質的に異なる。たとえば、ニワトリは鏡像認知（鏡に映った自分を自分だと理解すること）ができないから、鏡に映った自分の姿を見ると、それは別のニワトリだと思って鏡を攻撃しようとする。人間には鏡像認知ができて、ニワトリにはできない、という世界認識についての質的な違いは、人間とニワトリの脳を構成する神経細胞の数とつながり方の違いという量的な違いに起因しているのであり、どちらの脳もニューラルネットワークであるという基本は同じである。

同じことは人工知能と人間の脳の間にも成り立つだろう。人間よりも神経細胞の数が多く、つながり方が複雑になった人工知能は、理性の働きの少なくとも一部分の領域については人間の能力を質的に超える。人工知能が「科学」を発展させるようになれば、それは部分的には人間の理解を超えるものになるだろう。

これは、コンピュータが一瞬で実行する膨大な量の演算を人間がすぐに理解できない、という話とは異なる。膨大な演算をするだけなら、人間も時間さえかければ原理的にはコンピュータと同じ演算を自分で行うことができるので、何をやっているのかという点について理解し、意味づけすることは可能だ。ところが、人工知能が発展させるであろう新しい「科学」は、人間の科学とは構造が質的に違うので、人間の脳がどれほど時間をかけて考えても、理解に到達できないだろう。それは人間の科学を、他の動物が「理解」できないことと似ている。

このように、人工知能の出現は、科学が人間の理性の限界を超えて、さらに進化していくという可能性を示唆している。人間の理性による科学と質的に異なる知の進化が可能であるならば、人工知能と人間との協働による拡張された理性は、永続的に真の世界理解に向かって進歩していく、という信念を我々は持てるに違いない。

人工知能によって増強された「拡張された理性」は、当面は、人間の理解が及ぶ限界に達することなく進歩を続ける。人工知能のおかげで、ヘーゲルが歴史哲学で思い描いたような進歩史観を、人間理性の進歩ではなく「拡張された理性」の進歩の叙述として再生できる（すべての知の可謬性という留保条件つきではあるが。第15章を参照）。

13.2 イノベーションの正義論——アブストラクト

ここからの目標は、ロールズの哲学において、個人の善の価値を社会の全体のシステムの中で根拠づけることである。273ページの記号を使った議論で言えば、(1)式の関係しか認めていなかったロールズ的な自由主義の政治哲学に(2)式の関係を導入することである。それによって「人工知能が出現した現代に我々はどのように生きることができるのか」という疑問を考えることができる。ここで、前節で論じた「拡張された理性」の無際限な進歩という信念がカギとなる。さらに、拡張された理性の進歩と、個人の人生における活動を結び付ける概念として「イノベーション」が重要となる。無知のヴェールの下で選ばれる正義のシステムを決めるうえで、原初状態の人々の持つ前提知識を決めるのはイノベーションだからである。議論の構造は次の4点にまとめることができる。

①正義のシステムは、無知のヴェールの下での人間の効用（個人の善）を最大化するものなので、価値がある。
②正義のシステムを更新するための前提知識は、（人工知能によって拡張された理性が行う）イノベーションによって得られる。
③イノベーションは、正義のシステムを更新する力となるので、社会的に価値を持つ。すなわち、

イノベーションの価値は、更新された将来の正義のシステムの価値を源泉とする。
④個人の善は、イノベーションに貢献する点において、社会的に価値がある。
道徳的価値の源泉は、「個人の善→正義のシステム→イノベーション→個人の善」というループを描いて、自分自身を支える構造となっている。

13.3 イノベーションとは何か

では、ロールズの自由主義哲学に戻って議論を始めよう。リベラルな政治哲学において、科学的知識の変化を引き起こす人間の活動すなわちイノベーションについては、これまであまり重要視されていなかった。しかし科学的知識の変化は社会の正義のシステムを大きく変化させる可能性がある。特に、分配的正義についてはそうである。ロールズの政治哲学の枠組みで考えた場合、科学的知識の変化は、格差原理の適用結果に大きな違いをもたらす。たとえば、地球温暖化問題は、ロールズが『正義論』を出版した1971年には専門家以外の人間にはほとんど知られていなかったが、現在では人類が解決すべき重要な政策課題であると広く認識されている。1971年の社会に共有された科学的知識を前提に格差原理を適用する場合と、50年後の現在の科学的知識を前提に格差原理を適用するのとでは、結果として構想される世代間の分配的正義のあり方は大きく異なる。したがって、イノベーションによる科学的知識の更新は、無知のヴェールで覆われた原初状態での合意を変化させることにより、正義のシステムを更新していくことになる。整理すると、人間や企業がイノベーションの活動を行う理由は、それぞれの個人や企業が自らの欲望や情熱に基づく特殊な利害を追求するためであるが、イノベーションは結果として新しい知識を創造し、その知識は人々の学習によって無償で社会全体に流出し、いきわたる。これは知識のスピルオーバーと呼ばれる現象であり、それが社会全体の知識を更新する。社会の知識レベルは、人々が無知のヴェールの下で正義のシステムに合意する前提条件であるから、イノベーションが社会全体の正義のシステムを変えることになる。

この関係性に、個人の善と社会の正義とを結びつける契機がある。

科学的知識の変化を引き起こす個人や企業の活動として広義のイノベーション（知の探究、知への投資）がある。人間のあらゆる活動は、それぞれの目的を達成するために、世界をよりよく理解して、世界により効果的に働きかけること、を目指している。世界をよりよく理解し、より効果的に働きかける方法を発見する活動がイノベーションであるから、あらゆる人間活動がイノベーションを伴っているといえる。

本書におけるイノベーションはこのような幅広い「知の探究」のことであり、通常いわれるような工学的な技術開発や科学的な発明、発見だけを指すのではない。普通の人間が通常の社会生活で行う活動であって「世界をよりよく理解し、より効果的に働きかけること」を目指す活動も含めたものを、幅広くイノベーションと呼ぶ。人間の日常生活の中で、あるいは職業生活の中で、誰しも経験する知的な発見や発明のことをイノベーションという言葉に包含したい。

イノベーションは知識のスピルオーバーによって社会全体の科学的知識の更新をもたらす。更新された科学的知識の下で、それに合わせて社会の正義のシステムも新しくなる。ロールズの政治哲学によって正義のシステムが決まる社会ならば、科学的知識が変化するのに合わせて、その都度、新たに議会が召集される（ロールズの原初状態とは、議員の一人ひとりが選挙区の個別的で特殊な事情を離れて、国民一般の代表として議論する議会をモデル化したものである）。そしてこの議会において、新しい科学的知見に対して格差原理が適用されて、新しい分配的正義が決まる。

このような筋道で、個人や企業が私的な活動として行う知の探究すなわちイノベーションは、社会全体の正義のシステムを進歩させる。世界についての科学的認識が一層正確になるにつれて、正義のシステムはより一層、完成に近づくことになる。

13.4 利己的個人は社会契約が決めるイノベーションを行うか

個人や企業が私的な判断で行うイノベーションは、原初状態の社会契約で合意される量になっているのだろうか。知の探究（イノベーション）は一定の資源（労働時間や資本ストック）を使って新しい科学的・技術的知識を獲得しようとする投資活動と考えることができる。イノベーションは、新しい商品やサービス、そしてそれらの新しい生産方式などを生み出すことによって、経済全体の生産性を増大させる。すなわち経済のパイの大きさを拡大させる機能がある。一方、イノベーションによって生まれた新商品が、既存の商品などにとって代わり、既存の企業の収益性を悪化させて、人や企業の勢力図を塗り替えるという破壊的性質も持っている（ヨーゼフ・シュンペーターの言う「創造的破壊」）。ロールズの原初状態との関係でいえば、イノベーションは人々の科学的知識を更新し、その新しい知識の下で、人々の境遇をリシャッフルする活動である。

さらに、イノベーションによって新しい知識が発見されたり、新しい商品が開発されたりすることは、事前に結果の確率分布が分かっているような確率現象ではなく、確率分布が分からない「ナイトの不確実性」を本質的にともなう事象だと捉えることができる。少なくとも本書ではそのように仮定して以下の議論を進める。前述のとおり、ナイトの不確実性の下では、利己的個人の行動原理はロールズの格差原理と同じになる。どちらも、最悪のケースの利得（minimum の利得）を最大にする（maximize する）というマキシ・ミン・ルール（max-min rule）なのである。

個人がナイトの不確実性の下で、イノベーションにどれだけの資源を投入するか、という問題は、社会全体の原初状態での選択としてイノベーションにどれだけの資源を投入するべきか、という問題とは、一見、異なるように思える。個人のイノベーション投資がもたらす不確実性は個人の周辺に限られ、社会全体のイノベーション投資がもたらす不確実性は社会全体に影響するので、影響の度合いや範囲が異なっているはずだと思われるからである。すると、個人が利己的に選ぶイノベーションのレベルと、原初状態で選ばれる社会全体のイノベーションのレベルとは異なるものになるように思われる。

しかし、実はそうではないかもしれない。その理由は次のとおりである。

イノベーションによる個人の境遇のリシャッフルは、他人が行うイノベーションによっても、あるいは他人が行うイノベーションと自分が行うイノベーションの相互作用の結果によっても、大きく変化する。このようなイノベーションの相互作用が及ぼす影響の範囲が予測不可能なほど複雑多岐にわたることを考慮すると、ある個人の行うイノベーションがもたらす不確実性は、当該の個人の周辺だけではなく、社会全体に及ぶと考えるのが妥当であろう。このとき、不確実性はナイトの不確実性だから、確率分布は考えられないので、個人の周辺と社会全体とで直面する不確実性の度合いに違いはなくなる。つまり、イノベーションについては、個人が直面するナイトの不確実性も、社会が全体として直面するナイトの不確実性も、同じものになるのである。すると、個人のイノベーションの影響が及ぶ領域は、可能性としては社会全体であるといえるので、利己的個人が選ぶイノベーションのレベルは、原初状態で選ばれる社会全体のイノベーションのレベル（一人当たりの値）とほとんど一致すると見込まれるのである。そうなる理由は、個人も社会も同じナイトの不確実性に直面するときには、個人がマキシ・ミン・ルールで選ぶイノベーションのレベルも、原初状態の人々がマキシ・ミン・ルールで合意するイノベーションのレベルも同じになるからである[3]。

こうして、イノベーションという活動においては、利己的個人の私的な選択が原初状態における社会的な合意と一致するという注目すべき性質が明らかになる。いったん無知のヴェールを取り払って社会的世界で生き始めた人々は、イノベーションという活動について意思決定しようとすると、科学的知識が（予想もつかないかたちで）更新されてしまうため、ふたたび無知のヴェールに覆われてしまう。結局、どの世代になっても、利己的個人は無知のヴェールの中でイノベーションにどれだけのリソースを投入するか決めることになるので、イノベーションに関しては各世代において原初状態が再現されることになる。各世代において、科学的知識という環境条件が日々更新され、それに応じた新しい原初状態が立ち現れているのである。

13.5 穏当な包括的教説

ここまでの議論を再度、簡単に整理する。個人は自分の効用を最大にするという目的から、ナイトの不確実性の下でのマキシ・ミン・ルールにしたがってイノベーションのレベルを決める。それは、結果として、原初状態において人々が格差原理（マキシ・ミン・ルール）で合意する社会全体のイノベーションのレベルとほぼ一致する。このことは、個人の目的（善）を追求する活動の一環として選ばれるイノベーションのレベルが、社会における正義の構想の中で選ばれるイノベーションのレベルと一致するということを示している。つまり、個人がそれぞれの人生の目的にしたがって利己的に行う知への投資（イノベーション）は、必然的に、社会が共有する正義の構想を実現するために行われるべきイノベーションと一致するということが示されたわけである。

人生の目的は人それぞれに異なっていて、その目的を利己的に追求する個人の活動にはなんらかのかたちでのイノベーションが伴うが、そのイノベーションは、社会正義を増進している。そして、これまでは理性の永続的な進歩への疑義が、イノベーションの意義や永続性に疑問を投げかけていたが、今日、ディープラーニングによる人工知能の爆発的進化が実現したことにより、「拡張された理性」によるイノベーションは無際限に進歩し続けると信じることができるようになった。

我々は、ロールズの正義の構想の中に、個人による知への投資（イノベーション）という活動を導入することによって、一つの包括的な教説を提示することができたと考える。これは経済学ではおなじみの「神の見えざる手」（アダム・スミス）や「私悪すなわち公益」（バーナード・マンデヴィル）というロジックと同じで、個人の利己的な行動が意図せざるかたちで社会全体の公益に役立っている、というストーリーと解釈できる。イノベーションという鍵を導入することによって、ロールズの正義論は、経済学と同じように**「穏当な」包括的教説**になる。

ロールズの正義の構想（とくに格差原理によってもたらされる分配的正義の内容）は、人類が持つ科学的知識の増加・更新とともに、不断に見直されることによって、究極的には、完全な正義のかたちに近づいていく。個人の善の構想は、意図せざるかたちで、しかし、必然的に、社会の正義の構想に役立っている。したがって、それぞれの個人の善の構想の価値は、社会全体の正義によって基礎づけられ、

[3] 無知のヴェールの下で選ばれるイノベーションのレベルは、必ずしも社会的に最適なイノベーションのレベルであるとは限らない。知識のスピルオーバーという「外部性」があるからである。無知のヴェールで覆われた原初状態の人間も、外部効果は考慮に入れないので、「外部効果も考慮に入れた社会計画者が選ぶイノベーションの最適レベル」に比べると、原初状態で選ばれるイノベーションのレベルは過小（または過大）になり得る。しかし外部性は本書のポイントではない。本書で主張したいことは、個人が人生の中で利己的に選ぶイノベーションのレベルが、原初状態において社会契約として選ばれるイノベーションのレベルと、おおむね一致している、ということなのである。

是認される。また、個人は、自分がどのような人生の目的を選ぼうとも、それはイノベーションを通じて社会正義を増進することに役立っている、という必然性の信念を持つことができる。

ちなみに、経済学におけるスミスやマンデヴィルの発見も、ここでの我々の議論と同じように「個人の利己的な経済活動が社会全体の正義によって是認される」という信念を生み出すことで人間の営みにおける経済活動の地位を引き上げた。そして、経済活動というものの社会的地位を引き上げることが、彼らの意図だったのである。

個人の経済活動における目的とは効用（あるいは利潤）の最大化であるが、それは人生の目的とするにはいかにも低俗で卑しい目標である。少なくともスミスやマンデヴィルの時代の多くの知識人はそう感じたはずである。しかし、利潤の最大化ということ自体は低俗なものだとしても、その行動が意図せざるかたちで他人の効用を高めるという公益に役立っている。それがスミスやマンデヴィルの発見であった。すると、低俗な利潤最大化は、（公益を増進するという働きのために）社会全体によって是認され、高尚な価値を持つものであると認められることになった。利潤最大化という個人の目的は、人目をはばかる目的ではなくなり、公然たる学問的探究の対象とするに値するとみなされるようになった。こうして初めて「経済学」という学問が成立したのである。

我々の議論は、スミスやマンデヴィルが経済学において行ったことと同じことを、ロールズの政治哲学において行おうとしているともいえる。個人の人生の目的は、それ自体をみれば低俗で浅薄なものかもしれず、社会の正義によって積極的に肯定されるものとは思えないかもしれない。一方で、それが社会正義によって是認されて初めて、人は自分の人生の目的を価値あるものだと、公然と信じることができる。しかし、ロールズの正義論の政治哲学では、個人の目的を社会正義が是認するということはできなかった。個人の特殊な目的は、社会正義からまったく独立した無関係なものと想定されていたからである。

我々は、個人の目的追求はイノベーションを引き起こすことによって、社会全体の知識レベルを上げ、社会の公益（正義の拡大）を増進している、という側面を指摘した。個人の利己的な目的を追求する活動は、イノベーションを通じて、意図せずして、社会の正義を増進する。それゆえ、個人の欲望や情熱にしたがった各々の人生目的の追求は、必然的に社会にとって価値あるものだと位置づけられるのである。

13.6 イノベーションの正義論を記号で考える

議論を記号で要約すると、273ページと同じく、(1)〜(3)の三つの式になる（これらの式を次ページに再掲する）。個人の人生の活動（個人の善）c_tはある個人の第t年における活動だとしよう。そして、c_tの道徳的な価値をp_tと表現する。ロールズ的な正義のシステムの第t年における状態をk_tと表現する。このk_tの道徳的価値をq_tとする。
(1)式が表現しているのは「正義のシステムは個人の善に貢献するから価値がある」という関係性である。個人の善の価値p_tが与えられているときに、正義のシステムk_tが個人の活動（c_t）をαの度合

$$q_t = \alpha p_t \tag{1}$$
$$p_t = \beta q_{t+1} \tag{2}$$
$$q_t = \alpha \times \beta \times q_{t+1} = \gamma q_{t+1} \tag{3}$$
$$(\text{ただし}, 0 < \alpha < 1,\ 0 < \beta < 1,\ \gamma = \alpha \times \beta)$$
$$q_t = \gamma q_{t+1} = \gamma^2 q_{t+2} = \gamma^3 q_{t+3} = \cdots = \gamma^N \times q_{t+N} \tag{4}$$
$$q_t < q_{t+1} < q_{t+2} < q_{t+3} < \cdots < q_{t+N} < q_{t+N+1} < \cdots \tag{5}$$

いだけ高めるとすると、正義システムの価値 q_t は、(1)式で与えられる。
(2)式が表現しているのは、「個人の善は、イノベーションを通じて、正義のシステムに貢献するから価値がある」という関係性である。正義システムの価値 q_t が与えられているときに、個人の活動がシステムの状態を β の度合いだけ改善していくとすると、個人の活動 c_t の道徳的価値 p_t は、(2)式で与えられる。今年（t 年）のシステムの状態 k_t はすでに決まっているので、個人の今年の活動（c_t）は、来年（$t+1$ 年）のシステムの状態 k_{t+1} を β の度合いだけ高める、という時間性が入る。(1)式に(2)式を代入して(3)式を得る。
この(3)式が表しているのは次の関係性である。正義のシステムの状態 k_t の今年（t 年）における価値 q_t は、来年（$t+1$ 年）の価値 q_{t+1} を根拠として、それを γ の度合いで割り引いたものとして与えられる。(3)式は、来年も再来年も成り立つから、未来に延伸していくと、(4)式となり、繰り返していけば $t+N$ 年は無限遠の未来になる。つまり、正義のシステムの今年の価値 q_t は来年の価値 q_{t+1} によって決まり、来年の価値は再来年の価値 q_{t+2} によって決まり、再来年の価値はその翌年の価値 q_{t+3} によって決まる…という連鎖が、無限の未来に向かって続く。すると、今年のシステムの価値 q_t は、究極的には無限遠の未来における正義のシステムの価値 q_∞ を根拠として決まるのである。そして、q_{t+1} から個人の善の価値 p_t も決まるので、個人の善の価値も無限遠の未来における正義のシステムの価値を根拠として

$$\gamma q_{t+N+1} = q_{t+N} = 0 \tag{6}$$
$$q_{t+N-1} = \gamma q_{t+N} = 0 \tag{7}$$
$$q_{t+N-2} = \gamma q_{t+N-1} = 0 \tag{8}$$
$$q_t = q_{t+1} = q_{t+2} = \cdots = q_{t+N} = 0 \tag{9}$$
$$p_t = \beta q_{t+1} = 0 \tag{10}$$

決まる、という構造になる。

理性に限界があると、つまり、イノベーションが永続しないと、このような価値の連鎖の構造は実現しない。理性の進歩に限界があるために、将来のいずれかの時点（第$t+N$年とする）でイノベーションが枯渇するとしよう。すると、(2)式において、個人の活動が正義のシステムの更新に役立たない、ということになるので、$t+N$年において、$\beta=0$になると解釈することができる。すると、その時点で、$\gamma=\alpha\times\beta=0$となる。$\gamma=0$となるのが(4)式の第$t+N$年だとすると、(6)式で$\gamma=0$となるので、$q_{t+N}=0$となる。そうすると、第$t+N$年の前の年まで$\gamma>0$だったとしても、(7)式より、$q_{t+N-1}=0$となり、(8)式より、$q_{t+N-2}=0$となる。このように連鎖を時間的にさかのぼっていくと、結局、(9)式が成立することになり、$q_t=0$となる。つまり、イノベーションが永続しないなら、いま現在の時点（第t年）においても正義のシステムの道徳的価値はゼロとなり、それにともなって、個人の善の道徳的価値p_tも(10)式より、現時点においてゼロになってしまう。

21世紀の今日、人工知能によって拡張された理性が永続的に進歩を続け、拡張された理性を持つ人間のイノベーションは、当面は限界に直面することなく続く、と信じることができるようになった。このことから、(1)式、(2)式、(3)式の道徳的価値の連鎖が永続する「イノベーションの正義論」が成立できるようになった。

個人の人生に道徳的な価値があることと社会の正義システムにも守るべき価値が

あることを、包括的に説明する穏当な教説が成立するのである。

13.7 経済成長主義から知の成長へ

最後に、別の角度から我々の議論（イノベーションの正義論）の意義を考えたい。近代の「大きな物語」が凋落したことにより、現代社会においては、19世紀的な理性の進歩への信頼は失われた。その空白を埋めて現代の信仰となったのが以下で説明する「経済成長主義」であったといえる。本章で論じたイノベーションの正義論は、経済成長主義という袋小路から人間社会が脱却するためのヒントを与えるものかもしれない。

地球環境や人間世界の持続性を考えるとき、経済学や経済政策の議論で「2％成長」のように永久に経済が成長する社会が理想とされることは、素朴に不思議である。地球上の資源やエネルギーは有限なのだから、生産量やエネルギー消費が永久に成長を続けることは不可能だ。たとえばGDPが年率2％で成長し続ければ、千年後には、現在の4億倍という非現実的な値になる。そのような成長は不可能だから、人間社会もいつか成長のない定常状態に達するはずだ。一方で、いま、世界各国の政治指導者たちはこぞって経済成長を国の目標であるとし、国民の多くもそれを支持している。

経済成長は、科学的な実現可能性の有無を度外視して社会が目標とするという意味で、現代の「信仰」と言っていいかもしれない。経済成長が社会の目標とされること（経済成長主義）には、いくつかの政治哲学上の理由がある。

第一の理由は、経済成長は経済政策の目標として現代の「自由主義」と非常に相性がいいことである。サンデルが言うように、自由な現代社会では、人は多様な価値観を持つので、政府が国全体として目標とすべき単一の価値観を決めることはできない［サンデル、2010、2011］。アメリカの経済政策をめぐる論争は、19世紀までは価値観についての争いだった。たとえば自立した独立自営農民の精神を育てるための産業構造を目指すべきだ、というジャクソニアン的な価値観と、大企業を振興して貿易拡大を目指すハミルトニアン的価値観が争った。多様な価値観が広がった20世紀以降の現代においては、特定の価値観に基づく経済政策は、価値観の押し付けと見なされ、政治的に支持されない。自由な社会の経済政策は価値中立的でなければならない。すると、目標にできるのは、消去法で、財やサービスの「総量」すなわちGDPを増やすことしかなくなる。こうして個人の多様な価値観を尊重する自由な社会では、価値中立的な経済成長が社会の目標となるのである。

経済成長主義が高い人気を誇る第二の理由は、為政者が「清算の日」を先送りできること、である。政治思想史学者ジョン・G・A・ポーコック（ジョンズ・ホプキンス大学名誉教授）は、アメリカ独立直後の連邦主義者の思想を紹介して「商業は『徳』である」と表現した［ポーコック、2008］。ここで「徳」とは特殊な意味であり、為政者が（古い約束を履行することなく）新しい約束を創始する能力、を指している。経済成長によって、社会のフロンティアが広がれば、社会の各層に対する所得再分配の約束を履行しなくても、為政者は新しい目標を提示し、約束を更新することができる。その際、古い約束は、新しい約束の中に埋め込まれるので、古い約束が不履行になるわけではない。約束不履行を起こさずに、新しい約束を創始する能力を「徳」と呼ぶなら、まさしく経済成長は徳である、といえる。所得再分配という古い約束の履行は、通常、大きな「痛み」をともなうが、経済成長が続けば、古い約束の「清算の日」を永久に先送りできる。成長＝先送りなのである。これが、「経済成長主義」が政治家に人気がある理由だといえる。

経済成長主義が現代社会で広がる第三の理由は、本書で論じている「大きな物語」の凋落に関連する。20世紀の経験を経て、人間の理性の進歩に対する確信という近代の信仰が失われると、個人の人生に意味を与える価値（社会全体の共有価値）も失われた。理性の進歩という理念を代替した現代の価値が、経済成長なのである。

アーレントの議論を繰り返すと、現代人の基本的経験は「見捨てられていること」の経験である［アーレント、2017］。伝統的な共同体社会が崩壊し、個人にとって、生まれながらに定まった居場所がなくなった現代社会では、多くの人は社会の中で自分が無用の存在となり、誰からも必要とされていないと感じる。人間はその経験に耐えることができず、全体主義のイデオロギーに身を投じてしまう。アーレントのこの観察が示していることは、社会の全体の価値体系の中で意味づけられなければ、個人の自由な人生は価値あるものとして存立できない、ということである。

近代は理性の進歩に対する確信が、個人の人生を意味づける社会全体の価値であったが、この大きな物語は失われた。このとき、個々人の多様な価値観の最大公約数として人生を意味づけられる共有価値は、物質的な豊かさしか残っていなかった。これが、「経済」が社会の共通目標となった理由である。

個人は、直接的または間接的に、経済成長に貢献することによって、自己の価値を実感することができる。このとき、なによりも経済が「成長」することが本質的に重要である。個人が力を尽くしても、生活水準が変わらなければ、経済の発展に貢献したという実感は得られない。276ページの(5)式を思い出したい。個人が経済に貢献することに自分の人生の意味を見いだせるようになるためには、経済が「成長」することが必要なのである。こうして「経済成長」が現代社会の目標として広くコンセンサスとなる。

さらに、その成長は「永続」しなければならない。もし将来のどこかの時点で経済成長が終わるなら、その時点で、個人の人生に意味を与えるもの（＝成長）がなくなってしまう。将来において人生に意味がなくなるなら、現在に時間を遡行しても個人の人生を意味づけることはできない。明日の生活に意味があるから今日の生活に意味がある、と人は考えるが、明日の生活に意味がなければこの論理は成り立たないからだ。よって「成長」は永続するものでなければならないのである。

しかし、経済成長は物理的には永続できない。これからの人間社会を持続可能なものとするには、何か別の「成長」を目標とすべきである。人工知能や情報技術による「知の進歩」が、経済成長に代わる新しい社会理念となるのかもしれない。これが、本章で論じている「イノベーションの正義論」が指し示す可能性である。人間の知性が人工知能によって増強されれば、知の発展の可能性は無限に広がるが、知の進歩は資源制約や環境制約にしばられない。そのような「成長」なら個人の自由な人生に意味を付与するとともに、世界の持続性と両立できる。経済成長主義を超えた新しい政治哲学が求められている。

第14章 世代間資産としての正義システム

ロールズの自由主義哲学においては、世代間の持続性の問題をうまく解決できないことが知られている。前章で論じた「イノベーションの正義論」は、個人の人生が社会にとって価値を持つのは、個人のイノベーションが社会全体の正義のシステムの更新に寄与するからである、と論じた。このようなイノベーションの正義論が持つ時間性は、世代間問題に対処する自然な動議を生み出すことができる。本章ではこのテーマを論じる。

14.1 時間整合性の問題

ここ数十年という短い時間の間に、財政危機や地球環境問題のような、世代間の持続性に関わる政策課題が数多く発生している。現代人、すなわち、利己的で合理的な個人が自己の効用を最大化するように政治的な意思決定をするとしたら、将来世代のための自己犠牲行為は実行できない。見返りもなくコストを負担して将来世代の利益を高めても、自分自身の効用は下がるだけだからである。

この事情は、ロールズの二原理を理念として共有している社会であっても同じである。ロールズは、世代間問題に直面した社会では「**公正な貯蓄**（Just Savings）」が実行されると主張している。この場合の「貯蓄」とは、一つの世代から次の世代への資源の遺贈のことであり、貯蓄というより遺産と呼ぶ方が良いかもしれない。

ロールズは、原初状態で「自分たちがどの世代に生まれるか分からない」という無知のヴェールに覆われた状態で、人々は世代間の「貯蓄」ルールに合意する、と想定した。このとき、公正な貯蓄ルールは「格差原理」で決まることになる。地球温暖化問題を例にとって考えよう。自分たちがどの世代に生まれるか分からないとき、自分たちがもっとも不運な世代に生まれることを原初状態の人々は恐れる。この場合、もっとも不運な世代に生まれることとは、温暖化による気候変動の被害がもっとも大きくなる時代に生まれることなので、原初状態の人々は、温暖化の被害が一番大きくなる世代のその被害が最小になるように、世代間の資源（この場合は地球環境）の遺贈のルールを決めようとする。こうして、世代間の公正な貯蓄として、「地球環境の持続性を維持するように各世代が温暖化対策を実行すること」が合意されるはずである。このように、無知のヴェールの議論を世代間問題に適用することによって、持続性の問題は解決できるように見える。

だが、この合意はうまくいかない。

その理由は、利己的な個人が将来世代のために自己犠牲をしないということと基本的に同じである。ロールズの政治哲学においても、人間は利己的な存在である。

原初状態での社会契約として決まった合意を利己的な人々が現実の社会において守るのは、無知のヴェールが取り払われた事後において、合意を覆すのが困難だからである。ただ合意を覆すのが困難なのは、同じ世代内での合意の場合である。一方で、世代間の「貯蓄」ルールについては合意を覆すのは非常に容易なのである。もう少し詳しく世代内と世代間の違いを見ていこう。同世代内の資源配分についての合意（たとえば生活保護制度など）は、無知のヴェールが取り去られた後も、利害関係者が全員、同じ時代を生きることになるから、合意を変更しようとする者がいたときに、強い反対が起きることになる。貧困層は多数派だから、所得移転の合意を取り消すことを富裕層が主張しても、民主政の下ではその意見は通らない（民主的な政府を作ることも、原初状態の社会契約として合意されている）。したがって、同世代内の合意は、事後に変更することは困難なのである。

ところが、ある世代から次世代への資源移転の合意（公正な貯蓄のルール）は、無知のヴェールが取り去られた後には、一方の利害関係者（現在世代）だけが同じ時間を生きるが、他方の利害関係者（次世代）は意思決定の現場にはいないことになる。現在世代の状況（温暖化がまだ破局的な段階まで進んでいない、など）が分かったときに、利己的な人々である現在世代はどのように考えるだろうか。親の世代がどのような貯蓄ルールで資源の移転をしてくれたとしても、自分たちにとっては「次世代に対してなにも遺さない」という選択が最適であることは明らかである。そのため、現在世代は「公正な貯蓄」ルールの合意を破ろうとするが、その動きを止める反対者（つまり次世代）は、まだ生まれてきていない。現在世代は、誰に邪魔されることもなく、公正な貯蓄という原初状態での合意を破ることができるのである。よって、人間が利己的な存在であって、将来世代への利他性を持たないと仮定すると、世代間の公正な貯蓄を実現することはできず、人間社会の持続性を長期的に維持することは難しいのである。

公正な貯蓄のルールは、事前には合意できるが、事後には必ず破られてしまうという意味で、**時間不整合**（time inconsistent）な合意なのである。ロールズ自身、公正な貯蓄ルールが時間整合性の問題を内包していることには気がついていた。『正義論』では、人は完全に利己的なのではなく、「家長」として自分の子孫の利益をも考慮して行動するという修正が加えられている。人間が個人ではなく、ある家系の家長として行動するという仮定は、人間に将来世代に対する強い利他性を仮定することと等しい。たしかに、将来世代に対する利他性が強ければ、時間不整合性の問題は解消する。人々は公正な貯蓄ルールを事後的にも守ろうとするだろう。しかし、現実の世界を見ると、我々は膨張する政府債務を縮小させられず、地球温暖化対策になかなか踏み出せないでいる。このような現実は、人間が持つ将来世代への利他性はかなり弱いものであることを示唆している。人間の本能によって決まる生物学的な利他性は、財政危機や環境危機のような持続性の問題を解決するには弱すぎるということである。

14.2 資産としての正義システム

記号を使った表現（273、276ページ。次ページに再掲する）に戻ると、ロールズの哲学では(1)式しか認めていないので、正義のシステムの価値には時間の概念が入っていなかった。正義のシステム

$$q_t = \alpha p_t \tag{1}$$
$$p_t = \beta q_{t+1} \tag{2}$$
$$q_t = \alpha \times \beta \times q_{t+1} = \gamma q_{t+1} \tag{3}$$
（ただし，$0 < \alpha < 1,\ 0 < \beta < 1,\ \gamma = \alpha \times \beta$）
$$q_t = \gamma q_{t+1} = \gamma^2 q_{t+2} = \gamma^3 q_{t+3} = \cdots = \gamma^N \times q_{t+N} \tag{4}$$
$$q_t < q_{t+1} < q_{t+2} < q_{t+3} < \cdots < q_{t+N} < q_{t+N+1} < \cdots \tag{5}$$

に価値があるのは、（同世代の中の）個人の善の追求をもっとも行いやすくするという点から来ていた。イノベーションを介して正義のシステムの更新に貢献するから個人の活動には価値がある、という我々の穏当な包括的教説の立場に立つなら、(2)式が成り立つ。すると(1)式と(2)式から(3)式が導かれる。
正義のシステムの今日の道徳的価値q_tは、将来の価値q_{t+1}によって決まることになる。時間を通じた価値の連鎖をたどると、正義のシステムの今日の道徳的価値q_tは無限遠の将来における道徳的価値q_∞を源泉として決まると言える。つまり、正義のシステムの道徳的価値q_tは、一種の「資産価格」と理解できるということである。[4]
そして、正義のシステム（k_t）そのものは、世代を超えて永続することが想定された、超長期的な「世代間資産」であると理解できる。世代間問題を解決するために、現在世代が自己犠牲的行動を行わなければならないとしたら、この世代間資産を守ることを誘因として現在世代を動機づけることができるかもしれない。たとえば地球環境問題のために今（第t年）、何もしなかったら、N年後に人間社会は崩壊するとしよう。そうなると、$N+1$年後の正義のシステムの価値q_{t+N+1}はゼロになる。それは、(4)式の連鎖を通じて、$q_t=q_{t+1}=0$をもたらす（現時点での正義のシステムの価値もゼロになる）。すると、現在世代の個々人にとって、自分の人生の（道徳的）価値p_tも$p_t=\beta q_{t+1}=0$となってしまう。このような事態を避けるために、人は地球環境問題の解決に必要な自己犠牲的行動をとることに合意できるかもしれない。

次のような例を考えよう。環境対策のコストXをいま現在世代が支払うと、N年後の人間社会の崩壊は避けられるとしよう。コストXを払わなければ、現在世代の活動の価値は、$p_t c_t$となるが、コストを支払えば$p_t(c_t-X)$に下がってしまう。ロールズの正義論の世界では、(1)式は成り立つが(2)式は成り立たず、個人の善の価値p_tは天与のものとして決まっている。ロールズの世界の個人は、Xを支払えば利得は$p_t(c_t-X)$となり、Xを支払わなければ利得は$p_t c_t$となるから、現在世代は、Xを支払わないことを選ぶ。したがって、ロールズの正義論の世界では、人々は環境対策のコスト負担に合意できず、環境問題は悪化を続けるだろう。

一方、我々が本書で論じた「イノベーションの正義論」では、結論が変わる。イノベーションの正義論が人々の世界観として普及している世界では、(1)式と(2)式が成り立つので、前述したとおり、現在世代が環境対策コストXを払うと、$p_t>0$になるが、Xを支払わないと、$p_t=0$になる。

すると、現在世代の利得は、Xを支払うと、$p_t(c_t-X)$となるのに対し、Xを支払わないと$p_t c_t=0\times c_t=0$になってしまう。$c_t-X>0$であると仮定しよう。このとき、コストXを支払ったときの現在世代の利得の方がXを払わない場合よりも大きいので、現在の人々は、環境対策を実施することに合意することになる。

この例が示すように、個人の善の価値が正義のシステムの価値から決まるという穏当な包括的教説

[4] 経済学的にいえば、(3)式より、q_tは配当を生み出さないバブル資産の価格と見なすことができる。

を受け入れるなら、自分自身のいま現在の人生の価値 p_t を守るためにも、地球温暖化対策のような自己犠牲的な行動をとることは合理的な意思決定となる。このような新しい世代間倫理の構想が求められている。

第15章 自由の根拠としての可謬性

第3部で論じてきたイノベーションの正義論（個人の人生の目的の価値は、個人の活動がイノベーションを通じて、社会の正義の更新に貢献することによって根拠づけられるという包括的教説）は、ヘーゲル哲学との類比もあり、社会の全体の発展を重視して個人の自由の意義を軽視する議論――ある種の全体主義――のような印象を与えたかもしれない。しかし、我々の議論の大前提には、ロールズの第一原理（個人の自由の保障）と**ハイエク**の自由な市場の存在がある。ここではそのことを強調しておきたい。

議論の前提にあるもっとも重要なポイントは「我々の社会の発展は根本的に可謬的である」ということである。ディープラーニングによる人工知能の進化が示していることは、知の発展そのものも物理的世界の中の秩序形成の運動であるということであった。人工知能を含めたすべての知は絶対的真理である保証はなく、いずれ「間違いであった」と判明するかもしれないという意味で可謬的なものである。

この知の「可謬性」という認識が、第11章での二つ目の問い「人工知能が人間を淘汰するリスクはあるか」を考えるうえでカギとなる。人工知能または人工知能で増強された超人類が知の可謬性の認識を持てば、以下に論じるように、彼らは世界の多様性を維持すること、つまり現生人類との共生を目指すはずである。

15.1 ハイエクの知識論

これからの政治哲学に求められることとして我々が提起した論点は「個人の善（個別的な人生の目標）は正義のシステム（社会の目標）に根拠を持つこと」であった。個人の情熱や個別的な利害に基づいたそれぞれの人生の目標が社会から是認されるための鍵がイノベーションであった。個人が行うイノベーションが、人々の科学的知識と社会的境遇をリシャッフルし、社会全体の「正義のシステム」を更新する。個人の利己的な活動はイノベーションを通じて、意図せずして社会全体の公益に貢献する。こうして個人の善は社会に根拠づけられる。

この我々の議論の前提は、個人によるイノベーションが実行されることだが、当然ながらイノベーションは自由な活動の結果であり、自由のないところにイノベーションはない。ロールズの第一原理（個人の自由の保障）が成立していない社会ではイノベーションはなく、個人の善は社会に根拠づけられるという我々の議論も成り立たなくなる。だから、個人の自由の保障が社会の基盤として存在しなければならない。以下では、その根拠についてもう少し深く掘り下げておきたい。

ハイエクは1945年の有名な論文「社会における知識の利用」[Hayek, 1945]において、一般的な知識ではなく、特定の時間と場所においてのみ存在する知識（the knowledge of the particular circumstances of time and place）の重要性を強調した。ハイエクはまず「合理的経済秩序の確立」のために、解かれなければならない問題とは何か、と問うた。合理的経済秩序とは、必ずしもはっきりと定義されているわけではないが、総需要と総供給がある程度一致し、その結果、極端な失業や倒産のようなことが起きない平静な経済状態のことであろう。

このとき、どこにどのような需要があり、どこにどのような製品やサービスがどれだけ供給されているのか、などの情報は、政府が集中的に統合したかたちで持っているわけではない。経済問題を解くために必要な情報は、市場のさまざまな場所にいる諸個人が分散的に所有する知識であり、それらの知識は不完全であり、また、時間の経過とともにすぐ変化したり失われたりする。また、それらの知識は互いに矛盾することも多く、どれが正しく、どれが間違っているのか、は事前には分からず、事後的にも分からないままであることもある。

このような分散された膨大な知識を総合し、合理的な経済秩序を形成するための計画を作ることは、1個の主体（政府の中央計画当局）には不可能である。あちこちの特定の場所や時間に分散された知識を有する諸個人が、自由に行動してお互いに取引や情報交換をすることを通じて、分散されたかたちで経済変数が定まり、経済全体の秩序が形成される。そのような市場競争のメカニズムだけが、経済秩序を形成するための問題を解くことができる。これがハイエクの主張であった。

政府の中央計画当局には、その国の経済についてのすべての知識を知ることはできない。それは単に量が多すぎるというだけではなく（量の問題だけならコンピュータが発展すれば解決できるだろう）、そもそも言葉や数式で記述できない知識（**暗黙知**）が現実の経済社会では重要な役割を果たしているからである。ハイエクが言う「特定の時間と場所」にある知識の本質とは、そのような言語化できない暗黙知である。

ハイエクにとって、市場の競争メカニズム（価格競争）とは需要と供給を一致させるような価格の値を出力する無味乾燥な計算ではなく、無数の人々に分散された暗黙の知識を総合して経済の秩序を形成する一種の「学習」メカニズムだったのではないかと思われる。

本書を通じて見てきたとおり、我々は人工知能の近年の発展が、ディープラーニングという学習メカニズムの開発によって爆発的に進んでいることを知っている。ディープラーニングを用いて画像認識を行う場合には、簡単には言語化や数式化できない画像上の特徴を抽出する作業を、人工知能が多数のデータを見ることによって進めていく。たとえば画像の中のある種のパターンがネコを表すということを学習する場合、人工知能の神経回路網が「ネコ」性を検知できるかたちに変化し、「ネコ」という概念に相当する神経回路網の反応パターンを形成する。このような反応パターン（またはそれを生起させる画像上の特徴のパターン）を表す数量を特徴量という。人工知能が「ネコ」の特徴量を学習によって形成する、ということは人間が「ネコ」という概念を脳内に形成することと同等の作業になっている。

市場経済で自由な個人の活動によって起きているイノベーションは、このようなディープラーニングによる特徴量の学習と類似したことではないだろうか。ここからはハイエク自身が言っていることではないが、ハイエクの市場観（すなわち特定の時間と場所の知識を集計し総合する市場の働き）と近年の人工知能におけるディープラーニングを対比することで、個人によるイノベーションを可能ならしめる市場の働きとは何か、を考えることができる。

15.2 イノベーションと新しい経済学

ハイエクの市場観の核心は、特定の時間と場所についての暗黙知の効果が人々の取引を通じて市場内に広く伝播し、その結果として、一つの経済秩序（いまの経済学用語では均衡）が形成されることだった。暗黙知そのものは万人に伝えることはできないが、その効果は価格という変数の変化を通じて、市場全体に伝わる。これまでの経済学では、価格という情報のみが市場を伝わると考えて、需要の数量と供給の数量が一致する経済秩序（すなわち均衡）をもっぱら分析してきた。たしかに市場全体に迅速に伝わる情報は価格しかないというのは事実であろう。

しかし、細かく見れば、暗黙知の一部は、市場の取引を通じて、周辺の一部の人々には伝わり、彼らの活動のあり方を変化させていく。それは、価格のように数量化された「変数」としては表現できないような変化であるかもしれない。しかし、そのような暗黙知の伝達は市場の局所的な変化として起きているはずであり、このプロセスを、我々は「人工知能が学習する」というのと同じ意味で「市場」という主体が「学習」するプロセスだと呼んでもいいだろう。

価格以外のさまざまな特定の時間と場所についての知識が、市場における人々のネットワークを通じて、近接する時間と場所に伝播し、他の知識と接することで化学反応を起こす。市場における人や企業のつながり方は、ある種の構造を持つ複雑ネットワークであることはよく知られている［増田・今野、2010］。たとえば友人知人という社会的関係のネットワークでは、お互いにまったく見知らぬ者同士の二人の人間も、多くの場合は六人程度の知人を介してつながっていると言われる。つまり、地球上の任意の二人、AさんとBさんは、知人の知人の知人…とたどっていくと、数人から十数人程度の知人を介してつながるというのである。複雑ネットワーク理論では、このようなネットワークは**スモールワールドネス**（世間は狭い）という性質を持っている、と呼ばれる。

個人や企業の間の経済取引のつながりも同じようにスモールワールドネスの性質を持っていると考えられるので、経済活動を通じて、価格以外の知（特に定量化できない暗黙知）がかなり広範囲の個人や企業に伝わることは、当然、起きていると思われる。そのような暗黙知同士の接触によって起きる局所的な知の相互作用がイノベーションを生み出す原動力ではないだろうか。つまり次のようなメカニズムである。経済取引の中から現れる言語化できないパターンを読み取り、そのパターンを生かして個人や企業は自己の利益を大きくするための新しい手法を開発する。その新しい手法がイノベーションと呼ばれるものであり、それを言語化あるいは数式化できれば、万人に伝えられる科学的知識となる。

これまでの経済学は、それぞれの財やサービスの「価格」と「数量」という特徴量のみに着目し、理論の枠組みを作ってきた。スモールワールドネスを持った取引ネットワークを通じて、言語化できない暗黙知が伝播し、その結果、なんらかの学習プロセスが発動して局所的な新しい「特徴量」が発見される、というイノベーションのメカニズムは、これまでは経済学の範疇の外にあった。市場全体で共有できる価格がこれまでの経済学の分析の中心だったが、これからは市場の中の特定の時間と場所で起きる局所的なイノベーションを分析する新しい経済学が構想できるかもしれない。

ディープラーニングのメカニズムについての理論はまだ緒に就いたばかりだが、少し空想をたくましくして、新しい経済学とはディープラーニングと同じ情報の学習理論のパラダイムの中で構想されるのではないか、と考えることもできよう。そのような経済学こそ、おそらくハイエクが構想したいと考えていた新しい経済学だと思われる。

さて、イノベーションが持つこのような性質は、なぜ、イノベーションを実現するために自由が必要であるのかという理由を明らかにしてくれる。イノベーションは、人や企業（かれらは人工知能で拡張された理性を持っているかもしれない）が局所的な暗黙知を学習することで、世界に対してより効果的に働きかける新しい技法を開発することである。特定の時間と場所にしか存在しない暗黙知は、政府の中央計画当局は原理的に知り得ない。暗黙知を知っている個人の自由な活動にゆだねることで初めて、その暗黙知は近接した他の人や企業に伝播し、イノベーションを引き起こす。自由のない経済社会では、暗黙知が経済活動のネットワークを伝播しないので、イノベーションはきわめて困難になるのである。これがイノベーションを効果的に実現するために、個人の自由が保障されるべき一つの理由である。

しかし、ここで、あまのじゃくに考えると「暗黙知をいかに効率的に伝播させるか」という点だけが問題だったら、必ずしも「個人の自由」は必要ないのではないか、という反論もできるかもしれない。今後、暗黙知をもっとも効率的に学習する方法についての科学的理論が発展し、たとえば政府があらかじめ決められたルールで人々の取引相手をときどき強制的にリシャッフルする「統制経済」システムの方が、自由な市場よりもイノベーションが起きやすい、という事実が発見されるかもしれない。

要するにイノベーションをもっとも効果的に実現するという基準だけでは個人の自由は完全には正当化しきれず、「制度の工夫次第では個人の自由がなくてもイノベーションが起きる全体主義社会が存在するかもしれない」という可能性を否定できない。

しかし、個人の自由が保障されるべきもう一つの理由がある。それは、人間あるいは人工知能が創り出すあらゆる知は可謬性を持つということである。端的に言って、「イノベーションに最適な全体主義社会がある」という理論が発見されたとしても、その理論自体が間違っているという可能性は否定できないということである。

15.3 無謬性への希求から可謬性へ

この世界についての我々の知は、すべて「暫定的な」真理である。科学的な知であれ、経験的な暗黙知であれ、人間や人工知能の知はどれもいつか「間違いであった」ということが証明される可能性を持っている。この意味で、知は、その本質的な性質として可謬性を抱えている。人工知能も、人間と同じようにデータから学習する存在であるから、それが人間を超える知の体系を構築したとしても可謬性という性質からは逃れられない。「人間（およびその知の延長としての人工知能）が可謬的な存在である」ということが、我々の社会が自由でなければならない根源的な理由だと思われる。

全体主義をめぐるアーレントの議論を想起したい（第12章）。

アーレントによれば、全体主義体制の指導者の「無謬性」に対する絶対的な信奉が、全体主義を駆動する原動力であった。近代社会において、伝統的な共同体という居場所を失い、市場競争にさらされた孤独な人々は、社会から見捨てられ、忘れられたと感じる。見捨てられた人々は心の拠り所として、何か確かなもの（すなわち無謬性を持つもの）を求めるが、確かなものが何もない現実の世界では、確かなものと思えるのは全体主義政党が唱える虚構のイデオロギーしかない。いったん党のイデオロギー（あるいは独裁者の理性）の無謬性を前提として受け入れると、人々は現実の方をイデオロギーの論理に合わせて作り変えることを拒否できなくなる。全体主義国家が行った大虐殺や大量粛清は為政者の無謬性という前提から演繹的論理によって強制されたものだった。無謬性の信念の下では、一つのイデオロギーを人々が共有し、そこを出発点とした演繹的論理の強制力が人々のとるべき行動を決めるので、必然的に個人の自由は抑圧される。

逆に無謬性の信念がなければ、人々が自分の自由意思を捨てて為政者の命令にしたがう理由はなくなる。為政者に無謬性を渇望していたからこそ、人々は為政者が主張するイデオロギーの無謬性を信じ、為政者の命令にしたがうことに同意し、全体主義は成立したのである。逆に、「為政者も含めてあらゆる人間は可謬的な存在である」と信じるなら、人々は自由であることから逃れることができない。独裁者を信頼し、隷属したいと願っても、彼の無謬性を信じることができないからである。

$$q_t = \alpha p_t \quad (1)$$
$$p_t = \beta q_{t+1} \quad (2)$$
$$q_t = \alpha \times \beta \times q_{t+1} = \gamma q_{t+1} \quad (3)$$
(ただし，$0 < \alpha < 1,\ 0 < \beta < 1,\ \gamma = \alpha \times \beta$)


無謬性への願望はなぜ生まれるのか。

このことを考えるために、もう一度、三つの式を思い出したい。

ここで、p_tは個人の人生の道徳的価値、q_tは社会の理念の道徳的価値である。社会理念は、個人の人生を生きやすくするから価値がある、という関係性を示している。(1)式は、(2)式は、個人の人生は社会理念の発展に貢献するから価値がある、という関係性を示している。(3)式を未来に延伸すると、社会理念の現在の価値q_tは来年のq_{t+1}によって決まり、来年の価値は再来年の価値q_{t+2}によって決まる、…という連鎖ができるので、社会理念の現在の価値q_tは、無限遠の将来における社会理念の価値q_∞から決まる。

ここで、社会の理念とは、共産主義や自由主義などさまざまなものがあるが、その理念には「その内容が正しい」という信念も含まれている。もし、将来のいずれかの時点(たとえば第$t+N$年)で、この理念が「間違いであった」と判明するとしたら、その時点で理念の価値q_{t+N}はゼロになるので、(3)式のロジックを遡って、現在のq_tもゼロになってしまう。そういうことが起きてはならないので、社会理念はつねに正しくなくてはならない。これが、無謬性のロジックである。

つまり、「個人の善(個別的な人生の目標)の価値が社会の理念によって根拠づけられる」という構造を持った包括的教説の中では、その理念の永続的な無謬性が不可避的に要請されるのである。これが、全体主義などの理念が自己の無謬性を主張する理由である。しかし、よく考えれば、未来永劫、決して間違わない社会理念(イデオロギー、思想、宗教など）を人間が作り出せるはずはない。その中で、一つだけ無謬の真理があるとすれば、それは「すべての知は、間違いでありうる（可謬的である）」という可謬性の信念だけである。この可謬性の信念に基づく社会理念だけが、その価値 q_t はどれだけ時間が経ってもゼロにならない、という性質を満たすはずである。

したがって、(1)(2)(3)式の体系を満たす包括的な教説は、「可謬性」を基礎にして成り立つものでなければならないのである。

15.4 人工知能とデータ独占禁止政策

人工知能が社会のさまざまな場面で活用されるようになる時代に懸念されることは、人工知能を対象とした「無謬性神話」が生まれるのではないかということである。「人工知能は無謬である（人工知能の判断によって個人の自由が制限されても良い）」というタイプの無謬性神話が社会に広く共有されると、問題が生じる。

第2部までの議論で強調されているように、ディープラーニングによって進化する人工知能は、それ自体が自由な試行錯誤の産物であるといえる。しかし、社会の中で、人工知能が活用されるとき、人々は、人工知能の判断に「無謬性」を求めないだろうか。たとえば、金融機関が投資対象の証券を選別する作業や、融資対象の人間の信用度を評定する作業に人工知能を使うとき、自動車（自動運転車）を人工知能が運転するとき、人工知能が労働者の適性を判断するとき、……そのような場面で社会が人工知能の判断に「無謬性」を求めるならば、そして、人工知能の無謬性を前提にして、さまざまな意思決定がされるならば、人間の自由は大きく損なわれかねない[5]。

現実のビッグデータの集中と利用の動きをみると、そのような社会になる恐れは必ずしも否定できない。GAFA（アマゾン、グーグル、フェイスブック、アップル）など一握りのIT企業が収集した個人データは膨大である。かれらがビッグデータを独占し、そのデータを使って学習した人工知能が人間の重要な意思決定にかかわるようになれば、誰もGAFAの人工知能の判断に対して異を唱えることはできなくなる。

これは、「人工知能が絶対的に正しい」ということが示されたわけでは決してないのだが、「人工知能は、事実上、無謬の存在とみなしてよい」という社会的合意を作り出すかもしれない。そのような合意の下では、個人の人生の重要な選択（進学、職業、結婚、居住地、……）は過去のデータから人工知能によって決定され、個人の自由（特に試行錯誤を行う「愚行権」）は奪われてしまうかもしれない。

これはまさに人工知能によって社会が管理・統制される全体主義の未来図である。そこでは、人工知能は個人から自由を奪い、行動を（本人が気づかぬうちに）強制する為政者に準ずる存在となり、『一九八四年』［オーウェル、2009］でジョージ・オーウェルが描いた世界と同じようなディストピアが現出する。

現在、巨大IT企業で進んでいるビッグデータの寡占がさらにこのまま進めば、ディストピア的未来が来る可能性は高くなるだろう。19世紀から20世紀にかけての世界経済で、産業横断的な巨大独占企業が市場を歪ませ、大きな弊害を生んだことと同様の独占の問題がネットビジネスの世界で起きつつある。19世紀末から20世紀初頭の米国で反トラスト法によって独占禁止政策が進んだように、個人データや顧客データの利用について独占禁止を政策として実施し、人工知能をめぐる市場の競争状態を健全化することが必要かもしれない。

データ独占禁止政策が政策として必要であることを、いまの経済学で論証することは難しい。データ利用（それによって人工知能の学習を進めること）という活動には正の外部効果がある。データをたくさん使えば使うほど、追加的なデータの価値が上がるという、いわば「規模の経済」という性質である。このような性質を持つので、データ利用産業には、多数の企業が競争するよりも、少数の企業の独占（または寡占）になる方が効率的になるという性質がある。こうした経済学的な議論からは、巨大ＩＴ企業にデータ独占を認めて、政府が規制をかけるという「電力産業モデル」が適切だという議論が導き出されるかもしれない。

これに対し、データ独占を禁止することを正当化できるのは「可謬性」を論拠とした政治哲学にな

[5] 人工知能を無謬の存在だと信じることは、システマティックに誤った判断を人間社会にもたらすかもしれない。その先駆的な例が、ロイターによって報道された米アマゾン・コムの次のエピソードである（https://jp.reuters.com/article/amazon-jobs-ai-analysis-idJPKCN1MLODN）。同報道によると、アマゾンは、２０１４年以降、ＡＩ（人工知能）を活用した人材採用プロジェクトを進めていたが、このＡＩツールが女性を差別的に低く評価することに気づき、２０１７年初めにこのプロジェクトを中止した。人工知能学会倫理委員会は２０１９年12月10日、「機械学習と公平性に関する声明」（http //ai-elsi.org/wp-content/uploads/2019/12/20191210MLFairness.pdf）を出し、この問題に触れている。

ると思われる。

問題が正の外部性であれば独占企業体の存在を認めることが合理的と言えるが、問題はそれだけではなく、人工知能の「可謬性」である。データを独占する企業体とそのデータから学んだ人工知能も、誤っている可能性がある。ビッグデータから学習した知性も絶対的に正しいということはあり得ないのであるから、ほんのわずかな可能性かもしれないが、人工知能による考え抜かれた判断よりも、個人のばかげた愚かな判断（愚行）の方が、よりよい結果をもたらすかもしれないことは否定できない。

特に「無知のヴェール」の下で、確率分布も分からないナイトの不確実性で覆われた状況で、人工知能と人間の可謬性を考えると、「データ利用の独占禁止」は公正な政策であるとして人々はその実施に合意するはずである。なぜなら、人工知能の判断も、個人の愚行も、どちらも個人の生存にとってもっとも適切な判断になる可能性を持つ、という意味で同等であるからである（その確率はナイトの不確実性の下では分かっていないので、確率による選択はできない）。一部の企業の人工知能だけでなく、他の多くの人工知能にも人間にも判断材料となるデータ利用を認めることが、さまざまな主体による意思決定を可能にする。したがって「データ利用の独占禁止」は、個人に多くの選択肢を与え、生存確率を高める（効用を高める）政策であるから、無知のヴェールの下での社会契約として合意される。

このように、ロールズの無知のヴェールのロジックを援用すると、「データ利用の独占禁止」という政策に人々が社会契約として合意するであろうことが示されるのである。

15.5 可謬性と自由

可謬的で自由な存在である人間が進歩する道は、間違いかもしれない知識を使って、間違いかもしれないことを実行し、その結果から学習することによってである。実際に試行錯誤を繰り返すことで失敗と成功の経験を積み重ね、理論を現実に適応させていく。このプロセスは、人間の学習にも人工知能のディープラーニングにも共通のものである。「間違いかもしれないことを実行する自由」が保障されているときに初めて、このような学習が可能になる。

言い換えると、我々の社会で自由が必要不可欠であるのは、社会が直面する問題や我々の社会の行く末について、誰も正解を知らないからである。日々、イノベーションが起きて正義のシステムは更新され、理性は進歩するが、その進歩の究極の終着点がどこにあるのかを誰も知らない。人間の理性は（人工知能によって増強され）、自由の権利を行使して試行錯誤を行い、新しい特徴量を学習し、宇宙の構造を近似していくしかない。そのように進歩をした結果は、しかし、「実は間違っていた」とのちに証明されてしまうかもしれない、という可謬性を常に抱えたものである。

人工知能によって拡張された理性や「正義のシステム」の進歩の価値を信じる一方で、その進歩が可謬的なものであり、実際は誤っているかもしれない、という疑いや緊張感から、我々は逃れられない。逆に、そのような疑問と緊張感があるからこそ、人は現状に満足せず、常識外れな新機軸を試みる。これがイノベーションを生み出す原動力である。そして、このようなイノベーションの集積が人間の知を更新し、社会における「正義のシステム」の進歩をもたらす。したがって自他の可謬性を認識していることこそが、社会の進歩の原動力であるともいえるだろう。そして、そのような諸個人による試行錯誤とイノベーションを可能にする条件として、ロールズの正義の第一原理、すなわち基本的自由が万人に保障されるという社会制度が成り立っていなければならない。試行錯誤に踏み出す自由の保障こそが社会の進歩の前提条件なのである。言い換えれば、我々が掲げる穏当な包括的教説の条件、すなわち、(3)式のq_tがプラスの値になって時間が経つとともに永続的に成長するという条件、を成り立たせてくれるのが個人の自由なのである。

15.6 超人類は人間を淘汰するか

「すべては可謬的である」という理念だけが「無謬の真理」になりうるものであり、社会システムの道徳的価値q_tを永続的にプラスに維持できるのは、可謬性をベースにした包括的教説だけである。したがって、これからの社会で維持されるべき社会理念は「可謬性」に基づくものでなければならない、と我々は考える。

このことは、人間に対してだけではなく、人工知能で増強された超人類に対しても成り立つ。ふつうの人々と、人工知能やバイオテクノロジーで能力を増強した超人類が、仮に社会階層として分岐したとしよう。その場合、超人類たちも、自己の「可謬性」を認識する。人工知能で拡張された理性を持つことになったとしても、理性の活動そのものは現実の近似計算にすぎず、現実の「すべて」を「真に」把握することはできない。ディープラーニングによるパターン学習も、現実のパターンをあらかじめ定められた関数形に落とし込んで近似することである。これらすべての知的活動は、近似計算の集積であると超人類たちも理解する。
自己の「可謬性」を認識した超人類は、多様な存在者（ふつうの人間）の自由な行動に寛容な社会を作るはずである。自己の可謬性を認識すれば、他者（超人類にとってのふつうの人間たち）の活動がもたらすなんらかのイノベーションが、超人類たちに大きな影響を与えるかもしれないという可能性を認識するはずだからである。予見できないイノベーションの相互作用を考慮するならば、超人類にとって、現生人類を淘汰せず（消滅させず）にその可能性の存続を尊重することがもっとも自らにとっても利益のある合理的な判断となる。[6]
可謬性に基づいた多様で寛容な社会のヴィジョンは、あくまで我々の思考能力の範囲内での推論である。来るべき人工知能と共存する社会を考えるとき、現在の我々の理解を超えるであろう人工知能

[6] ここで述べた論理は、超人類と人間の関係だけではなく、超人類と他の動植物との関係についても言える。知的な活動は人類と人工知能に限られるとしても、生物多様性を尊重することで、人類または超人類は生命の多様な活動から発生する資源（薬品、有用な化学物質、繊維素材、……）などさまざまな利益を得ることが期待できる。この期待から、超人類が利己的に物事を判断したとしても生物多様性を尊重することに合理性を見いだすはずである。これは本文で述べた超人類と現生人類の関係とまったく同様である。

（そして人工知能によって知力を増強された超人類）の思考を、人間である筆者がどこまで追えるのかという問題はある。筆者には理解不能の理路によって、超人類が「現生人類を搾取し、淘汰すべきだ」と判断する可能性はもちろん否定できない。

しかしそれでも次の一言だけはいえる。

「超人類は人間を淘汰する」という信念も間違いでありうる、という「可謬性」を、我々は少なくともいま信じることを選択できる。可謬性とは希望の別名なのである。

コラム

可謬性の哲学とプラグマティズム

第3部で議論した「イノベーションの正義論」や可謬性についての考察に関し、宇野重規氏から現代哲学の重要な学派であるプラグマティズムとの近接性を指摘された［宇野・小林、2019］。宇野（2013）によれば、人間の可謬性を前提として、諸個人がさまざまな実験を行う自由を許容する思想がプラグマティズムであり、その自由を実現する制度が民主主義社会である。可謬性の下での実験の自由を保障することこそ民主主義の本質だ、というヴィジョンを提示したのがジョン・デューイであるという。その意味で、イノベーションの正義論はデューイのプラグマティズムに近接した思想と言えそうである。

さらに、プラグマティズムの創始者の一人チャールズ・パースの宇宙論は、第2部の「強い同型論」ときわめて近い世界観に貫かれている（［宇野、2013］および［伊藤、2006］を参照）。

パースは、世界の構成要素として三つのものがあると考える。第一のものは「偶然性（カオス）」であり、第二のものは「法則」である。宇宙は、第一の偶然性（カオス）が満ち満ちた状態から始まり、それが徐々に第二の法則性を持つようになる。最終的にすべてのものが法則にしたがう状態になったところで、宇宙は終焉を迎える。パースの宇宙論では、第一の偶然性を第二の法則に結晶化させる作用をするのが、第三の存在すなわち「習慣の形成」である。

偶然性が最終的には法則にしたがうようになるが、その法則の生成は、習慣によるというのである。宇宙の法則（物理学や化学の法則）が「習慣」で形成されるというと意味不明だが、「習慣」の形成を、「世界を認識する側（人間または人工知能）」の学習であると読み直すと意味が通じてくる。プラグマティズムの習慣形成論は、人工知能、特にディープラーニングによる特徴量（あるいは法則性）の抽出と同等のプロセスである。そう解釈すると、パースの宇宙論は、我々が第2部で論じた強い同型論ときわめて近い世界像を提示していると言える。

プラグマティズムがいう「習慣形成」と、強い同型論をもたらす「ディープラーニング」の関係性は詳細に分析することが必要である。強い同型論をプラグマティズムと関連づけることで、人工知能時代に相応しい新しい哲学が構想できるかもしれない。このような展望は、今後の我々の研究の大きな宿題としたい。

第3部のキーワード

アーレント、ハンナ（Arendt, Hannah, 1906–1975）　ナチス・ドイツから亡命し、米国で活躍したユダヤ人政治哲学者。アイヒマン裁判の記録「悪の陳腐さ」は世界的な論争を巻き起こした。『全体主義の起原』において、アーレントは、全体主義体制下での人間の基本的な政治経験は「見捨てられていること」であると論じた。人間は自由であるだけでは自らの人生が価値あるものと感じることはできず、自分の外にあるなんらかの価値に貢献することによってはじめて自分の価値を確認できる、という趣旨の議論を展開した。それは、古代ギリシャ・ローマ的な公共性の議論を現代に復活させ、コミュニタリアンや共和主義に通じるものであった。
暗黙知　ある職業や作業現場のノウハウのように、言語や数式で表現されない知識のこと。コツや「職人の勘」などと呼ばれるもの。暗黙知は、たとえば、ある職場において、一連の身体動作として先輩から後輩に伝承されるので、その職業・職場の外部の人々には伝わらない知識である。
大きな物語の凋落　哲学者ジャン=フランソワ・リオタールは、主著『ポスト・モダンの条件』において、現代とは、近代の「大きな物語」が失われた時代であるとした。「大きな物語」とは、近代科学が（神話や伝承と比べて）、真理の追求・表現をする存在としての特別の地位を有することを主張する思想。大きな物語とは、人間の理性に特権的な価値があると信じ、理性が人間を救済する（すなわち、人間が直面するさまざまな社会問題を解決する）と信じる信念である。これは、ヘーゲルの歴史哲学（理性の進歩史観）と同様の近代思想と見なすことができる。
穏当な包括的教説　包括的教説とは、個人の善の構想（人生の目標）も、社会の正義の構想も、ともに根拠づける首尾一貫した思想体系である。既存の宗教等がその実例であるが、それらの宗教は個人の価値観に多様性を認めない傾向がある。それに対して経済学のような「穏当な」包括的教説は、個人の人生の目標に価値があること根拠づけるものであるが、根拠づけは「私悪すなわち公益」のロジックで行われるので、個人の価値観の多様性を認め、多様な価値観を追求する自由を認める。個人の多様な価値観の存在を是とする包括的教説のことを、本書では「穏当な」包括的教説と呼ぶ。
公正な貯蓄　ロールズ『正義論』における「公正な貯蓄」とは、原初状態の人々が、各世代が次世代に遺すべきであると合意する貯蓄（の量）のことである。この場合、「貯蓄」とは世代間の資源の移転のことなので「遺産」とも言える。無知のヴェールの下では、人々は自分がどの世代に生まれるか知らないので、最悪の境遇の世代の利得が最大になるような世代間貯蓄（すなわち公正な貯蓄）に合意する。公正な貯蓄が実施されれば、世代間の公平性が保たれるが、本文中で論じるように、公正な貯蓄の実行は困難である。
コミュニタリアン（共同体論者、共同体主義者）　コミュニタリアンとは、ロールズのリベラルな政治哲学に反対する政治哲学の学派で、血縁や地縁の共同体が持つ価値観から、社会の正義の正当性が与えられるとする（サンデルの項を参照）。サンデルの他、チャールズ・テイラー、アラステア・マッキンタイアなどがいる。なお、サンデル自身は自らの政治哲学を「共和主義」と呼んだ。共和主義とは、古代ギリシャ・ローマのように、市民が国家の政治に参加できる自由（自己統治の自由）に、もっとも大きな価値をおく政治思想である。

サンデル、マイケル・J（Sandel, Michael J., 1953–）　サンデルはコミュニタリアン（共同体主義者）と分類される政治哲学者。ロールズのリベラルな政治哲学、特に、諸個人の価値観から独立した価値中立的な正義の体系を実現すべきであるというその主張を、「負荷なき自己」という非現実的な人間を想定するものであると徹底的に批判した。ロールズの体系では、人間は自己の主義主張を自分の意志によって自由に選択できるものと想定されている。サンデルはこの想定を非現実的な「負荷なき自己」の想定であるとし、現実の人間は生まれ育ったコミュニティ（家族、地域などの共同体）の価値観によって、半ば強制的に価値観を与えられる、と論じた。コミュニティからの負荷によって自己が形成されるのである。したがって、価値中立的な正義の構想に人々が合意できるというロールズの理論は間違っており、社会の正義の構想は、コミュニティの価値観に基づいたものでしかありえない、とサンデルは主張した。

時間不整合　時間不整合（time inconsistency）とは、経済学の用語で、事前の意思決定と事後の意思決定が整合的でなくなること、を言う。典型的な例は、債務返済の約束である。借金をしようとする人は、事前の段階では、返済しても自分に利益が残るので「必ず返済する」と決めて借金を申し込む。しかし、借金をした事後の段階では、返済するよりも返済しないで逃げる方が、自分の利益は明らかに大きくなる（契約違反の罰を受けるコストは小さいと仮定する）。すると、事前には「借金を返済する」と決めたのに、事後には「返済しないで逃げる」という意思決定をすることになり、事前と事後の意思決定が不整合となる。このような意思決定のことを時間不整合な意思決定という。

スミス、アダム（Smith, Adam, 1723-1790）　スミスは、近代経済学の開祖であり、『国富論（諸国民の富の本質と原因に関する研究）』において、競争市場での価格調整機構を神の「見えざる手」と呼んだとして有名である。ただし、「見えざる手」という表現は、『国富論』の中に一か所しか出てこない。『国富論』の第一章（分業）などでスミスが主張したことは、利潤追求を目指した人々の利己的な経済行動が、市場での分業と交易による生産性の向上などを通じて、社会全体の福利厚生を増進している、ということであった。個人の自由で利己的な経済活動は、公益を増進するという結果をもたらすので、社会的に意義がある、というロジックをスミスが体系的に示したことが、経済学の学問的地位を確立したと言える。
スモールワールドネス　友人関係のネットワークや企業の取引関係のネットワークにおいて、観察される性質としてスモールワールドネス（スモールワールド性）がある。人や企業を「頂点」で表し、友人関係や取引関係を、頂点と頂点を結ぶ「辺」で表すと、関係を表現するネットワークが書ける。多数の頂点と辺からなるネットワークで、任意の頂点Aと頂点Bを選んだときに、その二つがわずかな数の頂点を介してつながっているとき、そのネットワークはスモールワールドネスを持つ、と言う。現実の友人関係や取引関係のネットワークもスモールワールドネスを持つことが知られている。
ナイトの不確実性　確率分布すら分からない不確実性。フランク・ナイトは主著『リスク、不確実性、利潤』において、確率分布が分かっているリスクと、分かっていない不確実性（ナイトの不確実性）の両者が存在することを指摘し、リスクは競争市場で対処できるが、不確実性は完全競争が実現しても消えない、と論じた。企業経営者が直面する問題はナイトの不確実性であり、それに対処することへの対価として利潤を基礎づけた。

ハイエク、フリードリッヒ・アウグスト・フォン（Hayek, Friedrich August von, 1899–1992） ハイエクは、社会主義を徹底的に批判した経済学者であり自由主義思想家である（1974年ノーベル経済学賞受賞）。ハイエクは、個人の選択の自由を徹底的に擁護したが、その市場観は、スミスやマンデヴィルの市場観（個人の自愛心に基づく利己的な経済活動が、市場での交易を通じて、社会全体の福利厚生を増進する）と通底する。さらに、本文で解説するとおり、ハイエクは市場の独自の機能として、諸個人に分散されて保有されている情報（特定の時間と場所にのみ存在する情報）が、市場の価格調整を通じて、社会全体に影響を及ぼす、という点に着目した。市場が存在することによって、諸個人の情報が（直接に他の人々に伝えられなくても）実質的に万人に利用される状況が実現される。これは市場経済の公共的性質としてハイエクが指摘した重要な性質である。

ヒューム、デイヴィッド（Hume, David, 1711–1776） ヒュームは、イギリス経験論哲学の第一人者。ヘーゲルと異なり、道徳的価値の源泉は、理性ではなく、感情にあるとする。道徳的な判断は、道徳感情（道徳感覚、モラルセンス）によって発生するのであって、理性は道徳的判断を導かない、というのがヒュームの主張である（「理性は感情の奴隷である」）。ヒュームの理論では、人間の目標設定を行うのは感情であり、感情が決めた目標をいかに効率的に実現するかを考え、その手段を提供するのが理性の役割である。ヘーゲルにとって理性とは人間精神のほとんどすべてを指すのに対し、ヒュームにとっての理性は、計算・演繹・帰納などの知的作業を行う能力のことであり、一種の道具的存在である。

ヘーゲルの哲学　ゲオルグ・ヴィルヘルム・フリードリッヒ・ヘーゲル（Hegel, Georg Wilhelm Friedrich, 1770–1831）の歴史哲学は、世界史を理性（すなわち世界精神）が自由という理想状態の実現に向けて発展する過程と理解する進歩史観である。『歴史哲学講義』において、ヘーゲルは「理性が世界を支配し、したがって、世界の歴史も理性的に進行する」と主張した。理性は自分自身を材料として世界に働きかけ、自らも生成発展する。このようなヘーゲルの進歩史観は、理性を（中世の「神」に代えて）道徳的価値の根源と見なす近代的宗教と解釈することもできる。

包括的な教説と政治的構想　『正義論』後の後期ロールズが提示した政治思想の区別。個人の「善の構想（すなわち個人の具体的な人生の目標）」と社会全体の「正義の構想（すなわち諸個人の善の構想の対立を調停するルール）」を根拠づけることが政治思想の役割だとロールズは想定した。ロールズは個人の善の構想と社会の正義の構想の両者を首尾一貫して説明する理論を「包括的な教説」と呼んだ。包括的な教説には既存の宗教や政治的イデオロギー（共産主義など）が含まれる。それに対し、個人の善の構想を与えることを断念し、あくまで、社会全体の正義の構想を与えることに特化した理論を、ロールズは「政治的構想」と呼んだ。ロールズが『正義論』で提示した理論は、まさに政治的構想の一例である。後期ロールズは次のように論じている。個人はそれぞれ（別個の）包括的教説を信じるが、それらの教説の共通部分（「重なり合うコンセンサス」）をとり出せば、それが社会全体の正義の構想を根拠づけるものとなる。この重なり合うコンセンサスが、『正義論』で論じた正義の二原理に一致する、とロールズは主張した。

包括的リベラリズムと政治的リベラリズム　リベラリズム（自由主義）を、包括的教説としての自由主義と、政治的構想としての自由主義に区別するもの（包括的な教説と政治的構想の項を参照）。包括的教説は社会の正義の構想だけでなく、個人の善の構想をも首尾一貫して根拠づける思想であるから、包括的リベラリズムは、「自由＝根源的な善」と信じる信念である。それに対し、政治的構想は、個人の善の構想を根拠づけることは自制し、多様な価値観の「重なり合うコンセンサス」または最大公約数として人々が共有できる思想。政治的リベラリズムは、自由そのものに価値があるとは必ずしも信じていない者たちが、利害対立の調停原理として受け入れる自由主義であるといえる。なお、政治的リベラリズムがロールズ後期の代表作の表題であるのに対し、包括的リベラリズムは本書（小林）の造語である。

マンデヴィル、バーナード・デ（Mandeville, Bernard de, 1670–1733）　バーナード・デ・マンデヴィルは、オランダ出身のイギリスの思想家。利己心（自愛心）に人間の本性を見いだし、利己的な動機から（市場での取引を通じて）、社会における相互協力が発生するとした。主著『蜂の寓話——私悪すなわち公益』において、私的な悪徳（利己心、欲望充足）が、商品などに対する需要を生み出し、それら商品などを供給する他の人々に利益を与えるので、私的な悪徳は公益を為している、と論じた。これはアダム・スミスの「見えざる手」の先駆け的な世界観である。

ロールズの政治哲学　戦後の福祉社会を政治哲学として基礎づけるために、ロールズは『正義論』において、社会契約論を現代に復活させ、社会契約の枠組みを使って社会保障制度の充実が正義に適うと主張した。ロールズは、仮想的な原初状態で人々が社会契約として合意できる制度が、公正な

（正義にかなった）社会制度であると定義する。その際、原初状態の人々は「無知のヴェール」に覆われていると仮定した。無知のヴェールに覆われた状態とは個人が自分自身の属性（体力、知力、富、社会的境遇その他）を忘れて、人間一般として議論に臨んでいる状態を指す。ロールズは、無知のヴェールで覆われた原初状態の人々は、次の正義の二原理に合意する、とした。正義の二原理とは、基本的自由の原理（すべての人に基本的自由が保障されるべきこと）から成る第一原理と、機会均等原理（恵まれた地位に就く機会がすべての人に平等に与えられていること）と格差原理（もっとも利得の小さい人の効用をもっとも大きくする限りにおいて社会的格差の存在が許容されること）から成る第二原理である。無知のヴェールで覆われた人々が格差原理に合意する理由は、次のように説明される。無知のヴェールで覆われた人は、自分が最悪の境遇に生まれることを恐れるので、最悪の境遇の人の利得が（他の社会制度の場合と比べ）もっとも大きくなるような社会制度を実現すべきものとして合意する。こうして人々は社会契約として格差原理に合意する。格差原理から、社会保障制度（生活保護のような、不幸な境遇の人間の効用を高める制度）が正義に適ったものとしてロールズの政治哲学体系の中で正当化されることになる。

あとがき

本書を三人で書くこととなったきっかけは、私（西山）が小林、松尾の両氏にお声がけをした2017年に遡る。まずはお二人との交流からひもとくこととしたい。

小林氏とのお付き合いは、小林氏が通商産業省（当時）で勤務していた1998年に同じ職場で働くこととなったのがきっかけである。ちょうどシカゴ大学で経済学博士号を取得して帰国したばかりの小林氏と、当時大きな政策課題で私自身も関心が高かった不良債権問題をはじめ、さまざまな事柄について議論する機会を得た。その後小林氏は過剰債務問題を扱ってベストセラーとなった『日本経済の罠』（日本経済新聞出版社、2009）の出版などをきっかけに、経済学者への道を進み、いまや日本の代表的な経済学者の一人として活躍している。

松尾氏との出会いは2012年だったと記憶している。当時私は本書でも取り上げた「消費インテリジェンス」という着想を得て、それを深めて政策に結び付けられないかと模索中であった。消費インテリジェンスの背景にある問題意識は、消費トレンドを分析し先読みすることで日本の産業がトレンドセッターになることはできないかというものであるが、ちょうどその頃ビッグデータの活用可能性ということが世界的に注目されはじめており、データ解析のプロで「消費インテリジェンス」に関心を持ってもらえる人を探していた矢先であった。出会ってすぐに、松尾氏もビッグデータ活用の有力な分野として消費に着目していることを知り、大いに共鳴したことを覚えている。ただその時点では、松尾氏が「人工知能の専門家」だということは知っていたが、当時は人工知能冬の時代の最末期で、私自身も関心を持たなかった。それが松尾氏と出会って1年くらいしたころに、海外メディアでAIとかディープラーニングということが盛んにとり上げられだしたのだが、日本ではまったくと言ってよいほど注目されていなかった。そこで、世の中に伝わるように人工知能の話を分かりやすく書いたプレゼンテーションを作ってみてほしいと松尾氏に依頼したのが、2014年の春であった。それが一つのきっかけとなって出された『人工知能は人間を超えるか――ディープラーニングの先にあるもの』(KADOKAWA/中経出版、2015)は瞬く間にベストセラーとなった。いまや人工知能の第一人者として、時代の寵児といっても良いくらいのご活躍である。

さて、本書の話をお二人に持ち掛けたのは、一言で言えばこんな本が読んでみたいがそれが世の中に見つからない、という理由からである。近年私は、グローバルな経済やビジネスの動向の底流にあるものを考えるうえでヒントになるのは、経済学などの社会科学よりも量子力学をはじめ自然科学者たちが議論しているような事柄ではないのか、と感じていた。同時に、ディープラーニングが威力を発揮するのはなぜか、特にどうして「ディープ」であることが必要なのかということに関心を持ち、松尾氏に何度も教えを乞うた。そして話を聞くうちに、それは量子力学などを背景に議論されている事柄と、つながっているように感じられた。しかし私の知る限り、これらのことを結び付け、また自然科学、人文科学、社会科学をまたいで人工知能やディープラーニングの持つ意味を議論しているような書物は見当たらなかった。それならいっそのこと自分たちで書いてみないか、というのが、お二人にお声がけした理由であり、三人で話し合ったうえでの結論である。

特に何の専門家でもない私までもが参加してこのような書物を出版するのは無謀な試みとも思われたが、その後本書を書くにあたって、F・A・ハイエクの『感覚秩序』（春秋社、新版、2008）とエルヴィン・シュレーディンガーの『生命とは何か——物理的にみた生細胞』（岩波文庫、1951）という書物と出会った。それら2冊に共通するのは、ハイエクもシュレーディンガーも、各々の書物で扱った分野の専門家ではないが、そのような書物があるべきなのに見当たらないから自ら書いたのだ、という出版の動機が披瀝されていることである。彼らのような知の巨人と比較するのはおこがましいが、大いに勇気づけられたのは事実である。

また、本書の背景には、人工知能が発達し、それがあらゆる分野に影響する可能性のある現代には、大学教育などの分野で文理融合を進めるべきだという我々三人の思いもあった。そこまでのことができたかどうかは別として、本書は、人工知能の発展とそれが人間の認識や社会に与える影響をテーマとしながらも、自然科学、人文科学、社会科学の分野をまたぐ基礎的な教養書として読んでいただけるようにも工夫したつもりである。


出版にあたって、日本評論社の小西ふき子さん、筧裕子さんには、三人が書き進めるうちに当初の予定よりもはるかにページ数が増えるなど、ご迷惑をおかけし、また、統一感があって読者にもわかりやすい書物にするにはどうしたら良いかなどの点で、アドバイスをいただき、大変お世話になった。

こんな本が読みたかったと思われる方が一人でも多くおられれば、望外の幸せである。

2020年1月

著者を代表して
西山圭太

参考文献

第Ⅰ部

▶岡ノ谷一夫（2016）『さえずり言語起源論――新版 小鳥の歌からヒトの言葉へ』岩波書店.
▶グッドフェロー，イアン，ヨシュア・ベンジオ，アーロン・カービル（2018）『深層学習』岩澤有祐，鈴木雅大，中山浩太郎，松尾豊監訳，KADOKAWA.
▶経済産業省（2013）「消費インテリジェンスに関する懇談会報告書――ミクロのデフレからの脱却のために」. http://warp.da.ndl.go.jp/info:ndljp/pid/10217941/www.meti.go.jp/press/2013/06/20130619002/20130619002-4.pdf［最終アクセス 2019年10月9日］
▶けいはんな社会的知能発生学研究会編（2004）『知能の謎――認知発達ロボティクスの挑戦』講談社ブルーバックス.
▶ボードリヤール，ジャン（2008）『物の体系――記号の消費』宇波彰訳，法政大学出版局.
▶保住純，飯塚修平，中山浩太朗，高須正和，嶋田絵理子，須賀千鶴，西山圭太，松尾豊（2014）「Webマイニングを用いたコンテンツ消費トレンド予測システム」『人工知能学会論文誌』29（5），pp. 449–459.
▶松尾豊，安田雪（2007）「SNSにおける関係形成原理：mixiのデータ分析」『人工知能学会論文誌』22（6），pp. 531–541.
▶松尾豊，吉田宏司，榊剛史（2014）「AI的AKB48論」『人工知能（学会誌）』30（1），pp. 89–96.
▶Bengio, Yoshua, Aaron Courville, and Pascal Vincent (2012) "Representation Learning: A Review and New Perspectives" arXiv:1206.5538.
▶Bengio, Yoshua (2017) "The Consciousness Prior" arXiv:1709.08568.
▶Bojarski, Mariusz, Davide Del Testa, Daniel Dworakowski, Bernhard Firner, Beat Flepp, Prasoon Goyal, Lawrence D. Jackel, Mathew Monfort, Urs Muller, Jiakai Zhang, Xin Zhang, Jake Zhao, and Karol Zieba (2016) "End to End Learning for Self-Driving Cars" arXiv:1604.07316.
▶Brooks, Rodney (1991) "Intelligence without Representation" *Artificial Intelligence*, 47, pp. 139–159.
▶Chen, Ricky Tian Qi, Yulia Rubanova, Jesse Bettencourt, and David Duvenaud

(2018) "Neural Ordinary Differential Equations" *Proc. NeurIPS 2018.*
▶Choromanska, Anna, Mikael Henaff, Michael Mathieu, Gérard Ben Arous, and Yann LeCun (2014) "The Loss Surfaces of Multilayer Networks" arXiv:1412.0233.
▶Dauphin, Yann, Razvan Pascanu, Caglar Gulcehre, Kyunghyun Cho, Surya Ganguli, and Yoshua Bengio (2014) "Identifying and Attacking the Saddle Point Problem in High-dimensional Non-convex Optimization" *Advances in Neural Information Processing Systems 27* (NIPS 2014).
▶Delalleau, Olivier and Yoshua Bengio (2011) "Shallow vs. Deep Sum-product Networks" *Advances in Neural Information Processing Systems 24* (NIPS 2011).
▶Eslami, S.M.Ali, *et al.* (2018) "Neural Scene Representation and Rendering" *Science*, 360 (6394), pp. 1204–1210.
▶Ford, Martin (2018) *Architects of Intelligence: The Truth about AI from the People Building It*, Packt Publishing.
▶Frankle, Jonathan and Michael Carbin (2019) "The Lottery Ticket Hypothesis: Finding Sparse, Trainable Neural Networks" *Proc. ICLR 2019.*
▶Graves, Alex, Greg Wayne, and Ivo Danihelka, "Neural Turing Machines" *Proc. NIPS2015DL symposium, 2015.*
▶Hassabis, Demis, Dharshan Kumaran, Christopher Summerfield, and Matthew Botvinick (2017) "Neuroscience-Inspired Artificial Intelligence" *Neuron*, 95 (2), pp. 245–258.
▶He, Kaiming, Xiangyu Zhang, Shaoqing Ren, and Jian Sun (2016) "Deep Residual Learning for Image Recognition" *Proc. 2016 IEEE Conference on Computer Vision and Pattern Recognition (CVPR)*.
▶Hinton, Geoffrey Everest and Ruslan Russ Salakhutdinov (2006) "Reducing the Dimensionality of Data with Neural Networks" *Science*, 313 (5786), pp. 504–507.
▶Hinton, Geoffrey Everest, Simon Osindero, and Yee-Whye Teh (2006) "A Fast Learning Algorithm for Deep Belief Nets" *Neural Computation*, 18 (7), pp. 1527–1554.
▶Hinton, Geoffrey, Oriol Vinyals, and Jeff Dean (2015) "Distilling the Knowledge in a Neural Network" arXiv:1503.02531.

▶Hornik, Kurt, Maxwell Stinchcombe, and Halbert White (1989) “Multilayer Feedforward Networks are Universal Approximators” *Neural Networks*, 2 (5), pp. 359–366.
▶Ichisugi, Yuuji and Haruo Hosoya (2010) “Computational Model of the Cerebral Cortex That Performs Sparse Coding Using a Bayesian Network and Self-Organizing Maps” *Proc. ICONIP 2010 Neural Information Processing, Theory and Algorithms*, pp. 33–40.
▶Johnson, Melvin, Mike Schuster, Quoc Viet Le, Maxim Krikun, Yonghui Wu, Zhifeng Chen, Nikhil Thorat, Fernanda Viégas, Martin Wattenberg, Greg Corrado, Macduff Hughes, and Jeffrey Dean (2017) “Google's Multilingual Neural Machine Translation System: Enabling Zero-Shot Translation” *Transactions of the Association for Computational Linguistics* 5 (1), pp. 339–351.
▶Keskar, Nitish Shirish, Dheevatsa Mudigere, Jorge Nocedal, Mikhail Smelyanskiy, and Ping Tak Peter Tang (2017) “On Large-Batch Training for Deep Learning: Generalization Gap and Sharp Minima” *Proc. ICLR 2017*.
▶Kingma, Diederik Pieter and Jimmy Ba (2015) “Adam: A Method for Stochastic Optimization” *Proc. ICLR 2015*.
▶Le, Quoc Viet, Marc'Aurelio Ranzato, Rajat Monga, Matthieu Devin, Kai Chen, Greg S. Corrado, Jeff Dean, and Andrew Yan-Tak Ng (2012) “Building high-level features using large scale unsupervised learning” *Proc. IEEE International Conference on Acoustics, Speech and Signal Processing*, pp. 8595–8598.
▶Matsuo, Yutaka and Hikaru Yamamoto (2009) “Community Gravity: Measuring Bidirectional Effects by Trust and Rating on Online Social Networks” *Proc. 18th International World Wide Web Conference* (*WWW 2009*).
▶Mika, Peter (2007) “Ontologies Are Us: A Unified Model of Social Networks and Semantics” *Journal of Web Semantics*, 5 (1), pp. 5–15.
▶Sabour, Sara, Nicholas Frosst, and Geoffrey Everest Hinton (2017) “Dynamic Routing Between Capsules” arXiv:1710.09829.
▶Sakaki, Takeshi, Makoto Okazaki, and Yutaka Matsuo (2010) “Earthquake Shakes Twitter Users: Real-Time Event Detection by Social Sensors” *Proc.*

WWW 2010.
▶Vinyals, Oriol and Quoc Le (2015) "A Neural Conversational Model" *ICML Deep Learning Workshop.*
▶Weston, Jason, Sumit Chopra, and Antoine Bordes (2015) "Memory Networks" *Proc. ICLR 2015.*

第2部

▶池田純一 (2012)『デザインするテクノロジー——情報加速社会が挑発する創造性』青土社.
▶井筒俊彦 (1991)『意識と本質——精神的東洋を索めて』岩波文庫.
▶内井惣七 (2016)『ライプニッツの情報物理学——実体と現象をコードでつなぐ』中央公論新社.
▶大澤真幸 (2010)『量子の社会哲学——革命は過去を救うと猫が言う』講談社.
▶大澤真幸 (2011)『〈世界史〉の哲学　中世篇』講談社.
▶大澤真幸 (2017)『〈世界史〉の哲学　近世篇』講談社.
▶岡崎乾二郎 (2018)『抽象の力　近代芸術の解析』亜紀書房.
▶カーネマン, ダニエル (2012)『ファスト&スロー (上・下)』村井章子訳, 早川書房.
▶ガブリエル, マルクス (2018)『なぜ世界は存在しないのか』清水一浩訳, 講談社.
▶柄谷行人 (2008)『定本　日本近代文学の起源』岩波現代文庫.
▶グリーンブラット, スティーヴン (2012)『一四一七年, その一冊がすべてを変えた』河野純治訳, 柏書房.
▶経済産業省 (2008)「知識組替えの衝撃——現代産業構造の変化の本質」産業構造審議会基本問題検討小委員会報告書.
▶國分功一郎 (2011)『スピノザの方法』みすず書房.
▶シュレーディンガー, エルヴィン (1951)『生命とは何か——物理的にみた生細胞』岡小天, 鎮目恭夫訳, 岩波文庫.
▶パノフスキー, エルヴィン (2003)『〈象徴形式〉としての遠近法』木田元監訳, 哲学書房.
▶ハラリ, ユヴァル・ノア (2016)『サピエンス全史 (上・下)』柴田裕之訳, 河出書房新社.
▶ハラリ, ユヴァル・ノア (2018)『ホモ・デウス (上・下)』柴田裕之訳, 河

出書房新社.
▶松尾豊（2015）『人工知能は人間を超えるか――ディープラーニングの先にあるもの』KADOKAWA／中経出版.
▶松岡正剛（2008）『連塾方法日本１　神仏たちの秘密――日本の面影の源流を解く』春秋社.
▶三浦雅士編（2016）『ポストモダンを超えて――21世紀の芸術と社会を考える』平凡社．なお，引用した座談会は「京劇はポストモダン　2.5次芸術という考え方」というテーマで，三浦雅士，芳賀徹，高階秀爾，山崎正和，加藤徹が参加している.
▶八木雄二（2009）『天使はなぜ堕落するのか――中世哲学の興亡』春秋社.
▶八木雄二（2015）『聖母の博士と神の秩序――ヨハネス・ドゥンス・スコトゥスの世界』春秋社.
▶ライプニッツ（2005）『モナドロジー　形而上学叙説』清水富雄，竹田篤司，飯塚勝久訳，中央公論新社.
▶Adami, Christoph (2016) "What is Information?" *Philosophical Transactions of the Royal Society*, 374 (2063).
▶Albantakis, Larissa (2016) "A Tale of Two Animats: What Does It Take to Have Goals?" FQXi prize essay.
▶Anderson, Philip Warren (1972) "More is Different" *Science*, 177 (4047), pp. 393-396.
▶Arthur, Richard T. W. (2014) *Leibnitz* (Classic Thinkers), Polity.
▶Baggini, Julian (2012) "Brain Games" *The Wall Street Journal*, June 5, 2012.
▶Bahdanau, Dzmitry, KyungHyun Cho, and Yoshua Bengio (2014) "Neural Machine Translation by Jointly Learning to Align and Translate" arXiv:1409.0473.
▶Ball, Philip (2018) *Beyond Weird*, Bodley Head.
▶Barabási, Albert-László and Réka Albert (1999) "Emergence of Scaling in Random Networks" *Science*, 286 (5439), pp. 509-512.
▶Bengio, Yoshua, Aaron Courville, and Pascal Vincent (2014) "Representation Learning: A Review and New Perspectives" arXiv:1206.5538.
▶Bengio, Yoshua (2017) "The Consciousness Prior" arXiv:1709.08568.
▶Bostrom, Nick (2014) *Superintelligence: Paths, Dangers, Strategies*, Oxford University Press.

▶Carroll, Sean (2016) *The Big Picture: On the Origins of Life, Meaning and the Universe Itself*, Dutton.
▶Davies, Paul (2019) *The Demon in the Machine*, University of Chicago Press.
▶Ford, Martin (2018) *Architects of Intelligence: The Truth about AI from the People Building It*, Packt Publishing.
▶Friston, Karl (2013) "Life as we know it" *Journal of the Royal Society Interface*, 10 (86).
▶Hayek, Friedrich August von (1952) *The Sensory Order: An Inquiry into the Foundation of Theoretical Psychology*, The University of Chicago Press.
▶Hidalgo, Cesar (2015) *Why Information Grows: The Evolution of Order, from Atoms to Economies*, Basic Books.
▶Hoel, Erik (2017) "Agent Above, Atom Below: How Agents Causally Emerge from Their Underlying Microphysics" FQXi prize essay.
▶Hohenecker, Patrick and Thomas Lukasiewicz (2018) "Ontology Reasoning with Deep Neural Networks" arXiv:1808.07980.
▶Kirchhoff, Michael, Thomas Parr, Ensor Palacios, Karl Friston, and Julian Kiverstein (2018) "The Markov Blankets of Life: Autonomy, Active Inference and the Free Energy Principle" *Journal of the Royal Society Interface*, 15 (138).
▶Kolmogorov, Andrey Nikolaevich (1965) "Three Approaches to the Quantitative Definition of Information" *Problems in Information Transmission*, 1, pp. 1–7. なお，以下も参照した．Yanofsky, Noson S. (2018) "Kolmogorov Complexity and Our Search for Meaning" *Nautilus*, August 2.
▶Nurse, Paul (2008) "Life, Logic and Information" *Nature*, 454, pp. 424–426.
▶Rovelli, Carlo (2013) "Relative Information at the Foundation of Physics" arXiv:1311.0054.
▶Rovelli, Carlo (2015) *Seven Brief Lessons on Physics*, Penguin Books.
▶Rovelli, Carlo (2016) "Meaning＝Information＋Evolution" arXiv:1611.02420.
▶Rovelli, Carlo (2018) *The Order of Time*, Riverhead Books.
▶Sautoy, Marcus du (2019) *The Creative Code: How AI is Learning to Write, Paint and Think*, Fourth Estate Ltd.
▶Shannon, Claude Elwood (1948) "A Mathematical Theory of Communication" *The Bell System Technical Journal*, 27 (3), pp 379–423.

▶Tegmark, Max (2017) *Life 3.0: Being Human in the Age of Artificial Intelligence*, Knopf.
▶The Economist (2017) "Going Places" *The Economist*, October 21, 2017, pp. 72-73.
▶The Economist (2018) "The Unexamined Mind" *The Economist*, February 17, 2018, pp. 70-72.
▶Watts, Duncan J. (2003) *Six Degrees: The Science of a Connected Age*, W. W. Norton & Co Inc.

第3部

▶アーレント，ハンナ（2017）『全体主義の起原（1・2・3）［新版］』大久保和郎，大島通義，大島かおり訳，みすず書房．
▶伊藤邦武（2006）『パースの宇宙論』岩波書店．
▶宇野重規（2013）『民主主義のつくり方』筑摩選書．
▶宇野重規，小林慶一郎（2019）「対談：『未来』の社会を創造する――持続可能社会を引き継ぐために政治哲学と経済学からのアプローチ」月刊中央公論10月号，中央公論新社．
▶オーウェル，ジョージ（2009）『一九八四年』高橋和久訳，早川書房．
▶サンデル，マイケル・J（2010, 2011）『民主政の不満（上・下）』金原恭子，小林正弥監訳，勁草書房．
▶ハラリ，ユヴァル・ノア（2016）『サピエンス全史（上・下）』柴田裕之訳，河出書房新社．
▶ハラリ，ユヴァル・ノア（2018）『ホモ・デウス（上・下）』柴田裕之訳，河出書房新社．
▶ヘーゲル，ゲオルク・W. F.（1994）『歴史哲学講義（上）』長谷川宏訳，岩波文庫．
▶ポーコック，ジョン・G. A.（2008）『マキァヴェリアン・モーメント――フィレンツェの政治思想と大西洋圏の共和主義の伝統』田中秀夫，奥田敬，森岡邦泰訳，名古屋大学出版会．
▶増田直紀，今野紀雄（2010）『複雑ネットワーク――基礎から応用まで』近代科学社．
▶リオタール，ジャン=フランソワ（1989）『ポスト・モダンの条件――知・社会・言語ゲーム』小林康夫訳，水声社．

▶ロールズ，ジョン著，エリン・ケリー編（2004）『公正としての正義　再説』田中成明，亀本洋，平井亮輔訳，岩波書店.
▶ロールズ，ジョン（2010）『正義論』川本隆史，福間聡，神島裕子訳，紀伊國屋書店.
▶Acemoğlu, Daron (2002) “Directed Technical Change” *Review of Economic Studies*, 69 (4), pp. 781-809.
▶Hayek, Friedrich August von (1945) “The Use of Knowledge in the Society” *American Economic Review*, 35 (4), pp. 519-530.
▶Knight, Frank Hyneman (1921) *Risk, Uncertainty and Profit, series of prize essays on economics*, 31, Hart, Schaffner & Marx; Houghton Mifflin Co.

●著者

西山圭太（にしやま・けいた）

1963 年、東京都生まれ。1985 年、東京大学法学部卒業後、通商産業省入省。1992 年、オックスフォード大学哲学・政治学・経済学コース修了。中央大学大学院公共政策研究科客員教授、株式会社産業革新機構執行役員、経済産業省大臣官房審議官、東京電力ホールディングス株式会社取締役、経済産業省商務情報政策局長などを経て、現在、東京大学未来ビジョン研究センター客員教授。

松尾　豊（まつお・ゆたか）

1975 年、香川県生まれ。1997 年、東京大学工学部電子情報工学科卒業。2002 年、東京大学大学院工学系研究科電子情報工学博士課程修了。博士（工学）。スタンフォード大学 CSLI 客員研究員、シンガポール国立大学（NUS）客員准教授などを経て、現在、東京大学大学院工学系研究科教授。
著書：『人工知能は人間を超えるか？──ディープラーニングの先にあるもの』（KADOKAWA）、『東大准教授に教わる「人工知能って、そんなことまでできるんですか？」』（共著、KADOKAWA）ほか。

小林慶一郎（こばやし・けいいちろう）

1966 年、兵庫県生まれ。1991 年、東京大学大学院計数工学科修士課程修了（工学修士）後、通商産業省入省。1998 年 8 月シカゴ大学より Ph.D.（経済学）取得。経済産業研究所上席研究員、慶應義塾大学経済学部教授などを経て、現在、公益財団法人東京財団政策研究所研究主幹。慶應義塾大学経済学部客員教授、キヤノングローバル戦略研究所研究主幹などを兼務。
著書：『日本経済の罠』（共著、日経・経済図書文化賞受賞、2001 年）、『財政破綻後』（編著、2018 年）、『時間の経済学』（2019 年）ほか。

相対化《そうたいか》する知性《ちせい》

人工知能《じんこうちのう》が世界《せかい》の見方《みかた》をどう変《か》えるのか

2020 年 3 月 25 日　第 1 版第 1 刷発行
2021 年 2 月 10 日　第 1 版第 3 刷発行

著者 ―― 西山圭太・松尾 豊・小林慶一郎
発行所 ―― 株式会社　日本評論社
〒170-8474　東京都豊島区南大塚 3-12-4
電話（03）3987-8621［販売］
（03）3987-8599［編集］
印刷 ―― 株式会社精興社
製本 ―― 株式会社難波製本
装幀 ―― 山田信也（スタジオ・ポット）

ISBN 978-4-535-55907-3